■ 国家自然科学基金项目（31770584） 资助

中国亚热带常见植物
种子图鉴

Atlas of Common Subtropical Plant Seeds in China

● 王桔红　陈 文　主编

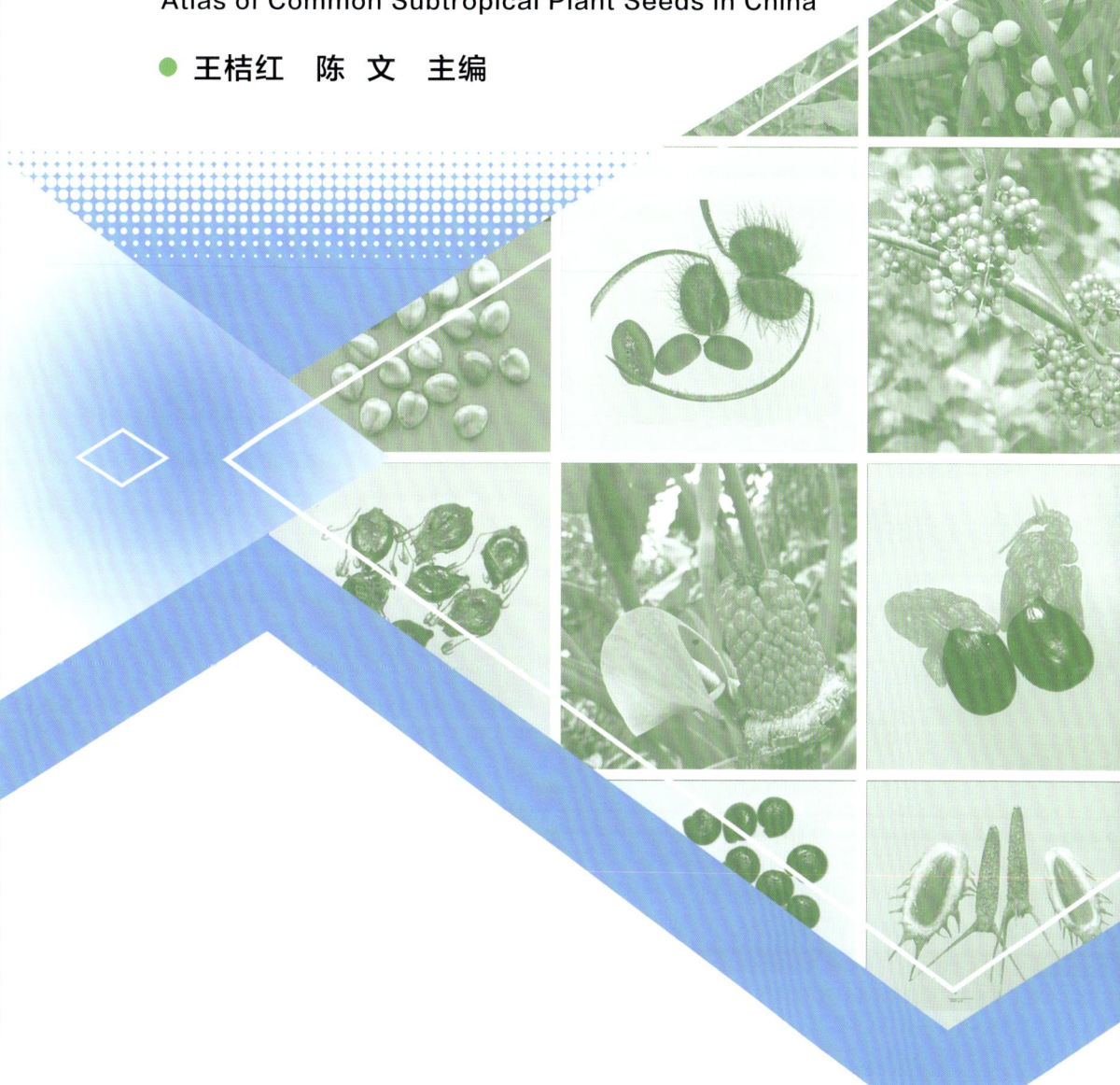

中国农业科学技术出版社

图书在版编目（CIP）数据

中国亚热带常见植物种子图鉴 / 王桔红，陈文主编． -- 北京：中国农业科学技术出版社，2024.10． -- ISBN 978-7-5116-6976-6

Ⅰ．Q948.52-64

中国国家版本馆 CIP 数据核字第 2024SG1331 号

责任编辑　张志花
责任校对　王　彦
责任印制　姜义伟　王思文

出 版 者	中国农业科学技术出版社
	北京市中关村南大街 12 号　邮编：100081
电　　话	（010）82106636（编辑室）（010）82106624（发行部）
	（010）82109709（读者服务部）
网　　址	https://castp.caas.cn
经 销 者	各地新华书店
印 刷 者	北京地大彩印有限公司
开　　本	185 mm × 260 mm　1/16
印　　张	27.5
字　　数	450 千字
版　　次	2024 年 10 月第 1 版　2024 年 10 月第 1 次印刷
定　　价	390.00 元

━━━━ 版权所有·侵权必究 ━━━━

作者简介

王桔红，女，1963年9月生于甘肃兰州，籍贯河北无极。教授、博士。韩山师范学院教授、华南师范大学教育硕士研究生联合培养兼职导师。中国生态学会会员、广东省生态学会会员、广东环境促进委员会会员。主要从事植物生态学、入侵生物学和资源微生物学的教学与研究工作。对华南地区近500种植物性状及其与环境和生活史特征的关系进行了研究，收集常见植物种子1 000余种；对华南亚热带地区常见入侵植物从繁殖特征、适应性、化学计量学及其与入侵性的关系进行了深入研究。主持国家自然科学基金项目3项，其中地区基金项目1项，面上基金项目2项；主持省厅级自然科学基金项目和重点基金项目4项。获得国家发明专利5项。在国际学术期刊 *Evolutionary Ecology*、*Ecological Research*、*Plant Ecology*、*Ecology and Evolution*，以及国家核心期刊《植物生态学报》《生态学报》《生态学杂志》《生态与环境学报》《广西植物》《中国沙漠》《西北农林科技大学学报》《草业科学》等发表生态学专业论文80余篇。

《中国亚热带常见植物种子图鉴》
编 委 会

主　编：王桔红　　陈　文

副主编：朱　慧　　刘仁林　　陈楚熳

前 言
PREFACE

  时光荏苒，岁月如梭，当我转身回望长达 40 年的教师生涯和科研路上留下的足迹，回望着这段探索求真、执着追寻并充满坎坷和喜悦的岁月，我把这种复杂的感受和心情归为平静，归为对大自然的热爱和对植物种子的喜爱与痴迷，这一切可以追溯到我在兰州大学的博士生涯。2005 年开始我在杜国桢教授的引领下从事生态学研究，期间有 2 000 多种植物的种子在课题组成员手里经历了数种、分包、消毒、培养和萌发，看着这些大大小小、不同形状和颜色甚至不同种纹的种子，我真切地感受到了大自然造物的精妙至极！当第一篇关于种子特征与系统发育的论文发表在 *Evolutionary Ecology* 时，激动、喜悦和欣慰充溢在心间，由衷感谢肯塔基大学 (University of Kentucky) 植物学家和生态学家 Carol.C. Baskin 教授及 Jerry.J. Baskin 教授的指导。路漫漫其修远兮，吾将上下而求索。每一条通往阳光的大道，都充满坎坷；每一条通向理想的途径，都充满了艰辛与汗水。科研之路异常艰辛，从想法的提出、反复论证、实验和方案实施、论文撰写和投稿以及课题申报等，都不可能一帆风顺。生态学研究更是需要耗费大量时间在野外和实验室。夏秋两季是收集植物种子最关键的时期，我们每天冒着酷暑在农田边、戈壁荒漠或高原徒步十多千米，采集植物样品、寻找并收集各种植物成熟的果实或种子，这个过程短则几个月，长则数年。长时间的科研历程，让我感受到科研的魅力，更享受到了思维碰撞和新发现的美妙。自 2012 年开始对华南亚热带入侵植物种子性状进行研究，常会为身边多姿多彩的植物和奇异的种子惊叹不已，从那时开始，只要看到身边的植物，不论是野生还是种植的，总想去探查其种子形状、大小和色泽，迄今大约收集保留了近 1 000 种植物的种子。大自然充满了奥妙，神奇的植物围绕在我们周边，果实和种子散布各地，扩大其生长范围，繁衍种族。种子植物是最高等的植物类群，是现今地球表面绿色的主体，包括裸子植物（1 000 余种）和被子植物（20 万余种）。种子植物是地球上最完善、适应能力最强，也是高等植物中最为进化和繁盛的类群。如此众多的种类、广泛的适应性，与其结构复杂化、完善化，特别是其繁殖器官的独特结构和生殖过程的特点有密切关系。在漫长的生物演化史中，种子进化出了形形色色、精巧绝伦的结构，以利于其散布、萌发和生长，使其在地球的植物多样性中占据主要地位。

  本书依据 APG 系统即被子植物系统发育研究组 (Angiosperm Phylogeny Group) 以分支分类学和分子系统学为研究方法提出的被子植物新分类系统 APG Ⅳ（2016）进行撰编，收录了中国亚热带各城市郊野、农田、山区和公园常见的种子植物 459 种（隶属 42 目 107 科），描述了每种植物的形态结构、生态等典型特征，描绘了种子大小和突出特征，配有植物彩色照片和种子显微照片。该书的特色之处在于将植物的扩散体（果实和种子），尤其是微小或极其微小的种子清晰地展示出来，捕捉了每一种植物种子的细节特征，包括形状、大小、颜色以及纹理质地，收录的种子丰富多样，每个种子都堪称精美的艺术品，令人过目难忘。野生植物是大自然留给人类的宝贵资源，一个物种就是一个基因库，对于维持生态平衡和发展经济具有重要作用。近年来，由于盲目采伐和毁坏植被，无序开垦农田与山地，滥用农药和除草剂，严重破坏了植物的生存环境，导致我国野生植物的种类和资源蕴藏量锐减，部分重点保护植物处于濒危或受威胁状态，保护生物多样性、保护野生植物刻不容缓。识别我们周边的植物、了解其形态和习性以及分布是植物分类学的基础，也是生物多样性保护和研究的根本。该书语言通俗易懂，图文并茂，可使植物爱好者更清晰和准确地从宏观和微观种子形态辨别及认识常见植物，也是植物研究人员、农林工作者较好的参考书，有利于教学和科普教育，通过阅读本书，既可以欣赏到大自然馈赠予我们的植物世界种子之美，又有利于生物多样性保护。

书中所有植物和种子的彩色图片是作者历时 10 多年的采集、积累和拍摄所得。在植物种子采集和整理过程中，得到了韩山师范学院以及生命科学与食品工程学院老师和数届大学生的大力协助与支持，在此表示衷心感谢。

由于此书收集植物种子、整理、拍照和撰写于数年之间，疏漏谬误之处，在所难免，虽经数次校对，但限于编者水平，仍难免会有错误和不当之处，恳请读者批评指正。

编　者

2024 年 5 月

目录 CONTENTS

裸子植物 Gymnosperm

◉ 苏铁目 Cycadales
　苏铁科 Cycadaceae ·············· 2

◉ 银杏目 Ginkgoales
　银杏科 Ginkgoaceae ·············· 3

◉ 罗汉松目 Podocarpales
　罗汉松科 Podocarpaceae ·············· 4

◉ 松杉目 Pinales
　南洋杉科 Araucariaceae ·············· 6

被子植物 Angiosperm

一　木兰类植物 Magnoliids

◉ 胡椒目 Piperales
　三白草科 Saururaceae ·············· 8

◉ 木兰目 Magnoliales
　番荔枝科 Annonaceae ·············· 9

◉ 樟目 Laurales
　蜡梅科 Calycanthaceae ·············· 10
　樟科 Lauraceae ·············· 11

二　单子叶植物 Monocots

◉ 泽泻目 Alismatales
　天南星科 Araceae ·············· 14

◉ 薯蓣目 Dioscoreales
　薯蓣科 Dioscoreaceae ·············· 15

◉ 露兜树目 Pandanales
　露兜树科 Pandanaceae ·············· 16

◉ 百合目 Liliales
　菝葜科 Smilacaceae ·············· 17

百合科 Liliaceae ································ 19

- 天门冬目 Asparagales

  鸢尾科 Iridaceae ································ 20

  阿福花科 Asphodelaceae ····················· 22

  石蒜科 Amaryllidaceae ······················· 23

- 棕榈目 Arecales

  棕榈科 Arecaceae ······························ 24

- 鸭跖草目 Commelinales

  鸭跖草科 Commelinaceae ···················· 39

雨久花科 Pontederiaceae ····················· 41

- 姜目 Zingiberales

  美人蕉科 Cannaceae ·························· 42

  竹芋科 Marantaceae ·························· 43

  姜科 Zingiberaceae ··························· 45

- 禾本目 Poales

  香蒲科 Typhaceae ····························· 49

  莎草科 Cyperaceae ··························· 49

  禾本科 Poaceae ································ 57

三　双子叶植物 Eudicots

- 毛茛目 Ranunculales

  罂粟科 Papaveraceae ························· 69

  防己科 Menispermaceae ····················· 70

  小檗科 Berberidaceae ························ 71

  毛茛科 Ranunculaceae ······················· 72

- 五桠果目 Dilleniales

  五桠果科 Dilleniaceae ························ 74

- 虎耳草目 Saxifragales

  蕈树科 Altingiaceae ··························· 75

  金缕梅科 Hamamelidaceae ·················· 77

- 葡萄目 Vitales

  葡萄科 Vitaceae ································ 78

- 豆目 Fabales

  豆科 Fabaceae ·································· 81

  远志科 Polygalaceae ························ 120

- 蔷薇目 Rosales

  蔷薇科 Rosaceae ······························ 121

  鼠李科 Rhamnaceae ························ 132

  大麻科 Cannabaceae ······················· 133

  桑科 Moraceae ······························· 135

  荨麻科 Urticaceae ··························· 149

- 壳斗目 Fagales

  木麻黄科 Casuarinaceae ··················· 154

- 葫芦目 Cucurbitales

  葫芦科 Cucurbitaceae ······················ 155

  秋海棠科 Begoniaceae ····················· 159

- 卫矛目 Celastrales

  卫矛科 Celastraceae ························ 161

- 酢浆草目 Oxalidales

  酢浆草科 Oxalidaceae ······················ 162

  杜英科 Elaeocarpaceae ···················· 163

- 金虎尾目 Malpighiales

  古柯科 Erythroxylaceae ···················· 166

  藤黄科 Clusiaceae ··························· 167

  堇菜科 Violaceae ···························· 168

  西番莲科 Passifloraceae ··················· 169

  大戟科 Euphorbiaceae ····················· 170

  叶下珠科 Phyllanthaceae ·················· 181

- 牻牛儿苗目 Geraniales

  牻牛儿苗科 Geraniaceae ··················· 184

- 桃金娘目 Myrtales

  使君子科 Combretaceae ··················· 185

ii

千屈菜科 Lythraceae ……………………… 187

柳叶菜科 Onagraceae ……………………… 190

桃金娘科 Myrtaceae ……………………… 194

野牡丹科 Melastomataceae ……………… 204

◉ 无患子目 Sapindales

　橄榄科 Burseraceae ……………………… 208

　漆树科 Anacardiaceae …………………… 209

　无患子科 Sapindaceae …………………… 212

　芸香科 Rutaceae ………………………… 216

　楝科 Meliaceae …………………………… 220

◉ 锦葵目 Malvales

　锦葵科 Malvaceae ………………………… 222

　瑞香科 Thymelaeaceae …………………… 239

◉ 十字花目 Brassicales

　辣木科 Moringaceae ……………………… 240

　番木瓜科 Caricaceae ……………………… 241

　白花菜科 Cleomaceae …………………… 242

　十字花科 Brassicaceae …………………… 243

◉ 石竹目 Caryophyllales

　白花丹科 Plumbaginaceae ……………… 245

　蓼科 Polygonaceae ……………………… 246

　石竹科 Caryophyllaceae ………………… 261

　苋科 Amaranthaceae …………………… 263

　商陆科 Phytolaccaceae ………………… 273

　紫茉莉科 Nyctaginaceae ………………… 274

　落葵科 Basellaceae ……………………… 275

　土人参科 Talinaceae …………………… 276

　马齿苋科 Portulacaceae ………………… 277

　仙人掌科 Cactaceae …………………… 279

◉ 杜鹃花目 Ericales

　凤仙花科 Balsaminaceae ………………… 280

　玉蕊科 Lecythidaceae …………………… 281

　五列木科 Pentaphylacaceae …………… 282

　山榄科 Sapotaceae ……………………… 284

　柿科 Ebenaceae ………………………… 286

　报春花科 Primulaceae …………………… 288

　山茶科 Theaceae ………………………… 294

　猕猴桃科 Actinidiaceae ………………… 297

◉ 茶茱萸目 Icacinales

　茶茱萸科 Icacinaceae …………………… 298

◉ 龙胆目 Gentianales

　茜草科 Rubiaceae ………………………… 299

　夹竹桃科 Apocynaceae ………………… 309

◉ 茄目 Solanales

　旋花科 Convolvulaceae ………………… 313

　茄科 Solanaceae ………………………… 321

◉ 唇形目 Lamiales

　木樨科 Oleaceae ………………………… 328

　车前科 Plantaginaceae ………………… 332

　通泉草科 Mazaceae ……………………… 335

　玄参科 Scrophulariaceae ……………… 335

　母草科 Linderniaceae …………………… 338

　爵床科 Acanthaceae …………………… 341

　紫葳科 Bignoniaceae …………………… 344

　马鞭草科 Verbenaceae ………………… 351

　唇形科 Lamiaceae ……………………… 354

◉ 冬青目 Aquifoliales

　冬青科 Aquifoliaceae …………………… 366

◉ 菊目 Asterales

　菊科 Asteraceae ………………………… 368

◉ 川续断目 Dipsacales

　五福花科 Adoxaceae …………………… 397

　忍冬科 Caprifoliaceae ………………… 401

◉ 伞形目 Apiales

　五加科 Araliaceae ……………………… 402

　伞形科 Apiaceae ………………………… 407

中文名索引 ……………………………………… 413

拉丁名索引 ……………………………………… 418

参考文献 ………………………………………… 425

裸子植物
Gymnosperm

苏铁目 Cycadales

苏铁 *Cycas revoluta* Thunb.

俗名：铁树、避火蕉、凤尾松、凤尾蕉

苏铁科 Cycadaceae　　**苏铁属 *Cycas***

茎干圆柱状，高 3～8 m，径 45～95 cm，常在基部或下部生不定芽，顶端密被厚绒毛；干皮灰黑色，具宿存叶痕。叶 40～100 片或更多，一回羽裂，长 0.7～1.4（～1.8）m，宽 20～28 cm，羽片呈"V"形伸展；叶柄长 10～20 cm，具刺 6～18 对。小孢子叶球卵状圆柱形，长 30～60 cm，径 8～15 cm；大孢子叶长 15～24 cm，密被灰黄色绒毛，长 6～12 cm，宽 4～7 cm，边缘深裂；胚珠 4～6，密被淡褐色绒毛。种子 2～5 枚，倒卵状或长圆状，长 4～5 cm；外种皮橘红色，被疏绒毛；中种皮光滑，两侧不具槽。喜暖热湿润的环境，生长慢，寿命约 200 年。多种植在我国南方；日本、菲律宾和印度尼西亚等国家也有分布。

银杏目 Ginkgoales

银杏 *Ginkgo biloba* L.

俗名：白果、鸭掌树、鸭脚子、公孙树

银杏科 Ginkgoaceae　　**银杏属 *Ginkgo***

落叶大乔木，株高达 40 m，胸径可达 4 m；树皮灰褐色，纵裂；大枝斜展，一年生长枝淡褐黄色，二年生枝灰色，短枝黑灰色。叶扇形，上部宽 5～8 cm，上缘有浅或深的波状缺刻，有时中部缺裂较深，具长柄；在短枝上 3～8 叶簇生。雄球花 4～6 生于短枝顶端叶腋或苞腋，长圆形，下垂，淡黄色；雌球花数个生于短枝叶丛中，淡绿色。种子椭圆形、倒卵圆形或近球形，长 2～3.5 cm，成熟时黄色或橙黄色，被白粉，外种皮肉质有臭味，中种皮骨质，白色，有 2（～3）纵脊，内种皮膜质，黄褐色；胚乳肉质，胚绿色。寿命长，适于生长在水热较优越的亚热带季风区。银杏是第四纪冰川运动后遗留下来的最古老的裸子植物，有植物界"活化石"之称。为我国特有珍贵树种、一级保护野生植物，列入《世界自然保护联盟红色名录》濒危物种。

罗汉松目 Podocarpales

罗汉松 *Podocarpus macrophyllus* (Thunb.) Sweet

俗名：土杉、罗汉杉、狭叶罗汉松

罗汉松科 Podocarpaceae　　**罗汉松属 *Podocarpus***

常绿针叶乔木，高达 20 m，胸径达 60 cm；树皮浅裂，成薄片状脱落；枝条开展或斜展，小枝密被黑色软毛或无。叶螺旋状着生，条状披针形，微弯，长 7～12 cm，宽 0.7～1 cm。雄球花穗状，常 2～5 簇生，长 3～5 cm；雌球花单生稀成对，有梗。种子卵圆形或近球形，径约 1 cm，成熟时假种皮紫黑色，被白粉，种托肉质圆柱形，红色或紫红色。花期 4—5 月，种子 8—9 月成熟。喜温暖湿润气候，耐寒性弱，耐阴性强，常栽培于庭园作观赏树。

竹柏 *Nageia nagi* (Thunberg) Kuntze

俗名： 大果竹柏、山杉、椤树、罗汉柴、窄叶竹柏

罗汉松科 Podocarpaceae　　**竹柏属 *Nageia***

乔木，株高达 20 m；树皮红褐色或暗紫红色，成小块薄片脱落；枝条开展或伸展。叶革质，长卵形、卵披针形或披针状椭圆形，长 2～9 cm，宽 0.7～2.5 cm。雄球花穗状圆柱形，单生叶腋，常呈分枝状；雌球花单生叶腋，基部有数枚苞片。种子圆球形，径 1.2～1.5 cm，成熟时假种皮暗紫色，有白粉，柄长 7～13 mm。花期 3—4 月，种子 10 月成熟。原为我国台湾特有树种，目前分布于浙江、福建、江西、湖南、广东、广西、四川等地。喜温暖湿润环境、耐阴。叶片和树皮常年散发芳香气味，有净化空气、抗污染和驱蚊的效果。

松杉目 Pinales

南洋杉 *Araucaria cunninghamii* Mudie

俗名：猴子杉、肯氏南洋杉、细叶南洋杉

南洋杉科 *Araucariaceae*　　**南洋杉属** *Araucaria*

高大乔木，高达 70 m，胸径 1 m 以上；树皮灰褐色或暗灰色，粗糙，横裂；大枝平展或斜展，幼树树冠尖塔形，老则平顶。幼树及侧枝之叶排列疏松，锥形、针形、镰形或三角形，长 7～17 mm，微具四棱；大树及花枝之叶排列紧密，前伸，上下扁，卵形、三角状卵形或三角形，长 6～10 mm。雄球花单生枝顶，圆柱形。球果卵形或椭圆形，长 6～10 cm，径 4.5～7.5 cm；苞鳞楔状倒卵形，两侧具薄翅。种子椭圆形，两侧具结合而生的膜质翅。原产大洋洲东南沿海地区，现在我国广东、福建、台湾、海南、云南、广西等地栽培。不耐寒、忌干旱。

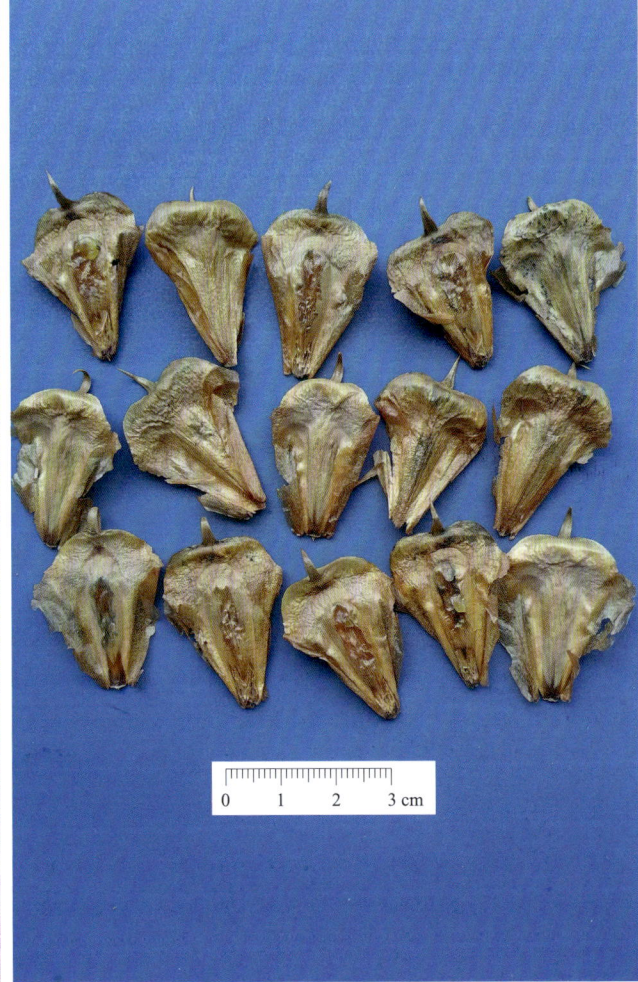

被子植物
Angiosperm

一、木兰类植物 Magnoliids

胡椒目 Piperales

蕺菜 *Houttuynia cordata* Thunb.

俗名：鱼腥草、臭狗耳、狗腥草、狗贴耳

三白草科 Saururaceae　　**蕺菜属 *Houttuynia***

多年生草本，株高约60 cm；具根茎；茎下部伏地，上部直立，无毛或节被柔毛，有时紫红色。叶薄纸质，密被腺点，宽卵形或卵状心形，先端短渐尖，基部心形，叶背常带紫色。穗状花序顶生或与叶对生，基部多具4片白色花瓣状苞片；花小，雄蕊3，长于花柱，花丝下部与子房合生，花柱3，外弯。蒴果近球形，顶端开裂，花柱宿存。种子椭圆近球形，顶端尖，长0.5～0.8 mm。花期4—8月，果期6—10月。产于我国中部、东南部至西南部；亚洲东部和东南部广布。生长于海拔1 200 m以下的沟边、溪边或林下湿地，耐水湿。味辛，性寒凉，是《中国药典》收录的草药。

木兰目 Magnoliales

番荔枝 *Annona squamosa* L.

俗名：释迦果、佛头果（台湾）、林檎（广东潮州）

番荔枝科 Annonaceae　　**番荔枝属 *Annona***

落叶小乔木，株高3～5 m；多分枝，树皮薄，灰白色。叶薄纸质，椭圆状披针形或长圆形，长6～17 cm，宽2～7 cm，2列，先端微骤尖或钝，基部宽楔形或圆，叶背苍白绿色。花单生或2～4朵簇生枝顶或与叶对生，长约2 cm，绿黄色，下垂。果长圆形、圆球形或心状圆锥形，由多数易于分开的心皮相连成聚合浆果，径5～10 cm，黄绿色，被白霜，易分离。种子长卵形，长1.5～3.5 cm。花期5—6月，果期6—11月。原产热带美洲，现我国浙江、台湾、福建、广东、广西和云南等地及全球热带地区均有栽培。果食用，为热带地区著名水果。

樟目 Laurales

蜡梅 *Chimonanthus praecox* (L.) Link

俗名：大叶蜡梅、狗矢蜡梅、狗蝇梅、腊梅

蜡梅科 Calycanthaceae　　蜡梅属 *Chimonanthus*

落叶小乔木或灌木状，株高达13 m；鳞芽被短柔毛。叶纸质，卵圆形、椭圆形或宽椭圆形，长5~29 cm，先端尖或渐尖，稀尾尖，下面脉疏被微毛。花径2~4 cm，花被片15~21，黄色，无毛，内花被片较短，基部具爪；雄蕊5~7，花丝较花药长或近等长，花药内弯，退化雄蕊长3 mm；心皮7~14，基部疏被硬毛，花柱较子房长3倍；果托坛状，近木质，高2~5 cm，径1~2.5 cm，口部缢缩。种子长椭圆形，长1~1.5 cm。花期11月至翌年3月，果期4—11月。野生于山东、江苏、安徽、浙江、福建、江西、湖南、湖北、河南、陕西、四川、贵州、云南等地的山地林中，各地栽培。

豺皮樟 *Litsea rotundifolia* var. *oblongifolia* (Nees) Allen

俗名：圆叶木姜子、嗜喳木、假面果、硬钉树、白叶仔

樟科 Lauraceae　　**木姜子属 *Litsea***

常绿小乔木或灌木状，株高达 5 m；小枝近无毛。叶互生，卵状长圆形，长 2.5～5.5 cm，宽 1～2.2 cm，先端钝或短渐尖，基部楔形或钝；叶柄长 3～5 mm，初被柔毛，后脱落无毛。伞形花序 3 个簇生；雄花序具 3～4 花；花被片倒卵圆形。果球形，径约 6 mm，灰蓝黑色，几无柄。种子棕褐色，球形，径 3～5 mm。生于广东、广西、湖南、江西、福建、台湾等地的灌木林中或疏林中或山地路旁。种子含脂肪油 63%～80%，可供工业用。

山胡椒 *Lindera glauca* (Siebold & Zucc.) Blume

俗名： 假死柴、油金条、香叶子、野胡椒、雷公子、牛筋树、药树

樟科 Lauraceae　　**山胡椒属 *Lindera***

落叶小乔木或灌木状，株高达 8 m；小枝灰色或灰白色，幼时淡黄色，初被褐色毛；冬芽长角锥形，芽鳞无脊。叶宽椭圆形、椭圆形、倒卵形或窄倒卵形，长 4～9 cm，叶背被白色柔毛；翌年发新叶时落叶。伞形花序从混合芽生出，具 3～8 花；雄花花梗长约 1.2 cm，密被白柔毛，花被片椭圆形，脊部被柔毛，雄蕊 9，退化雄蕊线形；花被片椭圆形或倒卵形，柱头盘状。果球形，黑褐色，径约 6 mm；果柄长 1～1.5 cm。种子球形，径约 4 mm。花期 3—4 月，果期 7—9 月。产于我国陕甘南部、东南沿海、华北、华中、两广、四川等地，以及中南半岛、朝鲜、日本。生长于山坡、林缘、路旁。叶、果皮含芳香油，种仁含油。

樟 *Camphora officinarum* Nees ex Wall.

俗名：香樟、芳樟、油樟、瑶人柴、栳樟、臭樟、乌樟

樟科 Lauraceae　　**樟属 *Camphora***

常绿大乔木，高可达 30 m，径可达 3 m，树冠广卵形；枝、叶及木材均有樟脑气味；树皮黄褐色，有不规则的纵裂。叶互生，卵状椭圆形，长 6～12 cm，宽 2.5～5.5 cm，先端急尖，基部宽楔形至近圆形，边缘全缘，有时呈微波状，具离基三出脉，中脉两面明显；叶柄纤细，长 2～3 cm，无毛。圆锥花序腋生，长 3.5～7 cm，具梗，总梗长 2.5～4.5 cm。能育雄蕊 9，长约 2 mm，花丝被短柔毛。子房球形，无毛，花柱长约 1 mm。果卵球形或近球形，径 6～8 mm，紫黑色。种子卵球形，径 6～8 mm，黑褐色，具网纹。花期 4—5 月，果期 8—11 月。产于我国南方及西南各地；越南、朝鲜、日本也有分布，其他各国有引种栽培。木材及根、枝、叶可提取樟脑和樟油，供医药及香料工业用。

二、单子叶植物 Monocots

泽泻目 Alismatales

海芋 *Alocasia odora* (Roxburgh) K. Koch

俗名：滴水观音、姑婆芋、野芋、滴水芋

天南星科 Araceae　　**海芋属 *Alocasia***

天南星科 Araceae

大型常绿草本；具匍匐根茎；有直立地上茎，茎高不到 10 cm 或高达 3～5 m，基部生不定芽条。叶多数，亚革质，草绿色，箭状卵形，长 50～90 cm，边缘波状；叶柄绿或污紫色，螺旋状排列，粗厚，长达 1.5 m。花序梗 2～3 丛生，圆柱形，长 12～60 cm；佛焰苞管部绿色，卵形或短椭圆形，长 3～5 cm，檐部黄绿色舟状，长圆形，长 10～30 cm，略下弯，先端喙状；肉穗花序芳香：雌花序白色，长 2～4 cm，不育雄花序绿白色，能育雄花序淡黄色，长 3～7 cm。浆果亮红色，卵状，长 0.8～1 cm。种子 1～2，象牙色，不规则球形，长 3.5～4.5 mm。花期四季。产于我国江西、福建、台湾、湖南、广东、广西、四川、贵州、云南等地；分布于海拔 1 700 m 以下的热带和亚热带地区，常成片生长于热带雨林林缘或河谷野芭蕉林下。茎和叶有毒。

薯蓣目 Dioscoreales

薯莨 *Dioscorea cirrhosa* Lour.

俗名：红药子、山猪薯、红孩儿

薯蓣科 Dioscoreaceae　　**薯蓣属 *Dioscorea***

多年生缠绕粗壮藤本；块茎外皮黑褐色，凹凸不平，断面红色，干后铁锈色；茎右旋，有分枝，近基部有刺。叶革质或近革质，长椭圆状卵形、卵圆形、卵状披针形或窄披针形，长5~20 cm，宽2~14 cm；叶柄长2~6 cm。雌雄异株，花序常单生叶腋。蒴果不反折，近三棱状，长1.8~3.5 cm，径2.5~5.5 cm；每室种子着生果轴中部。种子四周有膜状翅，圆形或椭圆形，径2~3 cm。花期4—6月，果期7月至翌年1月。分布于我国浙江南部、江西南部、福建、台湾、湖南、广东、广西、贵州、四川南部和西部、云南、西藏墨脱等地。喜温暖，茎叶喜高温和干燥、畏霜冻。块茎富含单宁，可提制栲胶，也可药用。

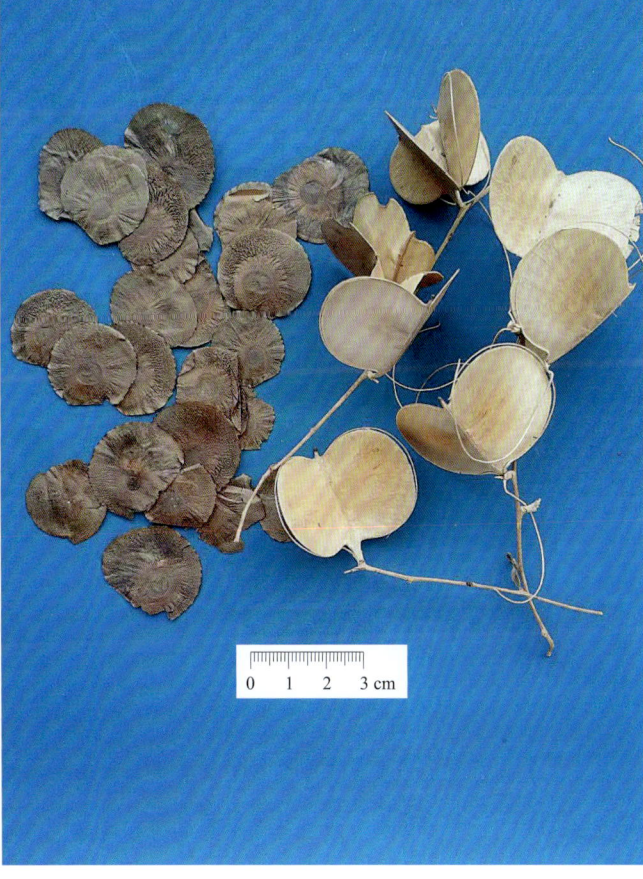

露兜树目 Pandanales

扇叶露兜树 *Pandanus utilis* Borg.

俗名：假菠萝、野菠萝、山菠萝、红刺露兜树、红刺林投、红章鱼树、旋叶露兜树

露兜树科 **Pandanaceae**　　露兜树属 *Pandanus*

常绿分枝灌木或小乔木，常左右扭曲，高达 18 m，或为高 4～5 m 的灌木状，多分枝，干光滑，支持根粗大。叶簇生于枝顶，三行紧密螺旋状排列，长披针形，长达 40～180 cm，宽 5～8 cm，叶缘及背面中脉有细小红刺。花单性异株，雄花序下垂，花丝长；花具芳香。聚花果圆球形或长圆形，径约 15 cm，下垂，幼果绿色，成熟时橘红色，由 40～80 个核果束组成。原产非洲马达加斯加岛，在我国台湾、广东（广州）、云南（西双版纳）有栽培，观赏树种。

百合目 Liliales

菝葜 *Smilax china* L.

俗名：金刚兜、大菝葜、金刚刺、金刚藤

菝葜科 Smilacaceae   **菝葜属 *Smilax***

攀援灌木，根状茎不规则块状，径2～3 cm，茎长1～5 m。叶薄革质，圆形、卵形或宽卵形，长3～10 cm，叶柄长0.5～1.5 cm，具卷须。伞形花序生于叶尚幼嫩的小枝上，具十几朵或更多的花，呈球形，花绿黄色，雄花中花药比花丝稍宽，常弯曲；雌花与雄花大小相似，有6枚退化雄蕊。浆果径0.6～1.5 cm，熟时红色，有粉霜。种子棕色，球形或椭球形，径3～5 mm。花期2—5月，果期9—11月。分布于我国及缅甸、越南、泰国、菲律宾。生长在海拔2 000 m以下的林下、灌丛中、路旁、河谷或山坡上。

8×
1 000 μm

土茯苓 *Smilax glabra* Roxb.

俗名：光叶菝葜、硬板头

菝葜科 Smilacaceae　　**菝葜属 *Smilax***

攀援灌木，茎长达 4 m，无刺；根状茎块状，常由匍匐茎相连，径 2～5 cm。叶薄革质，窄椭圆状披针形，长 6～15 cm，宽 1～7 cm，叶背常绿色，有时带苍白色；叶柄长 0.5～1.5 cm。伞形花序，总花梗通常明显短于叶柄；花绿白色，六棱状球形；雄花外花被片近扁圆形，兜状，内花被片近圆形；雄蕊靠合，花丝极短；雌花外形与雄花相似。浆果径 0.7～1 cm，成熟时紫黑色，具粉霜。种子亮黄棕色，球形，径约 3.5 mm。花期 7—11 月，果期 11 月至翌年 4 月。分布于我国甘肃南部和长江流域以南各地；越南、泰国和印度也有分布。生长在海拔 1 800 m 以下的林中、灌丛下、河岸或山谷中。根状茎可入药，利湿热解毒。

8×
1 000 μm

油点草 *Tricyrtis macropoda* Miq.

俗名：紫海葱、油迹草

百合科 Liliaceae　　**油点草属 *Tricyrtis***

植株高达 1 m，茎上部疏生或密生短的糙毛。叶卵状椭圆形、矩圆形至矩圆状披针形，长 8～16（～19）cm，宽 6～9 cm，先端渐尖或急尖，两面疏生短糙伏毛，基部心形抱茎或圆形而近无柄，边缘具短糙毛。二歧聚伞花序顶生或生于上部叶腋，花序轴和花梗生有淡褐色短糙毛；花疏散；花被片绿白色或白色，内面具多数紫红色斑点，卵状椭圆形至披针形，开放后自中下部向下反折；雄蕊约等长于花被片，花丝中上部向外弯垂，具紫色斑点；柱头稍微高出雄蕊或有时近等高，3 裂，每裂片上端又二深裂，密生腺毛。蒴果直立，长 2～3 cm。种子卵形至球形，径 3～4 mm。花果期 6—10 月。分布于我国浙江、江西、福建、安徽、湖北、湖南、广东、广西和贵州。生于海拔 800～2 400 m 的山地林下、草丛或岩石缝中。

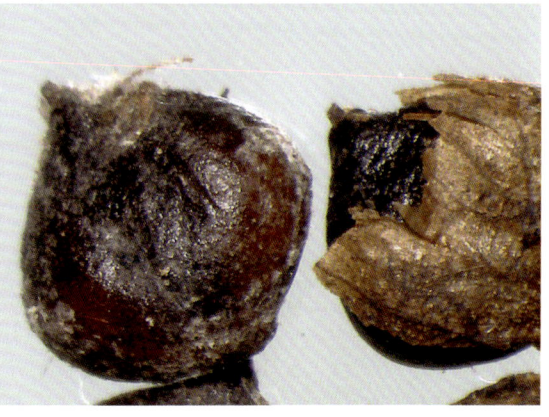

天门冬目 Asparagales

巴西鸢尾 *Neomarica gracilis* (Herb.) Sprague

俗名：美丽鸢尾

鸢尾科 Iridaceae　　**巴西鸢尾属 *Neomarica***

多年生草本，株高30～40 cm。叶片两列，带状剑形，自短茎处抽生。花茎高于叶片，花被片6，外3片白色，基部褐色，具浅黄色斑纹，3片前端蓝紫色，带白色条纹，基部褐色，具黄色斑纹。蒴果。种子三角形卵状，黑色，长4～5 mm。花期春季至夏季。原产于墨西哥至巴西一带，我国南方引种栽培。喜高温及湿润气候，喜阳光，耐半阴，不耐寒。

射干 *Belamcanda chinensis* (L.) Redouté

俗名：野萱花、交剪草

鸢尾科 Iridaceae　　**射干属 *Belamcanda***

多年生草本；根状茎为不规则的块状，斜伸，黄色或黄褐色；茎高 1～1.5 m，实心。叶互生，嵌叠状排列，剑形，长 20～60 cm，宽 2～4 cm，基部鞘状抱茎，顶端渐尖，无中脉。花序顶生，叉状分枝，每分枝的顶端聚生数朵花；花梗细，长约 1.5 cm。花橙红色，散生紫褐色的斑点，直径 4～5 cm；花被裂片 6，2 轮排列。雄蕊 3，长 1.8～2 cm，着生于外花被裂片的基部，花药条形，外向开裂；花柱上部稍扁，顶端 3 裂，子房下位，倒卵形，3 室，胚珠多数。蒴果倒卵圆形，长 2.5～3 cm，径 1.5～2.5 cm，黑紫色，有光泽，顶端无喙，常残存有凋萎的花被，成熟时室背开裂，果瓣外翻。种子圆球形，黑紫色，径约 4 mm，着生在果轴上。花期 6—8 月，果期 7—9 月。产于我国东北吉林、辽宁至华北以及华南各地。生于海拔较低的林缘或山坡草地，或西南山区海拔 2 000～2 200 m 处。根状茎可药用，清热解毒、散结消炎。

山菅兰 *Dianella ensifolia* (L.) Redouté

俗名：桔梗兰、山菅

阿福花科 Asphodelaceae　　**山菅兰属 *Dianella***

植株高 1~2 m；根状茎圆柱状，横走，粗 5~8 mm。叶狭条状披针形，长 30~80 cm，宽 1~2.5 cm，基部稍收狭成鞘状，套叠或抱茎，边缘和背面中脉具锯齿。顶端圆锥花序长 10~40 cm，分枝疏散；花常多朵生于侧枝上端；花梗长 7~20 mm，常稍弯曲，苞片小；花被片条状披针形，长 6~7 mm，绿白色、淡黄色至青紫色，5 脉；花药条形，比花丝略长或近等长，花丝上部膨大。浆果近球形，深蓝色，径约 6 mm，具 5~6 颗种子。种子卵形、黑色，具光泽，长 3~4 mm。花果期 3—8 月。分布在我国云南、四川、贵州（东南部）、广西、广东（南部）、江西（南部）、浙江（沿海地区）、福建和台湾等地。生于海拔 1 700 m 以下的林下、山坡或草丛中。全株具毒，茎汁毒性尤强。

葱 *Allium fistulosum* L.

俗名：北葱

石蒜科 Amaryllidaceae　　**葱属 *Allium***

多年生草本；根状茎为不规则的块状，斜伸，黄色或黄褐色；茎高 1~1.5 m，实心。叶互生，嵌叠状排列，剑形，长 20~60 cm，宽 2~4 cm，基部鞘状抱茎，顶端渐尖，无中脉。花序顶生，叉状分枝，每分枝的顶端聚生数朵花；花梗细，长约 1.5 cm；花橙红色，散生紫褐色斑点，径 4~5 cm；花被裂片 6，2 轮排列。雄蕊 3，长 1.8~2 cm，着生于外花被裂片的基部，花药条形，外向开裂；花柱上部稍扁，顶端 3 裂，子房下位，倒卵形，3 室，胚珠多数。种子黑褐色，呈不规则形状，长约 4 mm。花期 6—8 月，果期 7—9 月。我国各地广泛栽培；国外也有栽培。喜冷不耐炎热。全株可食用或入药，发汗解表、祛风散寒。

韭 *Allium tuberosum* Rottler ex Spreng.

俗名：韭菜、久菜

石蒜科 Amaryllidaceae　　**葱属 *Allium***

多年生宿根草本植物。叶线形，扁平，实心，短于花葶，宽 1.5~8 mm，叶缘光滑。花梗近等长，长为花被片 2~4 倍，具小苞片，数枚花梗基部为一苞片所包；花白色，花被片中脉绿或黄绿色花丝等长，长为花被片 2/3~4/5，基部合生并与花被片贴生，窄三角形，内轮基部稍宽；子房倒圆锥状球形，具疣状突起。种子黑褐色，呈不规则多面体，长约 3.5 mm。花果期 7—9 月。全国广泛栽培，叶、花葶和花均作蔬菜食用，种子可入药。

棕榈目 Arecales

三药槟榔 *Areca triandra* Roxb.

俗名：三雄芯槟榔

棕榈科 Arecaceae　　**槟榔属 *Areca***

茎丛生，高 3～4 m 或更高，径 2.5～4 cm，具明显的环状叶痕。叶羽状全裂，长 1 m 或更长，约 17 对羽片，顶端 1 对合生，羽片长 35～60 cm 或更长，宽 4.5～6.5 cm，具 2～6 条肋脉；叶柄长 10 cm 或更长。佛焰苞 1 个，革质，压扁，光滑，长 30 cm 或更长，开花后脱落。雌雄同株，花序多分枝，花序轴粗扁，分枝曲折，长 25～30 cm，着生 1 列或 2 列雄花，雌花单生于分枝基部；雄花小，无梗，通常单生，雄蕊 3 枚，花丝短。果熟时由黄色变为深红色，卵状纺锤形，长 3.5 cm，径 1.5 cm，顶端变狭，具小乳头状突起；中果皮厚，纤维质。种子椭圆形至倒长卵球形，长 1.5～1.8 cm，径 1～1.2 cm，胚乳嚼烂状，几无涩味，胚基生。果期 8—9 月。产于印度、中南半岛及马来半岛等亚洲热带地区；我国台湾、广东（广州）、云南等地有栽培。观叶植物。

大王椰 *Roystonea regia* (Kunth.) O. F. Cook

俗名：大王椰子、王椰、王棕

棕榈科 Arecaceae　　**大王椰属 *Roystonea***

茎直立，乔木状，高 10～20 m；茎幼时基部膨大，老时近中部不规则膨大，向上部渐狭。叶羽状全裂，弓形并常下垂，长 4～5 m，叶轴每侧羽片多达 250 片，羽片呈 4 列排列，线状披针形，渐尖，顶端浅 2 裂，长 90～100 cm，宽 3～5 cm，顶部羽片较短而狭，中脉每侧具粗壮的叶脉。花序长达 1.5 m，多分枝，佛焰苞 2，开花前棒状，花后鞘状；花小，雌雄同株，雄花长 6～7 mm，雄蕊 6，与花瓣等长，雌花长约为雄花之半。果实近球形至倒卵形，长约 1.3 cm，径约 1 cm，暗红色至淡紫色。种子歪卵形，一侧压扁，胚乳均匀，胚近基生。花期 3—4 月，果期 10 月。树形优美，广泛作行道树和庭园绿化树种。

果冻椰子 *Butia capitata* (Mart.) Becc.

俗名：布迪椰子、冻子椰子、冻椰、弓葵

棕榈科 Arecaceae　　**果冻椰子属 *Butia***

常绿乔木，单干型，高达8 m；老叶基残存包裹于树干，粗壮、坚硬。羽状叶长2.6 m，弯曲如弓形，羽片25~50对，厚革质，叶端尖锐，羽片沿叶轴两侧以对生或互生的方式呈2列排列，小叶片长0.4~0.7 m，灰绿色，叶柄具刺。雌雄同株，花序腋生，长0.8~0.9 m，花序梗及花瓣均为紫红色，鲜艳。果卵球形，径2.4~2.6 cm，成熟时橙红色，肉甜。种子球形或近球形，径1.5~2.0 cm，一端有3个发芽孔；种壳坚硬，呈黄褐色。原产于南美洲的巴西与乌拉圭，我国黄淮流域及京津地区有引种栽培。喜光，较耐寒。株形优美，是理想的行道树及庭园树。果实可食用或制作果冻。

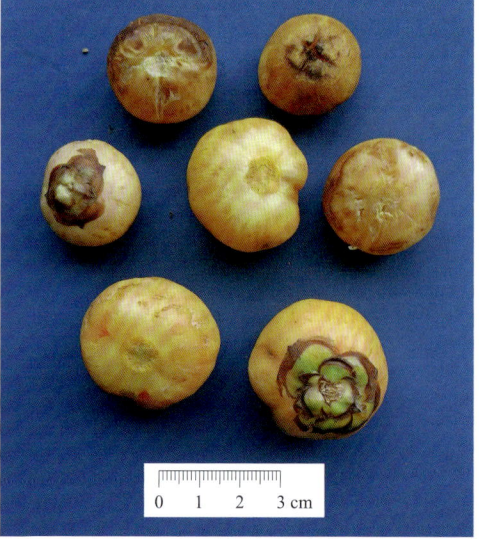

山棕 *Arenga engleri* Becc.

俗名：香棕、鱼骨葵、香桃榔、散尾棕

棕榈科 Arecaceae　　**桄榔属 *Arenga***

丛生灌木，高 2～3 m。叶羽状全裂，长 2～3 m，羽片互生，长 30～55 cm 或更长，宽 2～3 cm，基部羽片较短而狭，上部羽片较短而宽，具细齿，中部以上边缘具不规则的啮蚀状齿，顶部羽片顶端变宽而具啮蚀状齿；叶柄及叶轴被黑色鳞秕。花序生于叶间，长 30～50 cm，多分枝，分枝长约 30 cm，螺旋状排列于花序轴上；花雌雄同株；雄花稍大，长约 1.5 cm，黄色，有香气，萼片 3，覆瓦状排列成杯状，花瓣 3，长椭圆形，雄蕊约 40 枚，不具芒尖；雌花近球形，花萼近圆形，花瓣三角形，长约 6 mm，宽 5 mm。果实近球形，钝三棱，充分成熟时为红色，径约 1.8 cm。种子 3 颗，常有 1 颗种子发育不全，黑褐色，钝三棱状，长 1 cm、宽 0.8 cm、厚 0.6 cm。花期 5—6 月，果期 11—12 月。产于我国福建、台湾等地，广东、云南有栽培。

刺葵 *Phoenix loureiroi* Kunth

俗名： 台湾海枣

棕榈科 Arecaceae　　**海枣属 *Phoenix***

茎丛生或单生，高 2～5 m，径达 30 cm 以上。叶长达 2 m；羽片线形，长 15～35 cm，宽 10～15 mm，单生或 2～3 片聚生，呈 4 列排列。佛焰苞长 15～20 cm，褐色，不开裂为 2 舟状瓣；花序梗长 60 cm 以上；雌花序分枝短而粗壮，长 7～15 cm；雄花近白色；花萼长 1～1.5 mm，顶端具 3 齿；花瓣 3，长 4～5 mm，宽 1.5～2 mm；雄蕊 6；雌花花萼长约 1 mm；花瓣圆形，径约 2 mm；心皮 3，卵形。果实长圆形，长 1.5～2 cm，成熟时紫黑色，基部具宿存的杯状花萼。种子长圆形，长 1～1.3 cm，腹面具纵沟。花期 4—5 月，果期 6—10 月。产于我国台湾、广东、海南、广西、云南等地。生于海拔 800～1 500 m 的阔叶林或针阔叶混交林中。树形美丽，可作庭园绿化植物。

海枣 *Phoenix dactylifera* L.

俗名：波斯枣、番枣、伊拉克枣、枣椰子、枣椰树

棕榈科 Arecaceae　　**海枣属 *Phoenix***

乔木状，高达 35 m，茎具宿存的叶柄基部。上部叶斜升，下部叶下垂，形成一个较稀疏的头状树冠。叶长达 6 m，羽片线状披针形，长 18～40 cm，灰绿色，具龙骨突起，2 或 3 片聚生，被毛，下部羽片成针刺状；叶柄细长，扁平。佛焰苞长，大而肥厚；密集的圆锥花序；雄花具短梗，白色；花萼杯状，先端具 3 钝齿；花瓣 3，斜卵形；雄蕊 6，花丝极短；退化雄蕊 6，鳞片状。雌花近球形，具短梗；花瓣圆形。果长圆形或长圆状椭圆形，长 3.5～6.5 cm，成熟时深橙黄色，果肉肥厚。种子 1，扁球形，长约 2 cm，两端尖，腹面具纵沟。花期 3—4 月，果期 9—10 月。原产于西亚和北非，我国福建、广东、广西、云南等地有引种栽培，是干热地区重要果树作物之一。果实可供食用，树形美观，具观赏价值。

江边刺葵 *Phoenix roebelenii* O'Brien

俗名： 美丽珍葵、美丽针葵、罗比亲王海枣、软叶刺葵、软叶海枣

棕榈科 Arecaceae　　**海枣属 *Phoenix***

常绿木本植物；茎丛生，高1～3 m，直径达10 cm，具宿存的三角状叶柄基部。叶长1～1.5（～2）m；羽片线形，较柔软，长20～30（～40）cm，两面深绿色，叶背面沿叶脉被灰白色糠秕状鳞秕，2列，下部羽片变成细长软刺。佛焰苞长30～50 cm，上部2裂；雄花序与佛焰苞近等长，雌花序短于佛焰苞；花序分枝细长，长达20 cm；雄花花萼长约1 mm，先端具三角状齿；花瓣3，披针形，长约9 mm；雄蕊6；雌花近卵形，长约6 mm；花萼先端具短尖头。果长圆形，长1.4～1.8 cm，顶端具短尖头，成熟时枣红色，果肉薄，有枣味。种子扁球形，长0.8～1.2 cm，腹面具纵沟。原产于印度和中南半岛及我国云南（西双版纳）等地，现我国广东、广西等地有引种栽培。

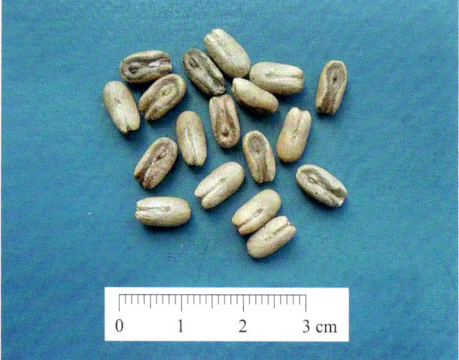

狐尾椰子 *Wodyetia bifurcata* A.K.Irvine

俗名：狐尾椰、二枝棕、狐尾棕

棕榈科 Arecaceae　　**狐尾椰属 *Wodyetia***

常绿乔木，茎单干，中部膨大，高达15 m，直径达30 cm；叶环痕显著。叶色亮绿，簇生茎顶，叶片长达3 m，羽状全裂，复羽状分裂为11～17小羽片；羽片辐射状，蓬松，状似狐尾；叶鞘形成绿色的冠茎。叶下花序，雌雄同株。果实卵形，长约6 cm，红色。种子卵球形，径约5 cm。原产于澳大利亚昆士兰，我国华南地区有栽培。树姿美观，羽片蓬松，状似狐尾，具较高观赏价值。

假槟榔 *Archontophoenix alexandrae* (F. Muell.) H. Wendl. et Drude

俗名：亚历山大椰子

棕榈科 Arecaceae　　**假槟榔属 *Archontophoenix***

常绿乔木，高达 20～30 m，径约 15 cm；圆柱状，基部略膨大。叶生于茎顶，羽状全裂，长 2～3 m，羽片 2 列，线状披针形，长达 45 cm，宽约 5 cm，叶正面绿色，叶背被灰白色鳞秕状物，中脉明显。叶鞘筒状包干，绿色光滑。花序生于叶鞘下，圆锥花序下垂，长 30～40 cm，多分枝；花雌雄同株，白色；雄花和雌花萼片及花瓣均 3，长约 3 mm，雄花三角状圆形，雌花圆形。果卵球形，红色，长 1.2～1.4 cm。种子卵球形，径 7～8 mm。原产于澳大利亚东部，现分布于我国福建、台湾、广东、海南、广西、云南等热带亚热带地区。喜光、喜高温多湿气候，不耐寒。华南城市常栽作庭园风景树或行道树。

散尾葵 *Dypsis lutescens* (H. Wendl.) Beentje et J. Dransf.

俗名：黄椰子、紫葵、凤凰尾、印度尼西亚散尾葵

棕榈科 Arecaceae　　**金果椰属 *Dypsis***

丛生灌木，株高 2～5 m，茎径 4～5 cm，基部略膨大。叶羽状全裂，长约 1.5 m，羽片 40～60 对，2 列，黄绿色，有蜡质白粉，披针形，长 35～50 cm，宽 1.2～2 cm，先端长尾状渐尖，2 短裂，上部羽片长约 10 cm；叶柄及叶轴光滑，黄绿色，上面具槽，下面圆，叶鞘长而略膨大，黄绿色，初被蜡质白粉，有纵沟。圆锥花序生于叶鞘之下，长约 80 cm，2～3 次分枝；分枝花序长 20～30 cm，穗状花序 8～10，长 12～18 cm；花卵球形，金黄色，螺旋状着生；雄花萼片和花瓣均 3 片，上面具纹脉，雄蕊 6；雌花萼片和花瓣与雄花略同，子房 1 室，花柱短，柱头粗。果略陀螺形或倒卵形，长 1.5～1.8 cm，径 0.8～1 cm，鲜时土黄色，干时紫黑色，外果皮光滑。种子略倒卵形；胚乳均匀，中央有窄长空腔，胚侧生。花期 5 月，果期 8 月。原产于马达加斯加，现引种于我国南方，栽培观赏树种。

蒲葵 *Livistona chinensis* (Jacq.) R. Br. ex Mart.

俗名： 扇叶葵、葵树、华南蒲葵

棕榈科 Arecaceae　　**蒲葵属 *Livistona***

常绿乔木，高达 20 m。叶宽肾状扇形，径达 1 m 以上，掌状深裂至中部，裂片线状披针形，宽 1.8～2 cm，2 深裂，长达 50 cm；叶柄长 1～2 m，下部两侧有黄绿色（新鲜时）或淡褐色（干后）下弯的短刺。肉穗圆锥花序，长 1 m 余，腋生，约 6 个分枝花序，分枝花序长 10～20 cm；总梗具 6～7 佛焰苞，佛焰苞棕色、管状、坚硬；花小，两性，黄绿色；花冠 2 倍长于花萼，几裂至基部；雄蕊 6，花丝合生成环。核果椭圆形，长 1.8～2.2 cm，径 1～1.2 cm，蓝黑色或黑褐色。种子椭圆形，长 1.5 cm。花果期 4 月。国内分布于华南地区；国外分布于中南半岛。耐寒力差。嫩叶可编制葵扇，老叶制蓑衣。

琼棕 *Chuniophoenix hainanensis* Burret

俗名：陈棕

棕榈科 Arecaceae　　**琼棕属 *Chuniophoenix***

丛生灌木状，高3 m或更高。叶掌状深裂，裂片14~16片，线形，长达50 cm，宽1.8~2.5 cm，先端渐尖，不分裂或2浅裂。花序腋生，多分枝，呈圆锥花序式，主轴上的苞片（一级佛焰苞）管状，长5~6 cm，顶端三角形，被早落的鳞秕；每一佛焰苞内有分枝3~5个，其上密被褐红色有条纹脉的漏斗状小佛焰苞；花两性，紫红色，花萼筒状，长约2 mm，宿存；花瓣2~3片，紫红色，卵状长圆形，长5~6 mm，雄蕊4~6枚，花丝长3~4 mm，基部扩大并连合；花药卵形，长1 mm；子房长圆形，长2 mm，花柱短，柱头3裂。果实近球形，径约1.5 cm，外果皮薄，中果皮肉质，内果皮薄。种子为不整齐的球形，径约1 cm，灰白色。花期4月，果期9—10月。产于我国海南的陵水、琼中等地。生于山地疏林中。树形优美，可供庭园观赏。

短穗鱼尾葵 *Caryota mitis* Lour.

俗名：酒椰子

棕榈科 Arecaceae　　**鱼尾葵属 *Caryota***

丛生，小乔木状，高5~8 m，径8~15 cm；茎绿色，表面被微白色的毡状绒毛。叶长3~4 m，下部羽片小于上部羽片；羽片呈楔形或斜楔形，外缘笔直，内缘1/2以上弧曲成不规则的齿缺，且延伸成尾尖或短尖，淡绿色，幼叶较薄，老叶近革质；叶柄被褐黑色的毡状绒毛；叶鞘边缘具网状的棕黑色纤维。佛焰苞与花序被糠秕状鳞秕，花序短，长25~40 cm，具密集穗状的分枝花序；雄花萼片宽倒卵形，长约2.5 mm，宽4 mm，顶端全缘，具睫毛，花瓣狭长圆形，长约11 mm，宽2.5 mm，淡绿色，雄蕊15~20（~25）枚，几无花丝；雌花萼片宽倒卵形，长约为花瓣的1/3倍，顶端钝圆，花瓣卵状三角形，长3~4 mm；退化雄蕊3枚。果球形，径1.2~1.5 cm，成熟时紫红色。种子1颗，球形，黑色，径约1 cm。花期4—6月，果期8—11月。产于我国海南、广西等地；越南、缅甸、印度、马来西亚、菲律宾、印度尼西亚（爪哇岛）亦有分布。生于山谷林中或植于庭园。

鱼尾葵 *Caryota maxima* Blume ex Martius

俗名：假桃榔、青棕、钝叶、董棕、假桃榔

棕榈科 Arecaceae　　**鱼尾葵属 *Caryota***

乔木状，高 10～15（～20）m，径 15～35 cm；茎绿色，被白色毡状绒毛，具环状叶痕。叶长 3～4 m，幼叶近革质，老叶厚革质；羽片长 15～60 cm，宽 3～10 cm，互生，罕见顶部的近对生，最上部的 1 羽片大，楔形，先端 2～3 裂，侧边的羽片小，菱形，外缘笔直，内缘上半部或 1/4 以上弧曲成不规则的齿缺，且延伸成短尖或尾尖。佛焰苞与花序无糠秕状的鳞秕；花序长 3～3.5（～5）m，具多数穗状的分枝花序，长 1.5～2.5 m；雄蕊（31～）50～111 枚，花药线形，长约 9 mm，黄色，花丝近白色；雌花花萼长约 3 mm，宽 5 mm，顶端全缘，花瓣长约 5 mm；退化雄蕊 3 枚，钻状，为花冠长的 1/3 倍。果实球形，成熟时红色，径 1.5～2 cm。种子 1 颗，球形，黑色，径约 1 cm，胚乳嚼烂状。花期 5—7 月，果期 8—11 月。产于我国福建、广东、海南、广西、云南等地；国外亚热带地区有分布。生于海拔 450～700 m 的山坡或沟谷林中。树形优美，庭园绿化树种。

棕竹 *Rhapis excelsa* (Thunb.) Henry ex Rehd.

俗名：裂叶棕竹

棕榈科 Arecaceae　　**棕竹属 *Rhapis***

丛生灌木，高 2~3 m；茎圆柱形，有节，径 2~3 cm。叶掌状，4~10 深裂，裂片条状披针形，长 20~30 cm，具 2~5 肋脉，先端平截；边缘有不规则锯齿，横脉多而明显；叶柄长 8~20 cm，稍扁平，截面椭圆形，顶端小戟突常半圆形。肉穗花序长达 30 cm，具 2~3 分枝花序，每分枝花序具一至二回分枝小花穗，总花序梗及分枝花序梗基部各有 1 枚佛焰苞；佛焰苞管状，被棕色弯卷绒毛。花单性，雌雄异株；雄花长约 3 mm，淡黄色，无梗，成熟时花冠管伸长，花时棍棒状椭圆形，长 5~6 mm；花冠 3 裂，裂片三角形；雌花卵状球形，长约 4 mm。浆果球形，径 8~10 mm。种子球形。花期 6—7 月。产于我国南部至西南部；日本亦有分布。树形优美，庭园绿化树种。

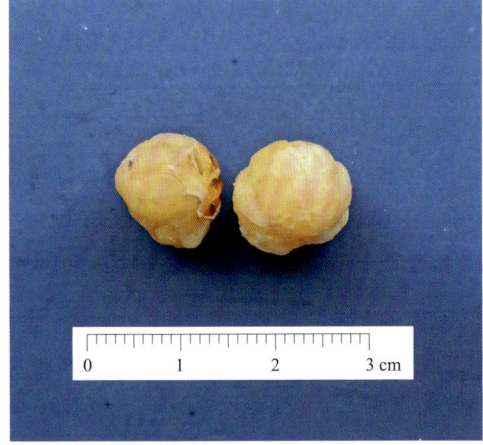

鸭跖草目 Commelinales

杜若 *Pollia japonica* Thunb.

俗名：地藕、竹叶莲、山竹壳菜

鸭跖草科 Commelinaceae　　**杜若属 *Pollia***

多年生草本，茎粗壮，不分枝，高达80 cm，根状茎长而横走。叶鞘无毛，叶无柄或叶基渐窄，下延成带翅的柄；叶片长椭圆形，长10～30 cm，宽3～7 cm，基部楔形，先端长渐尖，近无毛，上面粗糙。蝎尾状聚伞花序长2～4 cm，常多个成轮排列，一般集成圆锥花序。总梗长15～30 cm，花序轴和花梗密被钩状毛；花瓣白色，倒卵状匙形。果球状，径约5 mm，果皮黑色，每室有种子数颗；种子灰色或略带紫色，呈不规则方形或多面体，径1～2 mm。花期7～9月，果期9—10月。分布于我国台湾、福建、浙江、安徽（南部）、江西、湖北（西南部）、湖南、广东（北部）、广西、贵州、四川（东南部）等地。常生长于海拔1 200 m以下的山谷林下。具观赏价值，入药可疏风消肿。

聚花草 *Floscopa scandens* Lour.

俗名：小竹叶菜、水竹菜、竹叶草、大祥竹篙草、水草

鸭跖草科 Commelinaceae　　**聚花草属 *Floscopa***

植株具极长根状茎，根状茎节上密生须根；茎高20～70 cm，不分枝。叶无柄或有带翅短柄；叶片椭圆形或披针形，长4～12 cm，宽1～3 cm。花梗极短；苞片鳞片状；萼片长2～3 mm，浅舟状；花瓣蓝或紫色，倒卵形，比萼片略长；花丝长而无毛。蒴果卵圆状，长宽2 mm，侧扁。种子半椭圆形，长1.2～1.8 mm，灰蓝色或淡紫色，胚盖白色，具浅辐射纹。花果期7—11月。产于我国浙江南部、福建、江西、湖南、广东、海南、广西、云南、四川、西藏和台湾等地；广布于亚洲热带及大洋洲热带地区。生长在海拔1 700 m以下的水边、山沟边草地及林中。全草药用。

海南山姜 *Alpinia hainanensis* K. Schumann

俗名：草蔻、小草蔻、开南山姜

姜科 Zingiberaceae　　**山姜属 *Alpinia***

株高达 2 m。叶片带形，长 22～50 cm，宽 2～4 cm，顶端渐尖并有一旋卷的尾状尖头；无柄或因叶片基部渐狭而成一假柄；叶舌膜质，长 7～8 mm，顶端急尖。总状花序中等粗壮，长 13～15 cm，花序轴"之"字形，被黄色、稍粗硬的绢毛，顶部具长圆状卵形的苞片，小苞片长 2 cm，顶有小尖头，红棕色；小花梗长不及 2 mm；花萼筒钟状，顶端具 2 齿，一侧开裂至中部以上，外被黄色长柔毛，具缘毛；花冠管长 9～10 mm，无毛；裂片长 2.5～3 cm，喉部及侧生退化雄蕊被黄色小长柔毛；唇瓣倒卵形，长 3 cm，顶浅 2 裂；花丝长 1.5 cm，花药室长 11 mm。蒴果球形，径约 3 cm，成熟时金黄色。种子多数，长倒卵形，长 4～5 mm，宽 2 mm。花期 4—6 月，果期 5—8 月。产于我国广东、海南，著名的观叶植物。

8×
1 000 μm

姜科 Zingiberaceae

花叶艳山姜 *Alpinia zerumbet* 'Variegata'

俗名：花叶良姜、彩叶姜

姜科 Zingiberaceae　　**山姜属** *Alpinia*

多年生草本，具发达的地上茎，具根状茎，植株高达 3 m。叶披针形，有金黄色纵斑纹，十分艳丽。圆锥花序呈总状花序式，花序下垂，花蕾包藏于总苞片中，花白色，边缘黄色，顶端红色，唇瓣广展，花大而美丽并具有香气。小花梗极短；小苞片椭圆形，长 3～3.5 cm，白色，顶端粉红色，蕾时包花，无毛；花萼近钟形，长约 2 cm，白色，顶端粉红色。蒴果卵圆形；种子长 0.5～1 cm，有棱角。花期 4—6 月，果期 7—10 月。产于亚热带地区，我国东南部至南部均有栽培。

山姜 *Alpinia japonica* (Thunb.) Miq.

俗名：箭杆风、福建土砂仁

姜科 Zingiberaceae　　**山姜属 *Alpinia***

多年生草本，株高达 70 cm，具横生、分枝根茎。叶披针形、倒披针形或窄长椭圆形，长 25～40 cm，宽 4～7 cm，两端渐尖，两面被柔毛。总状花序顶生，长 15～30 cm，花序轴被柔毛；总苞片披针形，长约 9 cm，开花时脱落；花常 2 朵聚生；花萼棒状，被柔毛；花冠管长约 1 cm，被疏柔毛。侧生退化雄蕊线形，长约 5 mm；唇瓣卵形，宽约 6 mm，白色，具红色脉纹，先端 2 裂，具缺刻；雄蕊长 1.2～1.4 cm。蒴果球形或椭圆形，径 1～1.5 cm，被柔毛，成熟时橙红色，顶端有宿存萼筒。种子多角形，长约 5 mm，径约 3 mm。花期 4—8 月，果期 7—12 月。我国东南部、南部至西南部各地均有分布。生于林下阴湿处。根状茎供药用。

8×
1 000 μm

8×
1 000 μm

益智 *Alpinia oxyphylla* Miq.

俗名：益智仁、益智子

姜科 Zingiberaceae　　**山姜属 *Alpinia***

株高 1～3 m，茎丛生；根茎短，长 3～5 cm。叶片披针形，长 25～35 cm，宽 3～6 cm，顶端渐狭，具尾尖，基部近圆形，边缘具脱落性小刚毛；叶柄短。总状花序在花时整个脱落，花序轴被极短的柔毛；花萼筒状，长 1.2 cm，花冠管长 8～10 mm，花冠裂片长圆形，长约 1.8 cm；侧生退化雄蕊钻状，长约 2 mm；唇瓣倒卵形，长约 2 cm，粉白色而具红色脉纹，先端边缘皱波状；花丝长 1.2 cm，花药长约 7 mm；子房密被绒毛。蒴果鲜时球形，黄色至黑褐色，干时纺锤形，长 1.5～2 cm，宽约 1 cm，被短柔毛，果皮上有隆起的维管束线条，顶端有花萼管的残迹。果皮薄而较韧，与种子团紧贴；种子团被隔膜分为 3 瓣，每瓣有种子 6～11 粒。种子呈不规则的扁圆形，略有钝棱，直径约 3 mm，表面灰褐色或灰黄色，外被淡棕色膜质的假种皮。花期 3—5 月，果期 4—9 月。产于我国广东、海南、广西，近年来云南、福建亦有少量试种。生于林下阴湿处或人工栽培。果实供药用。

禾本目 Poales

香蒲 *Typha orientalis* Presl

俗名：菖蒲、长苞香蒲、水烛

香蒲科 Typhaceae　　**香蒲属 *Typha***

多年生挺水或沼生草本；地下根茎粗壮，匍匐于泥中，地上茎直立呈圆柱形，高 1.3～2 m。叶片条形，长 40～70 cm，宽 0.4～0.9 cm。花茎直立，茎顶生单柱圆筒状花穗；雌雄花序紧密连接；雄花序位在上方，长 2.7～9.2 cm；雌花序位在下方，长 4.5～15.2 cm，花后脱落。小坚果椭圆形至长椭圆形；果皮具长形褐色斑点。种子褐色长圆形，长 1～1.5 mm，微弯，2 端具长柄。花果期 5—8 月。全国各地的湖泊、池塘、沟渠、沼泽及河流缓流带均有分布。

球穗扁莎 *Pycreus flavidus* (Retzius) T. Koyama

俗名：球穗扁莎草、扁莎、黄毛扁莎、球穗莎草

莎草科 Cyperaceae　　**扁莎属 *Pycreus***

一年生草本，根状茎短，具须根。秆丛生，细弱，高 7～50 cm，钝三棱形，一面具沟，平滑。叶少，短于秆，宽 1～2 mm，简单长侧枝聚伞花序具 1～6 个辐射枝；每一辐射枝具 2～20 个小穗，小穗密聚于辐射枝上端呈球形，辐射展开，具 12～34（…66）朵花，蕊 2，花药短，长圆形；花柱中等长，柱头 2，细长。小坚果倒卵形，长约 0.5 mm，顶端有短尖，双凸状，稍扁，棱边黑色，表面具白色透明有光泽的细胞层和微突起的细点。花果期 6—11 月。我国分布于东北、山西、河北、华东、西南、广东；国外分布于东亚、东南亚、印度至大洋洲、欧洲南部、热带非洲。生长于田边、沟旁潮湿处或溪边湿润的沙土上。

黑莎草 *Gahnia tristis* Nees

俗名：瘦狗母、硷草茅草、大头茅草、虎须

莎草科 Cyperaceae　　**黑莎草属 *Gahnia***

丛生，须根粗，具根状茎；株高 50~150 cm，圆柱状，坚实，空心。叶基生和秆生，鞘红棕色，长 10~20 cm，叶片窄长，长 40~60 cm，宽 0.7~1.2 cm，先端钻形。圆锥花序穗状，长 14~35 cm，具 7~15 卵形或矩形穗状花序，分枝直立紧贴花序轴；雄蕊 3，花药线状长圆形或线形；花柱细长，柱头 3。小坚果倒卵状长圆形，三棱形，长 4~4.5 mm，平滑，成熟时黑色。花果期 3—12 月。分布于我国福建、海南岛、广东、广西和湖南；琉球群岛也有分布。生长在海拔 130~730 m 的干燥荒山坡或山脚灌丛中。

两歧飘拂草 *Fimbristylis dichotoma* (L.) Vahl

俗名：无

莎草科 Cyperaceae　　**飘拂草属 *Fimbristylis***

秆丛生，高 15~50 cm。叶线形，顶端急尖或钝；鞘革质，上端近于截形，苞片 3~4 枚，叶状，通常有 1~2 枚长于花序。小穗单生于辐射枝顶端，卵形、椭圆形或长圆形，长 4~12 mm，宽约 2.5 mm，具多数花；雄蕊 1~2 个，花丝较短；花柱扁平，长于雄蕊，上部有缘毛，柱头 2。小坚果宽倒卵形，双凸状，长约 1 mm，具 7~9 显著纵肋，无疣状突起，具褐色柄。花果期 7—10 月。产于我国云南、四川、广东、广西、福建、台湾、贵州、江苏、江西、浙江、河北、山东、山西、东北各省等广大地区。生长在稻田或空旷草地上。

水虱草 *Fimbristylis littoralis* Grandich

俗名： 日照飘拂草

莎草科 Cyperaceae　　**飘拂草属 *Fimbristylis***

秆丛生，高（1.5～）10～60 cm，扁四棱形，具纵槽，基部包1～3个无叶片的鞘。叶侧扁，套褶，剑状，有稀疏细齿，向顶端渐狭成刚毛状，宽1.5～2 mm。小穗单生于辐射枝顶端，球形或近球形，顶端极钝，长1.5～5 mm，宽1.5～2 mm；雄蕊2，花药长圆形，长0.75 mm；花柱三棱形，无缘毛，柱头3。小坚果倒卵形或宽倒卵形，钝三棱形，长1 mm，具疣突和横长圆形网纹。我国除东北和西北部分省区外，其他各地均有分布。

风车草 *Cyperus involucratus* Rottboll

俗名： 旱伞草

莎草科 Cyperaceae　　**莎草属 *Cyperus***

多年生草本植物，高可达150 cm，根状茎短，粗大。叶片伞状，叶鞘棕色。叶状苞片20枚，近相等，较花序长2倍，向四周展开，平展。长侧枝聚伞花序多次复出，具多数第一次辐射枝；小穗密集，椭圆形或长圆状披针形，鳞片紧密地覆瓦状排列；膜质花药线形，花柱短。小坚果椭圆形，近三棱形，长0.5～0.8 mm，褐色，表面具细点。花果期8—11月。原产于非洲，我国南北各地均见栽培。广泛分布于森林、草原地区的大湖、河流边缘的沼泽中。观赏植物。

褐穗莎草 *Cyperus fuscus* L.

俗名：北莎草、绿白穗莎草

莎草科 Cyperaceae　　**莎草属 *Cyperus***

秆丛生，株高 6～30 cm，较细，扁锐三棱状，平滑，基部具少数叶。叶宽 2～4 mm，平展或折合。叶状苞片 2～3，长于花序；鳞片覆瓦状排列，宽卵形，先端钝圆，长约 1 mm，膜质；雄蕊 2，花药椭圆形；花柱短，柱头 3。小坚果椭圆三棱形，长为鳞片 2/3，约 1 mm，淡黄色。花果期 7—10 月。国内分布于东北、华北、西北、安徽、江苏和广西等地；国外分布于欧洲中部和南部、非洲北部以及中亚细亚。生长于溪边、沟旁近水处。

具芒碎米莎草 *Cyperus microiria* Steud.

俗名：黄颖莎草

莎草科 Cyperaceae　　**莎草属 *Cyperus***

一年生草本，具须根；秆丛生，高 20～50 cm，稍细，锐三棱形，平滑，基部具叶。叶短于秆，宽 2.5～5 mm，平张；叶鞘红棕色，表面稍带白色。长侧枝聚伞花序复出或多次复出，具 5～7 个辐射枝，长达 13 cm；穗状花序卵形或宽卵形，具多数小穗；小穗排列稍稀，斜展，线形或线状披针形，长 6～15 mm，宽约 1.5 mm，具 8～24 朵花；雄蕊 3，花药长圆形；花柱极短，柱头 3。小坚果倒卵形，三棱形，几与鳞片等长，0.8～1 mm，深褐色，具密的微突起细点。花果期 8—10 月。产于我国各地；朝鲜、日本也有分布。生长于河岸边、路旁或草原湿处。

毛轴莎草 *Cyperus pilosus* Vahl

俗名：紫穗毛轴莎草、少花毛轴莎草、白花毛轴莎草

莎草科 Cyperaceae　　**莎草属 *Cyperus***

秆散生，株高 25～80 cm，粗壮，锐三棱状，基部具叶。叶短于秆，宽 6～8 mm，叶鞘短，淡褐色，顶端具长叶片。小穗 2 列，排列疏松平展，具 8～24 朵花，小坚果宽椭圆形或宽倒卵形、三棱状，顶端具短尖，成熟时黑色，约 1 mm。花果期 8—11 月。国内分布于云南、四川；国外分布于尼泊尔、印度、印度尼西亚、菲律宾等地。多生长于山坡草地上。

苏里南莎草 *Cyperus surinamensis* Rottb.

俗名：刺秆莎草

莎草科 Cyperaceae　　**莎草属 *Cyperus***

一年或多年生草本，秆丛生，高 35～80 cm，三棱形，微糙，具倒刺。叶短于秆，叶宽 5～8 mm。总苞片 3～8。球形头状花序，一级辐射枝 4～12，微糙，具倒刺，常具次级辐射枝，小穗状花序 15～40，线形或线状长圆形，雄蕊 1。小坚果具柄，长椭圆状，长 0.8～1.2 mm。花果期 5—9 月。原产美洲，现在印度尼西亚、中国等国归化。

香附子 *Cyperus rotundus* L.

俗名：香附、香头草、梭梭草、金门莎草

莎草科 Cyperaceae　　**莎草属 *Cyperus***

秆高 15～95 cm，稍细，锐二棱状，基部块茎状。叶稍多，短于秆，宽 2～5 mm，平展；叶鞘棕色，常裂成纤维状。花小穗斜展，线形，长 1～3 cm，宽 1.5～2 mm，具 8～28 朵花；小穗轴具白色透明较宽的翅；鳞片稍密覆瓦状排列，卵形或长圆状卵形，先端急尖或钝，长约 3 mm，中间绿色，两侧紫红或红棕色，5～7 脉；雄蕊 3，花药线形；花柱长，柱头 3。小坚果长圆状倒卵形，0.8～1.1 mm，具细点。花果期 5—11 月。国内产于福建、广东等地。生于海边流沙上。块茎可供药用，健胃或治疗妇科各症。

短叶水蜈蚣 *Kyllinga brevifolia* Rottb.

俗名：无

莎草科 Cyperaceae　　**水蜈蚣属 *Kyllinga***

多年生草本，根状茎长而匍匐，外被膜质、褐色的鳞片；秆成列地散生，细弱，高 7～20 cm，扁三棱形。叶柔弱，平张，上部边缘和背面中肋上具细刺；叶状苞片 3 枚，展开。穗状花序单个，球形或卵球形，长 5～11 mm，宽 4.5～10 mm，具极多数密生的小穗，具 1 朵花。雄蕊 1～3 个，花药线形；花柱细长，柱头 2。小坚果倒卵状长圆形，长 1 mm，宽 0.5 mm，表面具细点。果期 5—9 月。生长于我国南方海拔 600 m 以下的山坡荒地、田边草地、溪边、海边沙滩。

褐果薹草 *Carex brunnea* Thunb.

俗名：褐果苔草、褐苔草、栗褐苔草

莎草科 Cyperaceae　　**薹草属 *Carex***

秆密丛生，高 40～70 cm，较细，锐三棱形，平滑，基部叶较多。叶宽 2～3 mm，下部对折，向上渐平展。苞片下部叶状，上部刚毛状，鞘较短，褐绿色。小穗（花）几个至十几个，常 1～2 生于苞鞘内，多数不分枝，稀疏，间距长达 10 cm。花两性，雄花较雌花短，圆柱形，长 1.5～3 cm，花多数密生，具柄；雌花鳞片卵形，长约 2.5 mm，先端急尖或钝，淡黄褐色，具褐色短条纹。果囊近直立，椭圆形或近圆形，扁平凸状，长 3～3.5 mm，膜质褐色，两面均被白色短硬毛。小坚果紧包果囊中，近圆形，扁双凸状，长 0.8～1.5 mm，黄褐色近黑褐色。亚热带各地均有分布。常生长在海拔 250～1 800 m 的山坡、山谷的疏密林下或灌木丛中、河边。

10×
1 000 μm

8×
1 000 μm

条穗薹草 *Carex nemostachys* Steud.

俗名：无

莎草科 **Cyperaceae**　　薹草属 *Carex*

秆高 40～90 cm，粗壮，三棱形。叶长于秆，较坚挺，下部常折合，上部平展。小穗常集生秆上部，雌花鳞片窄披针形，先端具芒。小坚果宽倒卵形或近椭圆形，三棱状，长约 1.8 mm，淡棕黄色。花果期 9—12 月。国内产于华东、华中、华南至云贵一带；国外分布于印度、孟加拉国、泰国、越南、柬埔寨和日本。生长于海拔 300～1 600 m 的小溪旁、沼泽地及林下阴湿处。

黑鳞珍珠茅 *Scleria hookeriana* Boeckeler

俗名：无

莎草科 **Cyperaceae**　　珍珠茅属 *Scleria*

秆直立，三棱状，株高 0.6～1 m，径 2～4 mm。叶片长达 45 cm，宽 0.4～0.8 cm。圆锥花序分枝相距紧密，具多数小穗；雄小穗长圆状卵形，雌小穗披针形或窄卵形，鳞片黑紫色；雄花具 3 雄蕊；子房被长柔毛，柱头 3。小坚果卵形，三棱形，直径 2 mm，淡褐色，被微柔毛。花果期 5—7 月。分布于我国华南、西南的福建、湖南、湖北、贵州、四川、云南、广东、广西等地。生长在海拔 450～2 000 m 的山坡、山沟、山脊灌木丛或草丛中。

西来稗 *Echinochloa crus-galli* var. *zelayensis* (Kunth) Hitchcock

俗名：锡兰稗

禾本科 Poaceae　　**稗属 *Echinochloa***

秆高 50～75 cm。叶片长 5～20 mm，宽 4～12 mm。圆锥花序直立，长 11～19 cm，分枝上不再分枝；小穗卵状椭圆形，长 3～4 mm，顶端具小尖头而无芒，脉上无疣基毛，但疏生硬刺毛。颖果卵圆形，长 3～4 mm。产于我国华北、华东、西北、华南及西南各地；美洲也有分布。多生于水边或稻田中。

淡竹叶 *Lophatherum gracile* Brongn.

俗名：碎骨草、竹叶草

禾本科 Poaceae　　**淡竹叶属 *Lophatherum***

多年生，须根中部膨大呈纺锤形小块根；秆高 40～80 cm，5～6 节。叶鞘平滑或外侧边缘具纤毛；叶片长 6～20 cm，宽 1.5～2.5 cm，具横脉，有时被柔毛或疣基小刺毛，基部收窄成柄状。圆锥花序长 12～25 cm，宽 5～10 cm；小穗线状披针形，长 0.7～1.2 cm，宽 1.5～2 mm；颖先端钝，5 脉，边缘膜质。颖果长椭圆形，长约 4 mm。国内分布于长江以南各省区；国外分布于印度、斯里兰卡、缅甸、马来西亚、印度尼西亚及日本。生长于山坡、林地或林缘、道旁荫蔽处。

狗尾草 *Setaria viridis* (L.) Beauv.

俗名：莠、谷莠子

禾本科 Poaceae　　**狗尾草属 *Setaria***

一年生草本。叶鞘松弛，无毛或疏具柔毛或疣毛，边缘具较长的密绵毛状纤毛；叶舌极短，缘有长 1~2 mm 的纤毛；叶片扁平，长三角状狭披针形或线状披针形，先端长渐尖或渐尖，基部钝圆形，几呈截状或渐窄，长 4~30 cm，宽 2~18 mm，边缘粗糙。圆锥花序紧密呈圆柱状或基部稍疏离，主轴被较长柔毛，长 2~15 cm，花柱基分离。颖果椭球形，长约 2 mm，褐色。我国各地均有分布；国外现广布于全世界的温带和亚热带地区。生长在海拔 4 000 m 以下的荒野、道旁。

金色狗尾草 *Setaria pumila* (Poiret) Roemer & Schultes

俗名：无

禾本科 Poaceae　　**狗尾草属 *Setaria***

一年生草本，单生或丛生；秆直立或基部倾斜膝曲。叶鞘下部扁压具脊，上部圆形；叶舌具纤毛，叶片线状披针形或狭披针形，先端长渐尖，基部钝圆。圆锥花序紧密呈圆柱状或狭圆锥状，直立，通常在一簇中仅具一个发育的小穗；鳞被楔形，花柱基部联合。颖果椭球形，长约 1.5 mm，褐色。花果期 6—10 月。我国各地均有分布；国外分布于欧亚大陆的温暖地带、美洲及澳大利亚等地。生长在山坡、路边、耕地等较干旱的地方。

棕叶狗尾草 *Setaria palmifolia* (J. Konig) Stapf

俗名：雏茅、箬叶荸、棕叶草

禾本科 Poaceae　　**狗尾草属 *Setaria***

多年生草本；具根茎，须根较坚韧；秆直立或基部稍膝曲，高 0.75～2 m。叶片纺锤状宽披针形，先端渐尖，基部窄缩呈柄状。圆锥花序主轴延伸甚长，呈开展或稍狭窄的塔形；花柱基部联合。颖果卵状披针形，长 2～3 mm，具不明显的横皱纹。花果期 8—12 月。原产于非洲，广布于大洋洲、美洲和亚洲的热带及亚热带地区；我国分布于浙江、江西、福建、台湾、湖北、湖南、贵州、四川、云南、广东、广西、西藏等地。生于山坡或谷地林下阴湿处。

黑麦草 *Lolium perenne* L.

俗名：无

禾本科 Poaceae　　**黑麦草属 *Lolium***

多年生草本，秆高 30～90 cm，3～4 节，基部节生根。穗状花序长 10～20 cm，宽 5～8 mm；小穗轴节间长约 1 mm，无毛；颖披针形，为其小穗长 1/3，5 脉，边缘窄膜质。颖果棕红色，短扁状，长 0.7～1 mm。花果期 5—7 月。属于国内各地普遍引种栽培的优良牧草；国外分布于克什米尔地区、巴基斯坦、欧洲、亚洲暖温带、非洲北部。生长于草甸草场、路旁湿地。

虎尾草 *Chloris virgata* Sw.

俗名：棒锤草、刷子头

禾本科 Poaceae　　**虎尾草属 *Chloris***

一年生草本，秆无毛，直立或基部膝曲，高 12～75 cm，径 1～4 mm。叶鞘松散包秆，无毛，叶舌长约 1 mm，无毛或具纤毛；叶线形，长 3～25 cm，宽 3～6 mm，两面无毛或边缘及上面粗糙。秆顶穗状花序 5～10 枚，长 1.5～5 cm；小穗成熟后紫色，无柄，长约 3 mm；颖膜质，1 脉，第一颖长约 1.8 mm，第二颖等长或略短于小穗，主脉延伸成 0.5～1 mm 小尖头；第一小花两性，倒卵状披针形，长 2.8～3 mm，外稃纸质，先端尖或 2 微裂，芒自顶端稍下方伸出，长 0.5～1.5 cm，基盘具长约 0.5 mm 的毛；内稃膜质，稍短于外稃，脊被微毛；第二小花不孕，长楔形，长约 1.5 mm，先端平截或微凹，芒长 4～8 mm，自背上部一侧伸出。颖果淡黄色，纺锤形，无毛而半透明，长约 2.5 mm；胚长约为颖果 2/3。我国各地均有分布；国外分布于两半球热带至温带地区。多生于路旁荒野、河岸沙地等。

10×
1 000 μm

8×
1 000 μm

画眉草 *Eragrostis pilosa* (L.) Beauv.

俗名：榧子草、星星草、蚊子草

禾本科 Poaceae   **画眉草属 *Eragrostis***

一年生草本，秆高 15～60 cm，径 1.5～2.5 mm。叶鞘扁，疏散包茎，鞘缘近膜质，鞘口有长柔毛，叶舌为一圈纤毛，长约 0.5 mm；叶无毛，线形扁平或卷缩，长 6～20 cm，宽 2～3 mm。圆锥花序开展或紧缩，长 10～25 cm，宽 2～10 cm；分枝单生、簇生或轮生，上举，腋间有长柔毛；小穗长 0.3～1 cm，宽 1～1.5 mm；颖膜质，披针形；外稃宽卵形，先端尖。雄蕊 3，花药长约 0.3 mm。颖果棕黄色，长圆形，长 0.5～0.8 mm。果期 8—11 月。我国各地均有分布。多生长在荒芜田野草地上。

40×
200 μm

知风草 *Eragrostis ferruginea* (Thunb.) Beauv.

俗名：梅氏画眉草

禾本科 Poaceae   **画眉草属 *Eragrostis***

多年生草本，秆高 0.3～1 m，径约 4 mm。叶鞘两侧极压扁，基部相互跨覆，无毛，鞘口两侧密生柔毛，主脉有腺点，叶舌为一圈短毛；叶平展或折叠，长 2～4 cm。圆锥花序大而开展，每节有 1～3 分枝；分枝上举；小穗多黑紫色，稀黄绿色，长圆形，长 0.5～1 cm，宽 2～2.5 mm，有 7～12 小花；颖披针形，第一颖长 1.4～2 mm，第二颖长 2～3 mm；外稃卵状披针形，先端稍钝，第一外稃长约 3 mm；内稃宿存，短于外稃，花药长约 1 mm。颖果棕红色，短扁状，长约 1.5 mm。国内产于南北各地；国外分布于朝鲜、日本、东南亚等处。生长于路边、山坡草地。根系发达，固土力强，可作保土固堤之用。

16×
500 μm

蒺藜草 *Cenchrus echinatus* L.

俗名：无

禾本科 Poaceae　　**蒺藜草属 *Cenchrus***

一年生草本，须根较粗壮；秆高约 50 cm，基部膝曲或横卧地面而于节处生根，下部节间短且常具分枝。叶鞘松弛，叶舌短小，叶片线形或狭长披针形，质较软，长 5～20（～40）cm，宽 4～10 m。总状花序直立，长 4～8 cm，宽约 1 cm；花序主轴具棱粗糙；刺苞呈稍扁圆球形，长 5～7 mm，背部具较密的细毛和长绵毛；刺苞上轮生倒向刚毛，每刺苞内具小穗 2～4（～6）个，小穗椭圆状披针形，顶端较长渐尖，含 2 小花。颖果淡黄色，椭圆状扁球形，长 2～3 mm，背腹压扁，种脐点状，胚为果长的 1/2～2/3。花果期夏季。国内产于海南、台湾、云南南部；国外分布于日本、印度、缅甸、巴基斯坦。为田地、果园或热带牧场中的有害杂草。

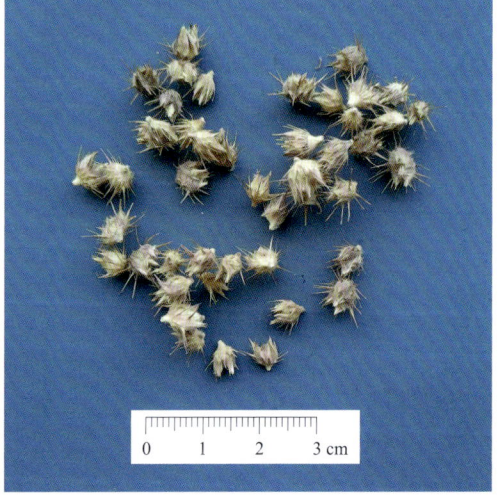

狼尾草 *Pennisetum alopecuroides* (L.) Spreng.

俗名：狗尾巴草、芮草

禾本科 Poaceae　　**狼尾草属 *Pennisetum***

多年生草本，须根较粗壮；秆直立，丛生。叶鞘光滑，两侧压扁，主脉呈脊，秆上部者长于节间，叶舌具纤毛，叶片线形，先端长渐尖。圆锥花序直立，刚毛状小枝常呈紫色，小穗通常单生，线状披针形；雄蕊3，花柱基部联合。颖果褐色，长圆形，长2～2.5 mm。国内东北、华北、华东、中南及西南各地均有分布；国外分布于日本、印度、朝鲜、缅甸、巴基斯坦、越南、菲律宾、马来西亚、大洋洲及非洲。生长于荒地、道旁及小山坡上。主要品种牧地狼尾草分布于热带美洲及热带非洲，已引入许多国家；我国台湾及海南已引种归化。常见于山坡草地。

龙爪茅 *Dactyloctenium aegyptium* (L.) Willd.

俗名：竹目草、埃及指梳茅

禾本科 Poaceae　　**龙爪茅属 *Dactyloctenium***

一年生草本，秆直立，株高15～60 cm，或基部横卧，节处生根且分枝。叶鞘松散，边缘被柔毛，叶舌膜质，顶端具纤毛；叶扁平，长5～18 cm，宽2～6 mm，先端尖或渐尖，两面被疣基毛。穗状花序2～7个指状排列秆顶，长1～4 cm，宽3～6 mm；小穗长3～4 mm，具3小花；第一颖沿脊具短硬纤毛，第二颖先端具短芒；外稃脊被短硬毛，第一外稃长约3 mm；内稃与第一外稃近等长，先端2裂，背部具2脊。囊果球形，径约1 mm，淡黄色，表面具浅纵纹。国内产于华东、华南和中南等各地；国外分布于热带及亚热带地区。生长于山坡或草地。

牛筋草 *Eleusine indica* (L.) Gaertn.

俗名：蟋蟀草

禾本科 Poaceae　　**穆属 *Eleusine***

一年生草本，秆丛生，株高 10～90 cm，基部倾斜。叶松散，无毛或疏生疣毛，叶舌长约 1 mm；叶线形，长 10～15 cm，宽 3～5 mm。穗状花序 2～7 个指状着生秆顶，稀单生，长 3～10 cm，宽 3～5 mm；小穗长 4～7 mm，宽 2～3 mm，具 3～6 小花；颖披针形，脊粗糙，第一颖长 1.5～2 mm，第二颖长 2～3 mm；第一外稃长 3～4 mm，卵形，膜质，脊带窄翼；内稃短于外稃，具 2 脊，脊具窄翼；鳞被 2，折叠，5 脉。囊果棕色，长卵圆形，长约 1.5 mm，具波状皱纹，基部下凹。分布于全世界温带和热带地区。多生长于荒芜之地及道路旁。根系极发达，秆叶强韧，全株可作饲料。

鼠尾粟 *Sporobolus fertilis* (Steud.) W. D. Glayt.

俗名：鼠尾草、鼠尾牛顿草、牛顿草、线香草、老鼠尾、牛尾草、狗屎草

禾本科 Poaceae　　**鼠尾粟属 *Sporobolus***

多年生草本，秆较硬，直立丛生，无毛，高 0.25～1.2 cm，径 2～4 mm。叶鞘疏散，无毛或边缘具短纤毛；叶舌长约 0.2 mm，纤毛状；叶较硬，常内卷，稀扁平，长 15～65 cm，宽 2～5 mm，先端长渐尖。小穗灰绿略带紫色，颖膜质，外稃等长于小穗，先端稍尖；雄蕊 3，花药黄色；圆锥花序线形，常间断，长 7～44 cm，宽 0.5～1.2 cm；分枝稍硬，直立，与主轴贴生或倾斜，长 1～2.5（～6）cm。囊果成熟后红褐色，长 1～1.2 mm。花果期夏秋季。国内产于秦岭以南、华南以北各地；国外分布于印度、缅甸、斯里兰卡、泰国、越南、马来西亚、印度尼西亚、菲律宾、日本、俄罗斯等地。生长于田野路边、山坡草地及山谷湿处和林下。

水蔗草 *Apluda mutica* L.

俗名：丝线草、牙尖草、竹子草、假雀麦

禾本科 Poaceae　　**水蔗草属 *Apluda***

多年生草本，具坚硬根头及根茎，须根粗壮；秆高 50～300 cm，质硬，直径可达 3 mm，基部常斜卧并生不定根；节间上段常有白粉，无毛。叶表皮硅质，体为"十"字形至哑铃形之间的过渡型。花柱基部近合生，鳞被倒楔形，上缘不整齐。退化有柄小穗仅存长约 1 mm 的外颖，宿存；正常有柄小穗含 2 小花，第一颖长卵形，先端尖或具 2 微齿，脉纹多而密，第二颖等长或略短于第一颖，稍宽，3～5 脉。第一小花雄性，3 脉；内稃稍短，具 2 脊；雄蕊 3，花药黄色，线形，长 1～1.5 mm；第二小花等长或稍短于第一小花，其内稃卵形，长仅约 1 mm。颖果成熟时蜡黄色，长卵形，长约 1.5 mm，宽约 0.8 mm。国内产于西南、华南及台湾等地；国外分布于印度、日本、东南亚、澳大利亚及热带非洲。多生长于田边、水旁湿地及山坡草丛中。

红毛草 *Melinis repens* (Willdenow) Zizka

俗名： 红茅草

禾本科 Poaceae　　**糖蜜草属 *Melinis***

多年生草本，株高可达 1 m，节间常具疣毛，节具软毛；根茎粗壮。叶鞘松弛，大都短于节间，下部亦散生疣毛；叶舌为长约 1 mm 的柔毛组成；叶片线形，长可达 20 cm，宽 2～5 mm。圆锥花序开展，长 10～15 cm，分枝纤细，长可达 8 cm；小穗柄纤细弯曲，顶端稍膨大，疏生长柔毛；小穗长约 5 mm，常被粉红色绢毛；有 3 雄蕊，花药长约 2 mm；花柱分离，柱头羽毛状；鳞被 2，折叠，具 5 脉。颖果长椭圆形，长 1.2～1.5 mm，棕黄色。花果期 6—11 月。原产南非，作为观赏植物和牧草被广泛引种，现全世界热带地区有分布。

薏苡 *Coix lacryma-jobi* L.

俗名：菩提子、五谷子、草珠子、大薏苡、念珠薏苡

禾本科 Poaceae　　**薏苡属 *Coix***

一年生粗壮草本，秆直立丛生，高 1～2 m，具 10 多节，节多分枝。叶鞘短于其节间，无毛；叶舌干膜质，长约 1 mm；叶片扁平宽大，开展，长 10～40 cm，宽 1.5～3 cm，基部圆形或近心形，中脉粗厚，在下面隆起。总状花序腋生成束，长 4～10 cm，直立或下垂，具长梗。雌小穗位于花序之下部，外面包以骨质念珠状之总苞，总苞卵圆形，长 7～10 mm，径 6～8 mm，珐琅质，坚硬，有光泽；雄蕊常退化；雌蕊具细长之柱头，从总苞之顶端伸出；雄小穗 2～3 对，着生于总状花序上部，长 1～2 cm；第一及第二小花常具雄蕊 3 枚，花药橘黄色，长 4～5 mm；有柄雄小穗与无柄者相似，或较小而呈不同程度的退化。颖果卵形，淡褐色、象牙色、白色。花果期 6—12 月。产于海拔 200～2 000 m 湿润的屋旁、池塘、河沟、山谷、溪涧或易受涝的农田等地，野生或栽培。种仁称米仁、苡仁或苡米，供食用或酿酒，也可入药。

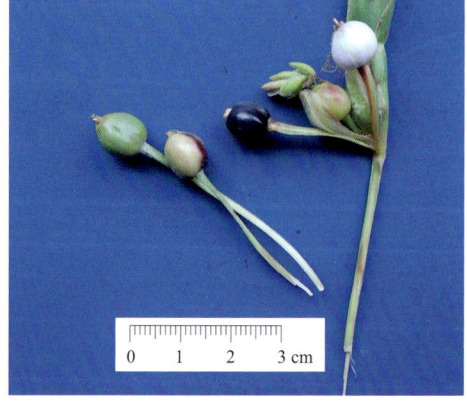

三、双子叶植物 Eudicots

毛茛目 Ranunculales

博落回 *Macleaya cordata* (Willd.) R. Br.

俗名：勃勒回、菠萝筒、大叶莲

罂粟科 Papaveraceae　　**博落回属 *Macleaya***

亚灌木状草本，基部木质化，株高达 3 m。叶宽卵形或近圆形，长 5～27 cm，先端尖、钝或圆，7 深裂或浅裂，裂片半圆形、三角形或方形，边缘波状或具粗齿，叶正面无毛，叶背被白粉及易脱落细绒毛，侧脉 2（～3）对，细脉常淡红色；叶柄长 1～12 cm，具浅槽。圆锥花序长 15～40 cm；花梗长 2～7 mm；苞片窄披针形；花芽棒状，长约 1 cm；萼片倒卵状长圆形，长约 1 cm，舟状，黄白色；雄蕊 24～30，花药与花丝近等长。果窄倒卵形或倒披针形，长 1.3～3 cm，无毛。种子 4～6（～8），生于腹缝两侧，成熟时黄褐色至棕色，卵球形，长 1.5～2 mm，具蜂窝状孔穴，种阜窄。花果期 6—11 月。我国长江以南、南岭以北的省区均有分布。生长在海拔 150～830 m 的丘陵或荒地、低山林、灌丛中或草丛间。全株有大毒，入药治跌打损伤、关节炎、恶疮、蜂蜇伤及麻醉镇痛、消肿；枝叶作农药。

木防己 *Cocculus orbiculatus* (L.) DC.

俗名：土木香、青藤香

防己科 Menispermaceae　　**木防己属 *Cocculus***

木质藤本，小枝被毛。叶片纸质至近革质，形状变异极大，边全缘至掌状5裂不等。聚伞花序具少花，腋生，或具多花组成窄聚伞圆锥花序，顶生或腋生，长达10 cm，被柔毛；雄花具2或1小苞片，被柔毛，花瓣6，长1～2 mm，下部边缘内折，包花丝，先端2裂，裂片叉开；雄蕊6，较花瓣短，退化雄蕊6，微小，心皮6。核果成熟时红色、紫红色或近黑色，近球形，径7～8 mm。果核骨质，螺旋状似蜗牛，径5～6 mm，背部具小横肋状雕纹。国内产于湿润区及半湿润区；国外分布于亚洲东南部和东部以及夏威夷群岛。生于灌丛、村边、林缘等处。根、茎可供药用。

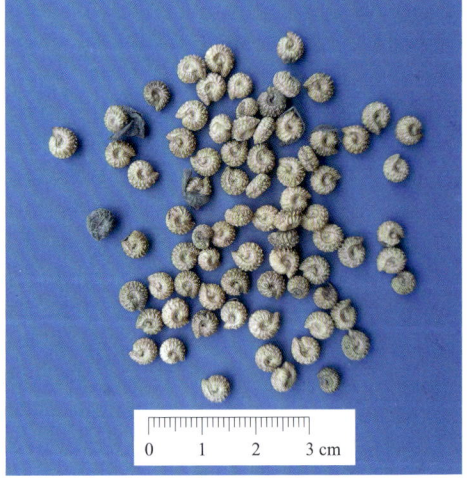

南天竹 *Nandina domestica* Thunb.

俗名：蓝田竹、红天竺

小檗科 Berberidaceae　　**南天竹属 *Nandina***

常绿小灌木，常丛生而少分枝，高 1～3 m，光滑无毛，幼枝常为红色，老后呈灰色。叶互生，集生于茎的上部，三回羽状复叶，长 30～50 cm；二至三回羽片对生；小叶薄革质，椭圆形或椭圆状披针形，长 2～10 cm，宽 0.5～2 cm，顶端渐尖，基部楔形，全缘，上面深绿色，冬季变红色，背面叶脉隆起，近无柄。圆锥花序直立，长 20～35 cm；花小，白色，具芳香，径 6～7 mm。果柄长 4～8 mm；浆果球形，径 5～8 mm，熟时鲜红色，稀橙红色。种子扁圆形，径 0.7～1 cm。花期 3—6 月，果期 5—11 月。国内产于华南、西南各地；国外分布于北美洲东南部。生长于海拔 1 200 m 以下的山地林下沟旁、路边或灌丛中。各地庭园常有栽培，为优良观赏植物。根、叶具有强筋活络、消炎解毒之效，果为镇咳药。

小木通 *Clematis armandii* Franch.

俗名：川木通、蓑衣藤

毛茛科 Ranunculaceae　　**铁线莲属 *Clematis***

木质藤本，高达 6 m；枝疏被柔毛。三出复叶，小叶革质，窄卵形或披针形，端渐尖或渐窄，基部圆至宽楔形，全缘。聚伞花序或圆锥状聚伞花序，腋生或顶生。腋生花序基部有多数宿存芽鳞；萼片 4（～5），白色，偶带淡红色，长圆形或长椭圆形，外面边缘密生短绒毛至稀疏，雄蕊无毛。瘦果扁，卵形至椭圆形，长 4～7 mm，疏生柔毛，宿存花柱长达 5cm，有白色长柔毛。花期 3—4 月，果期 4—7 月。国内产于西南东部、陕甘西南部、华中南部、两广至闽西南。生于山坡、山谷、路边灌丛中、林边或水沟旁。

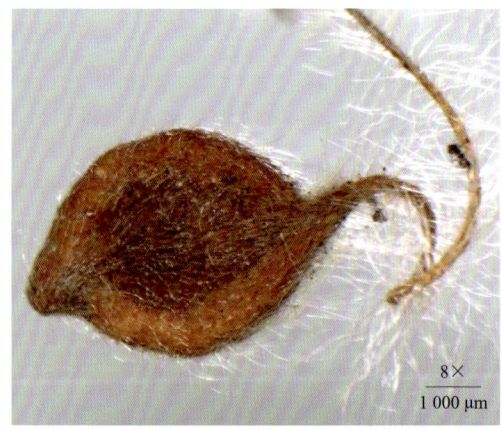

威灵仙 *Clematis chinensis* Osbeck

俗名：移星草、九里火、乌头力刚、白钱草、青风藤、铁脚威灵仙、粉威仙

毛茛科 Ranunculaceae　　**铁线莲属 *Clematis***

木质藤本，干后变黑；枝无毛或疏被柔毛。羽状复叶具5小叶；小叶纸质，卵形、窄卵形或披针形，长1.5～9.5 cm，先端渐尖或渐窄，基部圆、宽楔形或浅心形，全缘，叶正面脉疏被毛，叶背无毛或脉疏被毛；叶柄长1.8～7.5 cm。花序腋生并顶生，多花，花序梗长3～8.5 cm；苞片椭圆形或线形；萼片4，白色，平展，倒卵状长圆形，长0.6～1.3 cm，顶部疏被柔毛，边缘被绒毛；雄蕊无毛，花药窄长圆形或条形，长2～3.5 mm。瘦果黑色，椭圆形，长5～7 mm，被白色柔毛；宿存花柱长1.8～4 cm，羽毛状。花期6—9月。国内产于云南南部、贵州；国外分布于越南。生长于海拔为80～1 500 m 的山坡、山谷灌丛中或沟边、路旁草丛中。根、茎可入药；全株可作农药。

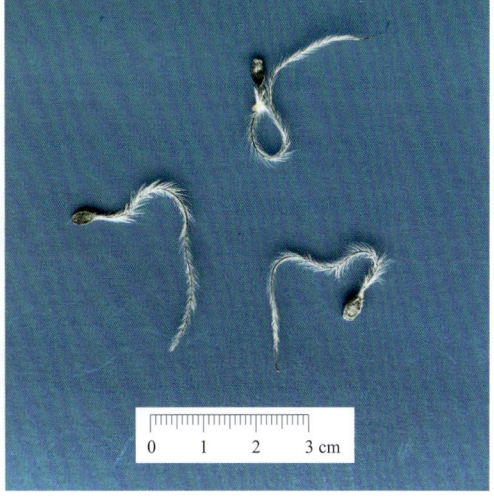

五桠果目 Dilleniales

大花五桠果 *Dillenia turbinata* Finet et Gagnep.

俗名：大花第伦桃

五桠果科 Dilleniaceae　　**五桠果属** *Dillenia*

常绿乔木，高达 30 m；嫩枝粗壮，有褐色绒毛；老枝秃净，干后暗褐色。叶革质，倒卵形或长倒卵形，长 12～30 cm，宽 7～14 cm，先端圆形或钝，有时稍尖，基部楔形，不等侧，幼嫩时上下两面有柔毛，老叶上面变秃净，下面被褐色柔毛；侧脉 16～27 对，脉间距离较疏，相隔 6～15 mm；叶柄长 2～6 cm，粗壮，被锈色硬毛。总状花序生枝顶，总花梗及花梗密被锈色长硬毛，有花 3～5 朵；花大，花径 10～12 cm；萼片厚肉质，大小不等，外侧最大，被锈色粗毛；花瓣膜质，倒卵形，黄色，稀白色或粉红色；雄蕊 2 轮，花药延长，比花丝长 2～4 倍，顶孔裂开；心皮 8～9 个，每心皮有胚珠多个。果实球形，不开裂，径 4～5 cm，暗红色。种子倒卵形，长 6 mm，朱红色。花期 4—5 月。分布于我国广东、广西、海南和云南。优良行道树。果实多汁，微甜，可食。

虎耳草目 Saxifragales

枫香树 *Liquidambar formosana* Hance

俗名：路路通、山枫香树

蕈树科 Altingiaceae　　**枫香树属 *Liquidambar***

落叶乔木，高达 30 m，树皮灰褐色，方块状剥落。叶薄革质，阔卵形，掌状 3 裂，中央裂片较长，先端尾状渐尖；基部心形；叶正面绿色，干后灰绿色，不发亮；叶背有短柔毛；掌状脉 3～5 条，网脉明显可见；叶柄长达 11 cm，常有短柔毛；托叶线形，红褐色，被毛，早落。雄性短穗状花序常多个排成总状，雄蕊多数，花丝不等长。雌性头状花序有花 24～43 朵，花序柄长 3～6 cm；子房下半部藏在头状花序轴内，上半部游离，有柔毛，花柱长 6～10 mm，先端常卷曲。头状果序圆球形，木质，径 3～4 cm；蒴果下半部藏于花序轴内，有宿存花柱及针刺状萼齿。种子多数，褐色，多角形或有窄翅，长约 1 mm。产于我国秦岭及淮河以南各地，北起河南、山东，东至台湾，西至四川、云南及西藏，南至广东；亦见于越南北部、老挝及朝鲜南部。性喜阳光，多生于平地、村落附近及低山的次生林。树脂供药用，能解毒止痛；根、叶及果实亦入药，有祛风除湿、通络活血功效。

蕈树 *Altingia chinensis* (Champ.) Oliver ex Hance

俗名：阿丁枫、山锂枝

蕈树科 Altingiaceae　　**蕈树属 *Altingia***

常绿乔木，高 20～45 m，树皮灰色。叶革质或厚革质，倒卵状长圆形，长 7～13 cm，宽 3～4.5 cm；先端骤短尖或稍钝，基部楔形，叶正面深绿色，侧脉约 7 对；叶柄长约 1 cm，托叶细小，早落。短穗状雄花序长约 1 cm，多个排成总状，花序梗被短柔毛，雄蕊多数，近无花丝，花药倒卵圆形；雌花头状花序单生或数个排成圆锥花序，有花 15～26 朵，苞片 4～5 片，卵形或披针形，长 1～1.5 cm；花序柄长 2～4 cm；萼筒与子房连合，萼齿乳突状；子房藏在花序轴内，花柱长 3～4 mm，有柔毛，先端向外弯曲。头状果序近于球形，径 1.7～2.8 cm，无宿存花柱。种子多数，为不规则块状，径 0.8～1.2 mm，褐色，有光泽。分布于广东、海南岛、广西、贵州、云南（东南部富宁）、湖南、福建、江西、浙江；亦见于越南北部。木材含挥发油，可提取蕈香油，供药用及香料用。

檵木 *Loropetalum chinense* (R. Br.) Oliver

俗名：白花檵木、白彩木、继木、大叶檵木

金缕梅科 Hamamelidaceae　　**檵木属 *Loropetalum***

灌木或小乔木，株高 8 m；嫩枝有星毛，老枝秃净；芽体细小，有褐色绒毛。叶革质，卵形，先端尖锐，基部钝，歪斜。花 3~8 朵簇生，有短花梗，白色，比新叶先开放，或与嫩叶同时开放，花序柄被毛，萼筒杯状，花瓣 4 片，带状；雄蕊 4，退化雄蕊 4，鳞片状，与雄蕊互生，子房完全下位。蒴果卵圆形，先端圆。种子长卵形，棕黑色，有光泽，长 0.7~1 cm。产于我国中部、南部及西南各地；国外分布于日本及印度。生长于向阳的丘陵及山地，亦常出现在马尾松林及杉林下，北回归线以南未见其踪迹。

葡萄目 Vitales

大齿牛果藤 *Nekemias grossedentata* (Hand.-Mazz.) J. Wen & Z. L. Nie

俗名： 显齿蛇葡萄

葡萄科 Vitaceae　　**牛果藤属 *Nekemias***

木质藤本；小枝圆柱形，有显著纵棱纹，无毛，卷须2叉分枝。一至二回羽状复叶，二回羽状复叶者基部1对为3小叶，小叶宽卵形或长椭圆形，长2～5 cm，宽1～2.5 cm，有粗锯齿，两面无毛，干时同色；叶柄长1～2 cm，无毛。花萼碟形，边缘波状浅裂；花瓣卵状椭圆形；花盘发达，波状浅裂；子房下部与花盘合生，花柱钻形。浆果球形，径0.6～1 cm，有种子2～4颗。种子长约3 mm，倒卵圆形，顶端圆形，基部有短喙，表面有钝肋纹突起，腹部中棱脊突出，两侧洼穴呈倒卵形。花期5—8月，果期8—12月。国内产于江西、福建、湖北、湖南、广东、广西、贵州、云南。生长于海拔200～1 500 m的沟谷林中或山坡灌丛。

牯岭蛇葡萄 *Ampelopsis glandulosa* var. *kulingensis* (Rehder) Momiyama

俗名：山葡萄、木杠藤

葡萄科 Vitaceae　　**蛇葡萄属 *Ampelopsis***

木质藤本；小枝、叶柄及花序均无毛；卷须分叉，顶端不扩大。叶互生，心状五角形，长5~16 cm，宽4~16 cm，上部明显三浅裂，线段短渐尖或渐尖，侧裂片常呈尾状，尖头常向外倾，基部浅心形，缘具有牙齿，上面深绿色，下面淡绿色，两面无毛。花两性，排成与叶对生的聚伞花序；花瓣4~5，分离而扩展；雄蕊短而与花瓣同数；花盘隆起，与子房合生，子房2室。浆果球形，径0.5~1 cm，有种子2~4颗。种子近球形或倒卵圆形，径约4 mm，棱脊突出。花期5—7月，果期8—9月。国内产于安徽、江苏、浙江、江西、福建、湖南、广东、广西、四川、贵州。生长于海拔300~1 600 m的沟谷林下或山坡灌丛。

乌蔹莓 *Causonis japonica* (Thunb.) Raf.

俗名：虎葛、五爪龙、五叶莓、地五加、过山龙、五将草、五龙草

葡萄科 Vitaceae　　**乌蔹莓属 *Causonis***

草质藤本，卷须2~3叉分枝。鸟足状5小叶复叶，椭圆形至椭圆披针形，先端渐尖，基部楔形或宽圆，具疏锯齿，中央小叶显著狭长。复二歧聚伞花序腋生，花萼碟形，花瓣二角状宽卵形，花盘发达。果实近球形，径约1 cm，有种子2~4颗。种子三角状倒卵形，径约4 mm，顶端微凹，基部有短喙，种脐在种子背面近中部呈带状椭圆形，上部种脊突出，表面有突出肋纹，腹部中棱脊突出，两侧洼穴呈半月形，从近基部向上达种子近顶端。花期3—8月，果期8—11月。产于我国除东北外湿润区及半湿润区；日本、菲律宾、越南、缅甸、印度、印度尼西亚和澳大利亚也有分布。生于海拔300~2 500 m的山谷林中或山坡灌丛。全草入药，凉血解毒、利尿消肿。

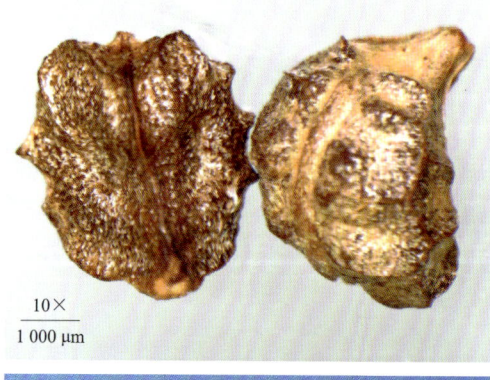

豆目 Fabales

长柄山蚂蝗 *Hylodesmum podocarpum* (Candolle) H. Ohashi & R. R. Mill

俗名：长柄山蚂蝗

豆科 Fabaceae　　**长柄山蚂蝗属** *Hylodesmum*

直立草本，株高 0.5～1 m；茎被开展短柔毛。叶具 3 小叶；叶柄长 2～12 cm，疏被开展短柔毛；顶生小叶宽倒卵形，长 4～7 cm，宽 3.5～6 cm，先端突尖，基部楔形或宽楔形，两面疏被短柔毛或几无毛，侧脉约 4 对；侧生小叶斜卵形，较小。总状花序或圆锥花序，长 20～30 cm，结果时延长至 40 cm；花序梗被柔毛和钩状毛；通常每节生 2 花；花冠紫红色，长约 4 cm，旗瓣宽倒卵形，翼瓣窄椭圆形，龙骨瓣与翼瓣相连，均无瓣柄；子房具子房柄。荚果长约 1.6 cm，有荚节 2～3，背缝线弯曲节间深凹入达腹缝线；荚节略呈宽半倒卵形，先端平截，基部楔形，被钩状毛和小直毛。种子椭圆形，长约 2 mm。花果期 8—9 月。国内产于福建、江西、湖南、广东、海南、广西、四川、云南及台湾等地；国外分布于泰国、越南、菲律宾及日本等国。生于海拔 700～1 000 m 的山谷密林下或溪边密阴处。

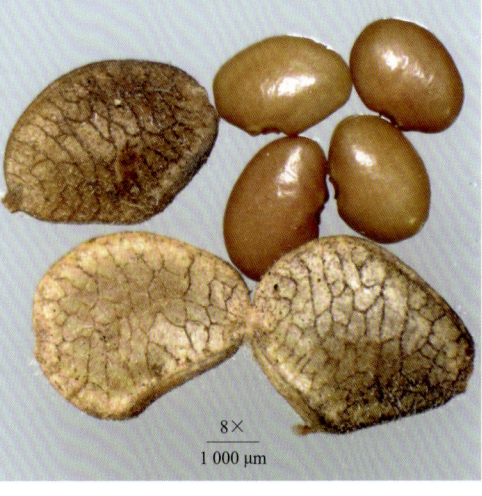

黄香草木樨 *Melilotus officinalis* (L.) Pall.

俗名：白香草木樨、辟汗草、黄花草木樨

豆科 Fabaceae　　**草木樨属 *Melilotus***

二年生草本，株高 0.4～1（～2.5）m；茎直立，粗壮，多分枝，具纵棱，微被柔毛。羽状三出复叶；叶柄细长；小叶倒卵形、阔卵形、倒披针形至线形，长 15～25（～30）mm，宽 5～15 mm，先端钝圆或截形，基部阔楔形，边缘具不整齐疏浅齿，叶正面无毛，粗糙，叶背散生短柔毛。花长 3.5～7 mm；花萼钟形；花冠黄色，旗瓣倒卵形，与翼瓣近等长，龙骨瓣稍短或三者均近等长，雄蕊筒在花后常宿存包于果外；子房卵状披针形，胚珠 4～8，花柱长于子房。荚果卵形，棕黑色，长 3～5 mm，宽约 2 mm，先端具宿存花柱，表面具凹凸不平的横向细网纹，有种子 1～2 粒。种子卵形，黄褐色，平滑，长约 2.5 mm。花期 5—9 月，果期 6—10 月。国内产于东北、华南、西南各地；国外分布于欧洲地中海东岸、中东、中亚、东亚。生长在山坡、河岸、路旁、砂质草地及林缘。

鸡冠刺桐 *Erythrina crista-galli* L.

俗名： 巴西刺桐

豆科 Fabaceae   **刺桐属 *Erythrina***

落叶灌木或小乔木；茎和叶柄稍具皮刺。羽状复叶具3小叶；小叶长卵形或披针状长椭圆形，长7～10 cm，宽3～4.5 cm，先端钝，基部近圆形。花与叶同出，总状花序顶生，每节有花1～3朵；花深红色，长3～5 cm，稍下垂或与花序轴成直角；花萼钟状，先端2浅裂；雄蕊二体；子房有柄，具细绒毛。荚果长约15 cm，褐色，种子间缢缩。种子亮褐色，长约1 cm。原产巴西；我国台湾、云南（西双版纳）有栽培。花开时红色，且花期长，适于庭园观赏。

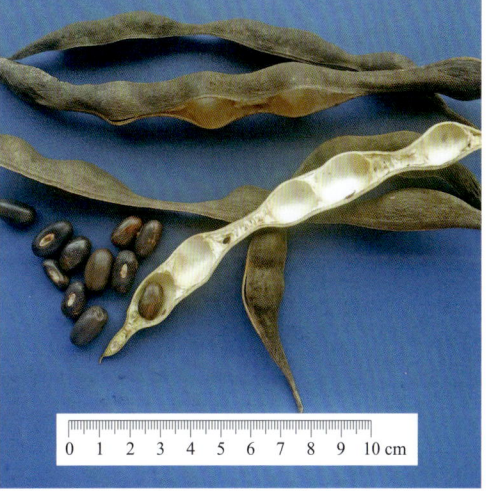

凤凰木 *Delonix regia* (Boj.) Raf.

俗名：火凤凰、金凤花、红楹、火树、红花楹、凤凰花

豆科 Fabaceae　　凤凰木属 *Delonix*

高大落叶乔木，无刺，高达 20 m 以上，胸径可达 1 m；树皮粗糙，灰褐色；树冠扁圆形，分枝多而开展；小枝常被短柔毛并有明显的皮孔。叶为二回偶数羽状复叶，长 20～60 cm，具托叶；下部的托叶明显地羽状分裂，上部的成刚毛状；叶柄长 7～12 cm，光滑至被短柔毛，上面具槽，基部膨大呈垫状；羽片对生，15～20 对，长达 5～10 cm；小叶 25 对，密集对生，长圆形，两面被绢毛，先端钝，基部偏斜，边全缘；中脉明显；小叶柄短。伞房状总状花序顶生或腋生；花鲜红至橙红色，具 4～10 cm 长的花梗；花托盘状或短陀螺状；萼片 5，里面红色，边缘绿黄色；花瓣 5，匙形，具黄及白色花斑，瓣柄细长，长约 2 cm；雄蕊 10 枚；红色，长 3～6 cm，向上弯，花丝粗，下半部被绵毛，花药红色，长约 5 mm；子房长约 1.3 cm，黄色，被柔毛，无柄或具短柄，花柱长 3～4 cm，柱头小，截形。荚果带形，扁平，长 30～60 cm，宽 3.5～5 cm，稍弯曲，暗红褐色，成熟时黑褐色，顶端有宿存花柱。种子 20～40 颗，横长圆形，平滑，坚硬，黄色染有褐斑，长约 15 mm，宽约 7 mm。花期 6—7 月，果期 8—10 月。原产马达加斯加，世界热带地区常栽种；我国云南、广西、广东、福建、台湾等地有栽培。凤凰木是世上色彩最鲜艳的树木之一，具较高观赏价值。

草葛 *Neustanthus phaseoloides* (Roxb.) Benth.

俗名：三裂叶野葛

豆科 Fabaceae　　**草葛属 *Neustanthus***

草质藤本，茎纤细，长 2～4 m，被褐黄色、开展的长硬毛。羽状复叶具 3 小叶；托叶基着，卵状披针形，长 3～5 mm；小叶宽卵形、菱形或卵状菱形，顶生小叶较宽，长 6～10 cm，宽 4.5～9 cm，侧生的较小，偏斜，全缘或 3 裂。总状花序单生，长 8～15 cm 或更长，中部以上有花；花冠浅蓝色或淡紫色，旗瓣近圆形，长 8～12 mm，翼瓣倒卵状长椭圆形，稍较龙骨瓣为长，基部一侧有宽而圆的耳，具纤细而长的瓣柄，龙骨瓣镰刀状，顶端具短喙，基部截形，具瓣柄；子房线形，略被毛。荚果近圆柱状，长 5～8 cm，径约 4 mm，初时稍被紧贴的长硬毛，后近无毛，果瓣开裂后扭曲。种子长椭圆形，两端近截平，长约 4 mm。花期 8—9 月，果期 10—11 月。产于我国云南、广东、海南、广西和浙江；印度、中南半岛及马来半岛亦有分布。生于山地、丘陵的灌丛中。

海红豆 *Adenanthera microsperma* Teijsmann & Binnendijk

俗名：相思格、孔雀豆、红豆

豆科 Fabaceae　　**海红豆属 *Adenanthera***

落叶乔木，高5~20 m或更高；嫩枝被微柔毛。二回羽状复叶；叶柄和叶轴被微柔毛，无腺体；羽片3~5对，小叶4~7对，互生，长圆形或卵形，两端圆钝，两面均被微柔毛，具短柄。总状花序单生于叶腋或在枝顶排成圆锥花序，被短柔毛；花小，白色或黄色，有香味，具短梗；花萼长不足1 mm，与花梗同被金黄色柔毛；花瓣披针形，长2.5~3 mm，无毛，基部稍合生；雄蕊10枚，与花冠等长或稍长；子房被柔毛，几无柄，花柱丝状，柱头小。荚果狭长圆形，盘旋，长10~20 cm，宽1.2~1.4 cm，开裂后果瓣旋卷。种子近圆形至椭圆形，长5~8 mm，宽4.5~7 mm，鲜红色，有光泽。花期4—7月，果期7—10月。产于我国云南、贵州、广西、广东、福建和台湾；缅甸、柬埔寨、老挝、越南、马来西亚、印度尼西亚也有分布。多生于山沟、溪边、林中或栽培于庭园。心材暗褐色，质坚而耐腐；种子鲜红色而光亮，可作装饰品。

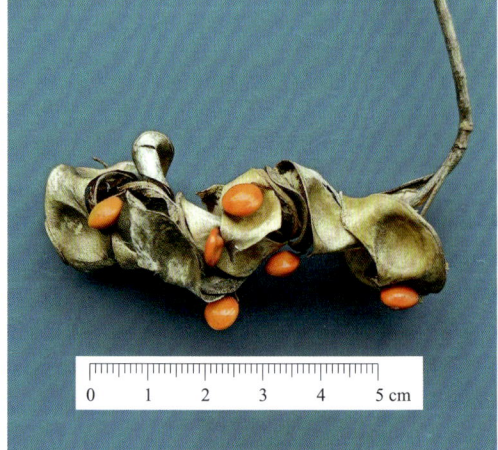

光荚含羞草 *Mimosa bimucronata* (DC.) Kuntze

俗名： 光叶含羞草、簕仔树、篱边含羞草

豆科 Fabaceae　　**含羞草属 *Mimosa***

落叶灌木，株高 3～6 m；小枝无刺，密被黄色绒毛。二回羽状复叶，羽片 6～7 对，长 2～6 cm，叶轴无刺，被短柔毛，小叶 12～16 对，线形，长 5～7 mm，宽 1～1.5 mm，革质，先端具小尖头，除边缘疏具缘毛外，余无毛，中脉略偏上缘。头状花序球形；花白色；花萼杯状，极小；花瓣长圆形，长约 2 mm，仅基部连合；雄蕊 8 枚，花丝长 4～5 mm。荚果带状，劲直，长 3.5～4.5 cm，宽约 6 mm，无刺毛，褐色，通常有 5～7 个荚节，成熟时荚节脱落而残留荚缘。种子扁，不规则菱形，长 4～6 mm，亮黄色。原产热带美洲；我国分布于广东南部沿海地区疏林下。

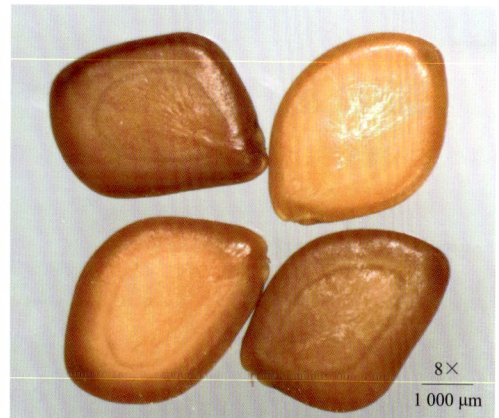

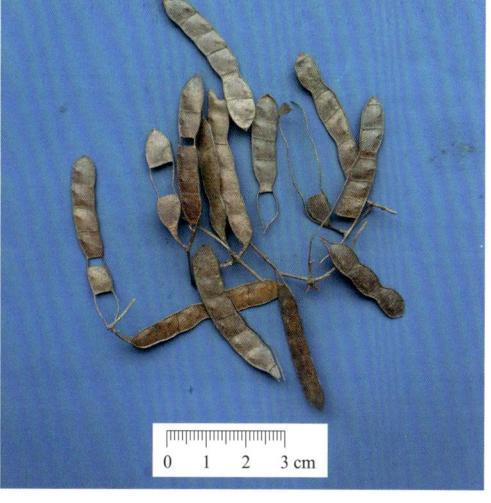

含羞草 *Mimosa pudica* L.

俗名：知羞草、感应草

豆科 Fabaceae　　**含羞草属 *Mimosa***

披散、亚灌木状草本，株高达 1 m；茎圆柱状，具分枝，有散生、下垂的钩刺及倒生刺毛。托叶披针形，长 0.5～1 cm，被刚毛；羽片和小叶触之即闭合而下垂；羽片通常 2 对，指状排列于总叶柄顶端，长 3～8 cm；小叶 10～20 对，线状长圆形，长 0.8～1.3 cm，先端急尖，边缘具刚毛。头状花序圆球形，径约 1 cm，具长花序梗，单生或 2～3 个生于叶腋；花小，淡红色，多数；苞片线形；花萼极小；花冠钟状，裂片 4，外面被短柔毛；雄蕊 4，伸出花冠；子房有短柄，无毛，胚珠 3～4，花柱丝状，柱头小。荚果长圆形，长 1～2 cm，扁平，稍弯曲，荚缘波状，被刺毛，成熟时荚节脱落，荚缘宿存。种子卵圆形，长约 3.5 mm。花期 3—10 月，果期 5—11 月。原产热带美洲，现广布于世界热带地区；我国分布于台湾、福建、广东、广西、云南等地。生长于旷野荒地、灌木丛中。全草药用。

合萌 *Aeschynomene indica* L.

俗名：皂角、水皂角、连根拔

豆科 Fabaceae　　**合萌属 *Aeschynomene***

一年生亚灌木状草本，茎直立，高 0.3～1 m；多分枝，无毛，稍粗糙。羽状复叶具 21～41 小叶或更多；托叶卵形或披针形，长约 1 cm，基部下延，边缘有缺刻；叶柄长约 3 mm；小叶线状长圆形，长 0.5～1 cm，叶正面密生腺点，叶背被白粉，先端钝或微凹，具细尖，基部歪斜，全缘。总状花序短于叶，腋生，长 1.5～2 cm；花序梗长 0.8～1.2 cm；小苞片宿存；花萼钟状，长约 4 mm，无毛，二唇形，上唇 2 裂，下唇 3 裂；花冠黄色，具紫色条纹，旗瓣近圆形，长 8～9 mm，几无瓣柄，翼瓣短于旗瓣，龙骨瓣长于翼瓣，呈半月形；雄蕊二体；子房扁平，线形。荚果线状长圆形，直或微弯，长 3～4 cm，腹缝线直，背缝线微波状，有 4～8 荚节，无毛，不开裂，成熟时逐节脱落。种子肾形，黑棕色，长 2.5～3 mm，宽 1.5～1.8 mm。我国除草原、荒漠外，全国林区及其边缘均有分布；非洲、大洋洲及亚洲热带地区、朝鲜、日本均有分布。全草入药，能利尿解毒。

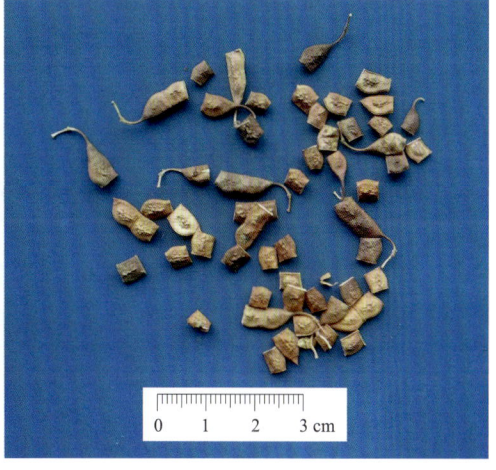

美丽胡枝子 *Lespedeza thunbergii* subsp. *formosa* (Vogel) H. Ohashi

俗名：柔毛胡枝子、路生胡枝子、南胡枝子

豆科 Fabaceae　　**胡枝子属 *Lespedeza***

直立灌木，株高 1～2 m；多分枝，枝伸展，被疏柔毛。托叶披针形至线状披针形，长 4～9 mm，褐色，被疏柔毛；叶柄长 1～5 cm；被短柔毛；小叶椭圆形、长圆状椭圆形或卵形，稀倒卵形，两端稍尖或稍钝，长 2.5～6 cm，宽 1～3 cm，叶正面绿色，稍被短柔毛，叶背淡绿色，贴生短柔毛。总状花序单一，腋生，总花梗长可达 10 cm，被短柔毛；花梗短，被毛；花萼钟状，长 5～7 mm，5 深裂，裂片长圆状披针形，长为萼筒的 2～4 倍，外面密被短柔毛；花冠红紫色，长 10～15 mm，旗瓣近圆形或稍长，先端圆，基部具明显的耳和瓣柄，翼瓣倒卵状长圆形，短于旗瓣和龙骨瓣，长 7～8 mm，基部有耳和细长瓣柄，龙骨瓣在花盛开时明显长于旗瓣，基部有耳和细长瓣柄。荚果倒卵形或倒卵状长圆形，长 8 mm，宽 4 mm，表面具网纹且被疏柔毛。种子肾形，长 2.5～3.5 mm。花期 7—9 月，果期 9—10 月。国内分布于河北、陕西、甘肃、山东、江苏、安徽、浙江、江西、福建、河南、湖北、湖南、广东、广西、四川、云南等地；国外分布于朝鲜、日本、印度。常生长在山坡、路旁及林缘灌丛中。

葫芦茶 *Tadehagi triquetrum* (L.) Ohashi

俗名：懒狗舌、牛虫草、百劳舌

豆科 Fabaceae　　**葫芦茶属 *Tadehagi***

茎直立，高 1~2 m；幼枝三棱形，棱上被疏短硬毛。具单小叶；叶柄长 1~3 cm，两侧有宽翅，翅宽 4~8 mm；小叶窄披针形或卵状披针形，长 5.8~13 cm，先端急尖，基部圆或浅心形，叶正面无毛，叶背中脉或侧脉疏被短柔毛，侧脉 8~14 对。总状花序长 15~30 cm，被贴伏丝状毛和小钩状毛；花 2~3 朵簇生于每节上；花萼长约 3 mm，上部裂片先端微 2 裂或有时全缘；花冠淡紫或蓝紫色，长 5~6 mm，旗瓣近圆形，翼瓣倒卵形，基部具耳，龙骨瓣镰刀形，弯曲，瓣柄与瓣片近等长；子房被毛，胚珠 5~8。荚果长 2~5 cm，宽约 5 mm，全部密被黄或白色糙伏毛，腹缝线直，背缝线稍缢缩，有近方形荚节 5~8。种子肾形，长 1.8~2.5 mm。国内分布于福建、江西、广东、海南、广西、贵州及云南；国外分布于太平洋群岛、新喀里多尼亚和澳大利亚北部。生长在荒地或山地林缘、路旁。全株供药用，清热解毒、消积利湿。

降香 *Dalbergia odorifera* T. Chen

俗名：降香黄檀、花梨木、花梨母、降香檀

豆科 Fabaceae　　**黄檀属 *Dalbergia***

乔木，株高 10～15 m；小枝有小而密集的皮孔。羽状复叶长 12～15 cm；小叶（3～）4～6 对，卵形或椭圆形，长 3.5～8 cm，先端急尖而钝，基部圆或宽楔形，两面无毛。圆锥花序腋生，由多数聚伞花序组成；苞片近三角形，小苞片宽卵形；花萼钟状，下方 1 枚萼齿较长，披针形，其余宽卵形；花冠淡黄色或乳白色，花瓣近等长，具柄，旗瓣倒心形，翼瓣长圆形，龙骨瓣半月形，背弯拱；雄蕊 9，单体；子房窄椭圆形，具长柄，胚珠 1～2。荚果舌状长圆形，长 4.5～8 cm，宽 1.5～1.8 cm，果瓣革质，种子部分明显凸起呈棋子状；种子 1 颗，肾形。国内分布于海南（中部和南部），部分地区有种植。生于中海拔有山坡疏林中、林缘或旷地。木材质优，边材淡黄色，心材红褐色，坚重，纹理致密，为上等家具良材。

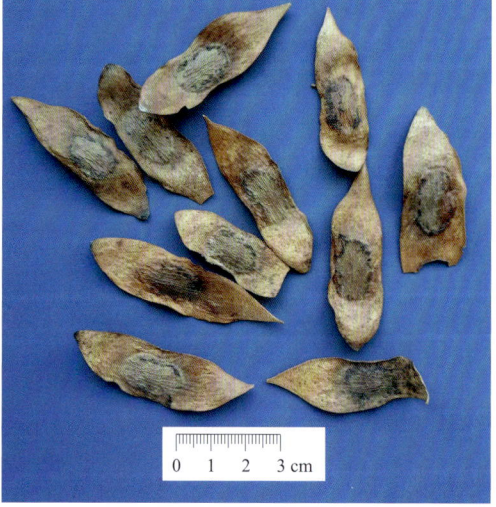

假地豆 *Grona heterocarpos* (L.) H. Ohashi & K. Ohashi

俗名：异果山绿豆、大叶青、假花生、山土豆、山地豆、稗豆

豆科 Fabaceae   **假地豆属 *Grona***

小灌木或亚灌木，株高达 1.5 m；基部多分枝，多少被糙伏毛。叶具 3 小叶；叶柄长 1～2 cm。总状花序长 2.5～7 cm，花序梗密被淡黄色开展钩状毛；花极密，2 朵生于每节上；花梗长 3～4 mm；花萼长 1.5～2 mm，裂片较萼筒稍短，上部裂片先端微 2 裂；花冠紫或白色，长约 5 mm，旗瓣倒卵状长圆形，基部具短瓣柄，翼瓣倒卵形，具耳和瓣柄，龙骨瓣极弯曲。荚果密集，窄长圆形，长 1.2～2 cm，腹缝线浅波状，沿两缝线被钩状毛，有 4～7 荚节；荚节近方形。种子肾形，长约 1.5 mm。分布于我国长江以南各地，西至云南，东至台湾；印度、斯里兰卡、缅甸、泰国、越南、柬埔寨、老挝、马来西亚、日本、太平洋群岛及大洋洲亦有分布。生于海拔 350～1 800 m 的山坡草地、水旁、灌丛或林中。

翅荚决明 *Senna alata* (L.) Roxb.

俗名：有翅决明、对叶豆、翼柄决明、翅果决明、翅荚槐

豆科 Fabaceae　　**决明属 *Senna***

灌木，株高达 3 m。羽状复叶长 30～60 cm，在叶柄和叶轴上有窄翅；小叶 6～12 对，倒卵状长圆形或长圆形，长 8～15 cm，先端圆钝并有小尖头，基部斜截形，下面叶脉明显凸起；叶轴与叶柄具窄翅。总状花序顶生和腋生，不分枝或有短分枝，长 10～50 cm；花径约 2.5 cm；花瓣黄色，有紫色脉纹；雄蕊 10，上部 3 枚退化，下部 7 枚发育，最下面的 2 枚花药通常较大；花序梗长。荚果带形，长 10～20 cm，宽 1.2～1.5 cm，在每一果瓣的中央有直贯的纸质翅，翅缘有圆钝齿。种子 50～60，三角形，长约 3 mm，稍扁，背面有脊。原产美洲热带地区，现广布于全世界热带地区；我国分布于广东和云南南部地区。生于疏林或较干旱的山坡上。我国华南各地均有栽培，供观赏。

决明 *Senna tora* (Linnaeus) Roxburgh

俗名：马蹄决明、假绿豆、假花生、草决明

豆科 Fabaceae　　**决明属 *Senna***

一年生亚灌木状草本，株高达 2 m。羽状复叶长 4~8 cm，叶柄上无腺体，叶轴上每对小叶间有 1 棒状腺体；小叶 3 对，倒卵形或倒卵状长椭圆形，长 2~6 cm，先端圆钝而有小尖头，基部渐窄，偏斜，叶正面被稀疏柔毛，叶背被柔毛；小叶柄长 1.5~2 mm；托叶线状，被柔毛。花腋生，通常 2 朵聚生；花序梗长 0.6~1 cm；花梗长 1~1.5 cm；萼片稍不等大，卵形或卵状长圆形，外面被柔毛，长约 8 mm；花瓣黄色，下面 2 片稍长，长 1.2~1.5 cm；能育雄蕊 7，花药四方形，顶孔开裂，长约 4 mm，花丝短于花药；子房无柄，被白色柔毛。荚果纤细，近四棱形，两端渐尖，长达 15 cm，宽 3~4 mm，膜质。种子约 25，菱形，光亮，长约 5 mm。花果期 8—11 月。原产美洲热带地区，现全世界热带、亚热带地区广泛分布；我国长江以南各地普遍分布。生于山坡、旷野及河滩沙地上。其种子叫决明子，有清肝明目、利水通便之功效。

双荚决明 *Senna bicapsularis* (L.) Roxb

俗名：金边黄槐、双荚黄槐、腊肠仔树

豆科 Fabaceae　　**决明属 *Senna***

直立灌木，多分枝，无毛。叶长7～12 cm，有小叶3～4对；叶柄长2.5～4 cm；小叶倒卵形或倒卵状长圆形，膜质，长2.5～3.5 cm，宽约1.5 cm，顶端圆钝，基部渐狭，偏斜，叶背粉绿色，侧脉纤细，在近边缘处呈网结；最下方的1对小叶间有黑褐色线形而钝头的腺体1枚。总状花序生于枝条顶端的叶腋间，常集成伞房花序状，长度约与叶长相等，花鲜黄色，径约2 cm；雄蕊10枚，7枚能育，3枚退化而无花药，能育雄蕊中有3枚特大，高出于花瓣，4枚较小，短于花瓣。荚果圆柱状，膜质，直或微曲，长13～17 cm，径1.6 cm，缝线狭窄；种子2列。种子歪卵圆形，棕色，有光泽，长约5 mm。花期10—11月，果期11月至翌年3月。原产美洲热带地区，现广布于全世界热带地区；我国广东、广西等地均有栽培。

望江南 *Senna occidentalis* (Linnaeus) Link

俗名：黎茶、羊角豆、狗屎豆、野扁豆、茳芒决明

豆科 Fabaceae　　**决明属 *Senna***

亚灌木或灌木，少分枝，株高达 1.5 m；枝有棱。羽状复叶长约 20 cm，叶柄上方基部有一大而带褐色、圆锥形的腺体；小叶 4～5 对，卵形或卵状披针形，长 4～9 cm，先端渐尖，有小缘毛；小叶柄长 1～1.5 mm；托叶卵状披针形，早落。花数朵组成伞房状总状花序，腋生和顶生，长约 5 cm；苞片线状披针形或长卵形，早落；花长约 2 cm；萼片不等大，外生的近圆形，内生的卵形；花瓣黄色，外生的卵形，长约 1.5 cm，其余长达 2 cm，均有短窄的瓣柄；雄蕊 7 枚发育，3 枚不育。荚果带状镰形，褐色，压扁，长 10～13 cm，宽 8～9 mm，稍弯曲，边色较淡，加厚，有尖头，果柄长 1～1.5 cm；有 30～40 种子，种子间有隔膜。种子卵圆形，黄褐色，径 0.5 mm。花期 4—8 月，果期 6—10 月。原产美洲热带地区，现广布于全世界热带和亚热带地区；我国东南部、南部及西南部各地均有分布。生于河边滩地、旷野或丘陵的灌木林或疏林中。

腊肠树 *Cassia fistula* L.

俗名：猪肠豆、阿勃勒、波斯皂荚、牛角树

豆科 Fabaceae　　**腊肠树属 *Cassia***

落叶乔木，株高达 15 m；枝细长。羽状复叶长 30～40 cm，叶轴和叶柄上无翅亦无腺体；小叶 3～4 对，对生，宽卵形、卵形或长圆形，长 8～13 cm，先端短渐尖而钝，基部楔形，全缘，幼嫩时两面被微柔毛，老时无毛，两面几同色；两面叶脉明显；叶轴与叶柄无翅。花径约 4 cm；花梗长 3～5 cm，无苞片；萼片长卵形，长 1～1.5 cm，开花时反折；花瓣黄色，倒卵形，近等大，长 2～2.5 cm，具明显的脉；雄蕊 10，其中 3 枚具长而弯曲的花丝，高出花瓣，4 枚短而直，具宽大的花药，另 3 枚不育，花药纵裂。荚果圆柱形，长 30～60 cm，径 2～2.5 cm，熟时黑褐色，不开裂，有 3 条槽纹。种子 40～100，为横隔膜所分开，扁圆形或心形，长约 6 mm，象牙色，熟时褐色，有光泽。花期 6—8 月，果期 10 月。原产印度、缅甸和斯里兰卡；我国南部和西南部各地均有栽培，是南方常见的庭园观赏树木。

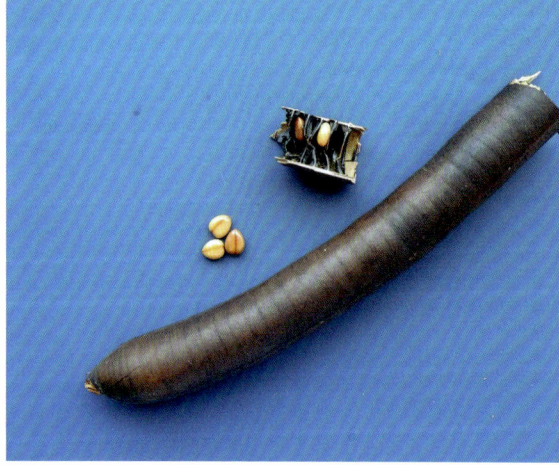

链荚豆 *Alysicarpus vaginalis* (L.) DC.

俗名：水咸草、小豆、假花生

豆科 Fabaceae　　**链荚豆属 *Alysicarpus***

多年生草本，茎平卧或上部直立，高 30～90 cm。叶仅有单小叶；叶柄长 0.5～1.4 cm，无毛；茎上部小叶通常为卵状长圆形、长圆状披针形或线状披针形，长 3～6.5 cm，下部小叶为心形、近圆形或卵形，长 1～3 cm，叶正面无毛，叶背稍被短柔毛，侧脉 4～5 对。总状花序腋生或顶生，长 1.5～7 cm，有花 6～12 条，成对排列于节上；苞片膜质，卵状披针形；花梗长 3～4 mm；花萼长 5～6 mm，比荚果的第一个荚节稍长；花冠紫蓝色，旗瓣倒卵形；子房被短柔毛，胚珠 4～7。荚果扁圆柱形，长 1.5～2.5 cm，被短柔毛；荚节 4～7，节间不收缩，但分界处有稍隆起的线环。种子卵形，长 3～4 mm，黄色或棕黄色，有斑点。广布于东半球热带地区；我国福建、广东、海南、广西、云南及台湾等地均有分布。多生于空旷草坡、旱田边、路旁或海边沙地。

鹿藿 *Rhynchosia volubilis* Lour.

俗名：痰切豆、老鼠眼

豆科 Fabaceae　　**鹿藿属 *Rhynchosia***

缠绕草质藤本；全株各部多少被灰色至淡黄色柔毛；茎略具棱。叶为羽状或有时近指状 3 小叶；托叶小，披针形，长 3~5 mm，被短柔毛；叶柄长 2~5.5 cm；小叶纸质，顶生小叶菱形或倒卵状菱形，长 3~8 cm，宽 3~5.5 cm，两面均被灰色或淡黄色柔毛，叶背尤密，并被黄褐色腺点；基出脉 3。总状花序长 1.5~4 cm，1~3 个腋生；花长约 1 cm；花梗长约 2 mm；花萼钟状，长约 5 mm，裂片披针形，外面被短柔毛及腺点；花冠黄色，旗瓣近圆形，有宽而内弯的耳，翼瓣倒卵状长圆形，基部一侧具长耳，龙骨瓣具喙；雄蕊二体；子房被毛及密集的小腺点，胚珠 2 颗。荚果长圆形，红紫色，长 1~1.5 cm，宽约 8 mm，极扁平，在种子间略收缩，稍被毛或近无毛，先端有小喙。种子通常 2 颗，椭圆形或近肾形，黑色，光亮，长约 5 mm。花期 5—8 月，果期 9—12 月。我国江南各地均有分布；国外分布于朝鲜、日本、越南。生于山坡路旁草丛中。根、叶供药用。

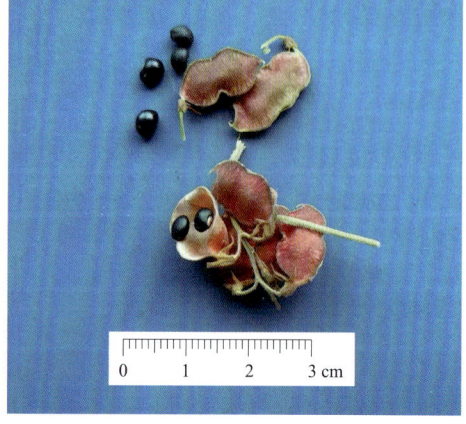

蔓草虫豆 *Cajanus scarabaeoides* (L.) Graham ex Wall.

俗名：虫豆、白蔓草虫豆

豆科 Fabaceae　　**木豆属 *Cajanus***

缠绕草质藤本；茎细弱，全株被红褐色或灰褐色短柔毛。羽状复叶具3小叶；叶柄长1~3 cm；顶生小叶椭圆形或倒卵状椭圆形，长1.5~4 cm，先端钝或圆，基部近圆形，基出脉3，侧生小叶稍小，偏斜。总状花序腋生，长约2 cm，有1~5花；花序梗长2~5 mm；花萼钟状，萼齿5，线状披针形，上方2齿完全或不完全合生；花冠黄色，长约1 cm，旗瓣倒卵形，有暗紫色条纹，瓣片基部两侧各具1耳，翼瓣短于旗瓣，龙骨瓣略长于翼瓣，均具瓣柄及耳。荚果长圆形，长1.5~2.5 cm。种子3~7颗，椭圆形，长3~4 mm，种子间有横缢线，种皮黑褐色，有凸起的种阜。花期9—10月，果期11—12月。我国产于广西、云南和四川。

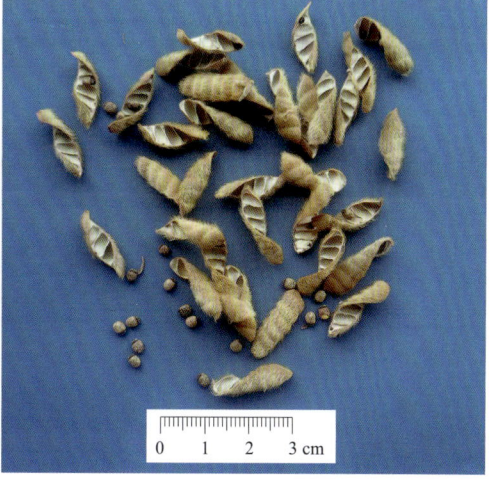

硬毛木蓝 *Indigofera hirsuta* L.

俗名：刚毛木蓝

豆科 Fabaceae　　**木蓝属 *Indigofera***

平卧或直立亚灌木，株高 0.3～1 m。茎圆柱形，枝、叶轴和花序轴均被二歧的开展长硬毛。羽状复叶长 2.5～10 cm；叶柄长 1 cm，被开展毛；小叶 4～5 对，对生，倒卵形或长圆形，长 3～3.5 cm，先端圆钝，基部宽楔形，两面有平贴丁字毛。总状花序长 10～25 cm，密被锈色和白色混生的硬毛；花序梗比叶柄长；花梗长 1 mm；花萼长 4 mm，外面被红褐色开展长硬毛，萼齿线形；花冠红色，长 4～5 mm，花瓣具短瓣柄，旗瓣倒卵状椭圆形，翼瓣与龙骨瓣等长，龙骨瓣的距短小；花药顶端有红色小尖头；子房有黄棕色长粗毛。荚果圆柱形，长 1.5～2 cm，有开展长硬毛。种子 6～8 颗，呈正方体，长 1.5～2 mm，象牙色、棕色或红棕色，表面具多个浅凹。花期 7—9 月，果期 10—12 月。国内分布于浙江、福建、台湾、湖南、广东、广西及云南；国外分布于热带非洲、亚洲、美洲及大洋洲。生长在低海拔的山坡旷野、路旁、河边草地及海滨沙地上。

南洋楹 *Falcataria falcata* (L.) Greuter & R. Rankin

俗名：仁仁树、仁人木、摩鹿加合欢

豆科 Fabaceae　　**南洋楹属 *Falcataria***

常绿大乔木，树干通直，高可达 45 m；嫩枝圆柱状或微有棱，被柔毛；托叶锥形，早落。羽片 6~20 对，上部的通常对生，下部的有时互生；总叶柄基部及叶轴中部以上羽片着生处有腺体；小叶 6~26 对，无柄，菱状长圆形，长 1~1.5 cm，宽 3~6 mm，先端急尖，基部圆钝或近截形；中脉偏于上边缘。穗状花序腋生，单生或数个组成圆锥花序；花初白色，后变黄；花萼钟状，长 2.5 mm；花瓣长 5~7 mm，密被短柔毛，仅基部连合。荚果带形，长 10~13 cm，宽 1.3~2.3 cm，熟时开裂。种子多颗，长卵形，长约 7 mm，宽约 3 mm。花期 4—7 月。原产马六甲及印度尼西亚马鲁古群岛，现广植于各热带地区；我国福建、广东、广西有栽培。

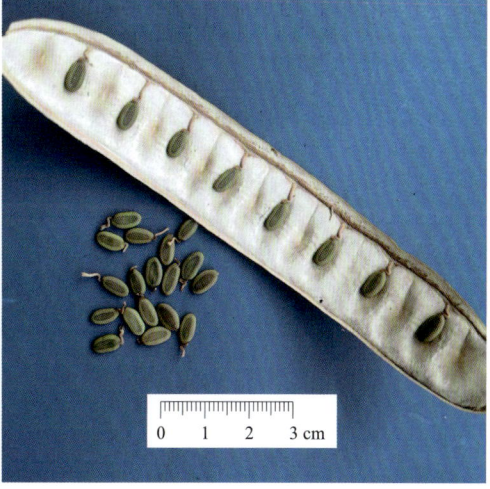

排钱树 *Phyllodium pulchellum* (L.) Desv.

俗名：排钱草、亚婆钱、笠碗子树、午时合、尖叶阿婆钱、龙鳞草、圆叶小槐花

豆科 Fabaceae　　**排钱树属 *Phyllodium***

灌木，株高 0.5～2 m；小枝被白或灰色短柔毛。叶具 3 小叶，叶柄长 5～7 mm，密被灰黄色柔毛；小叶革质，顶生小叶卵形、椭圆形或倒卵形，长 6～10 cm，先端钝或急尖，基部圆或钝，侧生小叶较顶生小叶短 1 倍，基部偏斜，叶正面近无毛，叶背疏被短柔毛，侧脉 6～10 对。花萼长约 2 mm，被短柔毛；花冠白或淡黄色，长 5～6 mm，旗瓣基部渐窄，具短宽的瓣柄，翼瓣基部具耳和瓣柄，龙骨瓣基部无耳但具瓣柄。荚果长 6 mm，宽 2.5 mm，腹、背两缝线稍缢缩，通常有荚节 2～3，成熟时有短柔毛及缘毛。种子肾形，长约 3 mm。花期 7—9 月，果期 10—11 月。国内分布于福建、江西（南部）、广东、海南、广西、云南（南部）及台湾；国外分布于印度、斯里兰卡、缅甸、泰国、越南、老挝、柬埔寨、马来西亚、澳大利亚北部。生长在海拔 160～2 000 m 丘陵荒地、路旁或山坡疏林中。

田菁 *Sesbania cannabina* (Retz.) Pers.

俗名： 向天蜈蚣

豆科 Fabaceae　　**田菁属 *Sesbania***

一年生亚灌木状草本，株高 2～3.5 m；茎绿色，有时带褐红色，微被白粉。偶数羽状复叶有小叶 20～30（～40）对，小叶线状长圆形，长 0.8～2（～4）cm，宽 2.5～4（～7）mm，先端钝或平截，基部圆，两侧不对称，两面被紫褐色小腺点，幼时下面疏生绢毛；小托叶钻形，宿存。小枝疏生白色绢毛，与叶轴及花序轴均无皮刺。荚果细长圆柱形，具喙，长 12～22 cm，宽 2.5～3.5 mm，具 20～35 种子，种子间具横隔。种子有光泽，黑褐色，圆柱形，长 3～4 mm，宽 1.5～2 mm。花果期 7—12 月。我国海南、江苏、浙江、江西、福建、广西、云南有栽培或逸为野生；国外分布于伊拉克、印度、中南半岛、马来西亚、巴布亚新几内亚、新喀里多尼亚、澳大利亚、加纳、毛里塔尼亚。茎、叶可作绿肥及牲畜饲料。

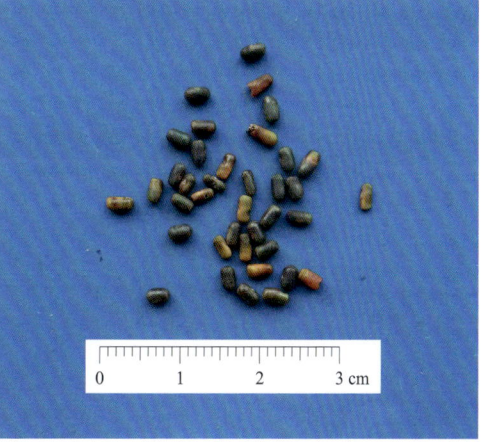

中国无忧花 *Saraca dives* Pierre

俗名：无忧花、中国无忧树、袈裟树、无忧树、火焰花

豆科 Fabaceae　　**无忧花属 *Saraca***

乔木，高 5～20 m，胸径达 25 cm。羽状复叶有小叶 5～6 对，嫩叶略带紫红色，下垂；小叶近革质，长椭圆形、卵状披针形或长倒卵形。花序腋生，较大，总轴被毛或近无毛；总苞大，阔卵形，被毛，早落；苞片卵形、披针形或长圆形，长 1.5～5 cm，宽 6～20 mm。花黄色，后部分（萼裂片基部及花盘、雄蕊、花柱）变红色，两性或单性；花梗短于萼管，无关节；雄蕊 8～10 枚，其中 1～2 枚常退化呈钻状，花丝突出，花药长圆形，长 3～4 mm；子房微弯，无毛或沿两缝线及柄被毛。荚果棕褐色，扁平，长 22～30 cm，宽 5～7 cm，果瓣卷曲。种子 5～9 颗，不规则宽长条形，扁平，长 4～5 cm，径 2 cm，两面中央有 1 浅凹槽。花期 4—5 月，果期 7—10 月。产于我国云南东南部至广西西南部、南部和东南部，广州华南植物园有少量栽培。庭园绿化和观赏树种。

洋金凤 *Caesalpinia pulcherrima* (L.) Sw.

俗名：金凤花

豆科 Fabaceae　　**小凤花属 *Caesalpinia***

大灌木或小乔木；枝光滑，绿色或粉绿色，散生疏刺。二回羽状复叶长12～26 cm；羽片4～8对，对生，长6～12 cm；小叶7～11对，长圆形或倒卵形，长1～2 cm，宽4～8 mm，顶端凹缺，有时具短尖头，基部偏斜；小叶柄短。总状花序近伞房状，顶生或腋生，疏松，长达25 cm；花梗长短不一，长4.5～7 cm；花托凹陷成陀螺形，无毛；萼片5，无毛，最下一片长约14 mm，其余的长约10 mm；花瓣橙红色或黄色，圆形，长1～2.5 cm，边缘皱波状，柄与瓣片几乎等长；花丝红色，远伸出于花瓣外，长5～6 cm，基部粗，被毛；子房无毛，花柱长，橙黄色。荚果狭而薄，倒披针状长圆形，长6～10 cm，宽1.5～2 cm，无翅，先端有长喙，无毛，不开裂，成熟时褐色或黑褐色。种子6～9颗，心形或肾形，长约1 cm。花果期几乎全年。我国云南、广西、广东和台湾均有栽培，为热带地区有价值的观赏树木之一。

大叶相思 *Acacia auriculiformis* A. Cunn. ex Benth.

俗名：耳叶相思、耳果相思、澳洲相思

豆科 Fabaceae　　相思树属 *Acacia*

常绿乔木，树皮平滑，灰白色；枝下垂，小枝无毛，皮孔显著。叶片退化，叶柄变为叶状柄；叶状柄镰状长圆形，长10～20 cm，宽1.5～4（～6）cm，两端渐窄，有3～7条较显著的主脉。穗状花序长3.5～8 cm，簇生于叶腋或枝顶；花橙黄色；花萼长0.5～1 mm，顶端浅齿裂；花瓣长圆形，长1.5～2 mm；花丝长2.5～4 mm。荚果成熟时旋卷，长5～8 cm，果瓣木质，果内有种子约12颗，围以折叠的珠柄。种子黑色，有光泽，长椭圆形，长2.5～3.5 mm，宽约2 mm。原产澳大利亚北部及新西兰；我国广东、广西、福建有引种。生长迅速，萌生力极强，材用或绿化树种。

马占相思 *Acacia mangium* Willd.

俗名：大叶相思、旋荚相思树、直干相思树

豆科 Fabaceae　　**相思树属 *Acacia***

常绿乔木，高达 18 m；树皮粗糙，主干通直，小枝有棱。叶状柄纺锤形，较大，长 10～20 cm，宽 4～9 cm，中部宽，两端窄，纵向平行脉 4 条。穗状花序腋生，下垂；花淡黄白色。荚果扭曲。种子卵形，黄褐色，径 2～3 mm。花期 10 月。原产澳大利亚东北部、巴布亚新几内亚和印度尼西亚等湿润热带地区。我国 1979 年从澳大利亚引种，在海南、广东、广西、福建、云南等地栽培。喜光，喜温暖湿润气候，不耐寒；耐贫瘠土壤；生长较快。优良的行道树和公路绿化树种。

台湾相思 *Acacia confusa* Merr.

俗名：相思仔、台湾柳、相思树

豆科 Fabaceae　　**相思树属 *Acacia***

常绿乔木，株高达 15 m；枝灰色或褐色，无刺；小枝纤细。苗期第 1 片真叶为羽状复叶，长大后小叶片退化，叶柄变为叶状柄；叶状柄革质，披针形，长 6~10 cm，宽 0.5~1.3 cm，直或微呈弯镰状，两端渐窄，先端略钝，两面无毛，有明显的纵脉 3~5（~8）。头状花序球形，单生或 2~3 个簇生于叶腋；花序梗纤弱，花金黄色，有微香；花瓣淡绿色，长约 2 mm；雄蕊多数，明显超出花冠之外；子房被黄褐色柔毛，花柱长约 4 mm。荚果扁平，长 4~9（~12）cm，宽 0.7~1 cm，干时深褐色，有光泽，于种子间微缢缩，顶端钝而有凸头，基部楔形。种子 2~8，椭圆形，压扁，长 5~7 mm。花期 3—10 月，果期 8—12 月。国内分布于台湾、福建、广东、广西、云南；国外分布于菲律宾、印度尼西亚、斐济。野生或栽培。生长迅速，耐干旱，为我国华南地区荒山造林、水土保持和沿海防护林的重要树种。

珍珠相思 *Acacia podalyriifolia* A. Cunn. ex Loudon

俗名：银叶金合欢、珍珠相思树、珍珠金合欢

豆科 Fabaceae　　**相思树属 *Acacia***

常绿灌木或小乔木，株高 2～5 m；树干分枝低，主干不明显，树皮灰绿色，平滑。叶状柄宽卵形或椭圆形，被白粉，呈灰绿至银白色，基部圆形。总状花序，花黄色，有香味。荚果扁平，褐色，无毛，劲直或弯曲。种子卵形至椭圆形，褐色，长约 6 mm。花期 3—6 月，果期 7—11 月。原产于热带美洲，现广布于热带地区；我国华南各地均有栽培，供观赏。

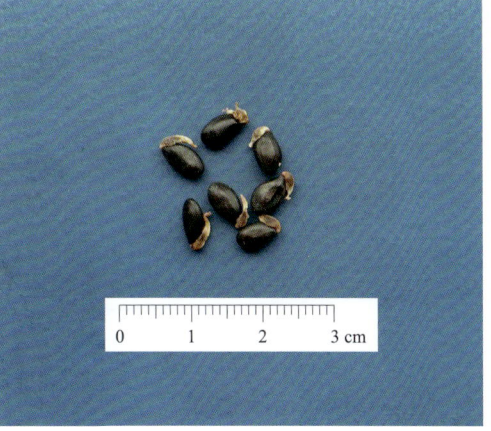

银合欢 *Leucaena leucocephala* (Lam.) de Wit

俗名：白合欢

豆科 Fabaceae　　**银合欢属 *Leucaena***

灌木或小乔木，高 2～6 m；幼枝被短柔毛，老枝无毛，具褐色皮孔，无刺；托叶三角形，小。羽片 4～8 对，长 5～9（～16）cm，叶轴被柔毛，在最下 1 对羽片着生处有黑色腺体 1 枚；小叶 5～15 对，线状长圆形，长 7～13 mm，宽 1.5～3 mm，先端急尖，基部楔形，边缘被短柔毛。头状花序通常 1～2 个腋生，直径 2～3 cm；苞片紧贴，被毛，早落；总花梗长 2～4 cm；花白色；花萼长约 3 mm，顶端具 5 细齿，外面被柔毛；花瓣狭倒披针形，长约 5 mm，背被疏柔毛；雄蕊 10 枚，通常被疏柔毛，长约 7 mm；子房具短柄，上部被柔毛，柱头凹下呈杯状。荚果带状，长 10～18 cm，宽 1.4～2 cm，顶端凸尖，基部有柄，纵裂，被微柔毛。种子 6～25 颗，卵形，长约 7.5 mm，褐色，光亮。花期 4—7 月，果期 8—10 月。原产热带美洲，现广布于各热带地区；我国分布于台湾、福建、广东、广西和云南。生于低海拔的荒地或疏林中。

宫粉羊蹄甲 *Bauhinia variegata* L.

俗名：宫粉紫荆、弯叶树、红花紫荆、红紫荆、羊蹄甲、洋紫荆

豆科 Fabaceae   **羊蹄甲属** *Bauhinia*

落叶乔木，茎幼嫩部分常被灰色短柔毛。叶宽卵形或近圆形，长5～9 cm，宽度常超过长度，先端2裂达叶长的1/3，裂片宽，钝头或圆，叶柄长2.5～3.5 cm，被毛或近无毛。总状花序侧生或顶生，极短缩，呈伞房花序式，少花，被灰色短柔毛；花序梗短粗；花大，近无梗；花瓣倒卵形，少有倒披针形，长4～5 cm，具瓣柄，紫红色或淡红色，杂以黄绿及暗紫色的条纹，近轴一片较宽；能育雄蕊5，花丝无毛，长约4 cm；退化雄蕊1～5，丝状，较短；子房具柄，被柔毛，缝线上较密。荚果带状，扁平，长15～25 cm，宽1.5～2 cm，具长柄及喙。种子10～15，近圆形，径约1 cm。花期全年，3月最盛。原产于中国（南部）、印度、中南半岛，在热带、亚热带地区广泛栽培，供观赏。

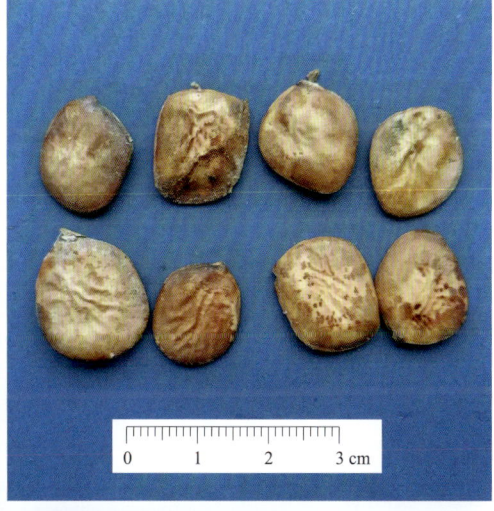

羊蹄甲 *Bauhinia purpurea* L.

俗名：紫花羊蹄甲、玲甲花

豆科 Fabaceae　　**羊蹄甲属 *Bauhinia***

灌木，株高达 5 m；小枝灰白色，无毛。叶近圆形或三角状圆形，长 5～10 cm，先端急尖，基部浅或深心形，两面通常无毛，叶缘膜质透明；叶柄长 2.5～4 cm，无毛。花紫红或粉红色，2～10 余朵成束，簇生于老枝和主干上，尤以主干上花束较多，越到上部幼嫩枝条则花越少，常先叶开放，幼嫩枝上的花则与叶同时开放；花长 1～1.3 cm；花梗长 3～9 mm；龙骨瓣基部有深紫色斑纹；子房嫩绿色，花蕾时光亮无毛，后期则密被短柔毛，胚珠 6～7。荚果扁，窄长圆形，绿色，长 4～8 cm，宽 1～1.2 cm，翅宽约 1.5 mm，顶端急尖或短渐尖，喙细而弯曲，基部长渐尖，两侧缝线对称或近对称；果颈长 2～4 mm。种子 2～6，宽长圆形，长 5～6 mm，黑褐色，光亮。花期 3—4 月，果期 8—10 月。国内产于东南部，北至河北、南至广东、广西、西至云南、四川，西北至陕西，东至浙江、江苏和山东等地。多植于庭园、屋旁、街边，供观赏。

朱缨花 *Calliandra haematocephala* Hassk.

俗名：美蕊花、红合欢、红绒球、美洲合欢

豆科 Fabaceae　　**朱缨花属 *Calliandra***

落叶灌木或小乔木，株高达 3 m；枝条扩展，小枝圆柱形，褐色，粗糙。托叶卵状披针形，宿存；二回羽状复叶，总叶柄长 1~2.5 cm；羽片 1 对，长 8~13 cm；小叶 7~9 对，斜披针形，长 2~4 cm，中下部的小叶较大，下部的较小，先端钝，具小尖头，基部偏斜；边缘被疏柔毛；中脉稍偏上缘。头状花序腋生，径约 3 cm，有花 25~40，花序梗长 1~3.5 cm；花萼钟状，长约 2 mm，绿色；花冠管长 3.5~5 mm，淡紫红色，顶端具 5 裂片，裂片反折，长约 3 mm，无毛；雄蕊管长约 6 mm，白色，管口内有钻状附属体，上部离生的花丝长约 2 cm，深红色。荚果线状倒披针形，长 6~11 cm，暗棕色，成熟时由顶至基部沿缝线开裂，果瓣外反。种子 5~6，长圆形，长 0.7~1 cm，棕色。花期 8—9 月，果期 10—11 月。原产南美洲，现国外分布于热带、亚热带地区；国内台湾、福建、广东有引种，栽培供观赏。

大托叶猪屎豆 *Crotalaria spectabilis* Roth

俗名：紫花野百合、丝毛野百合、美丽猪屎豆

豆科 Fabaceae　　**猪屎豆属 *Crotalaria***

直立高大草本，株高 0.6~1.5 m；茎枝圆柱形，近于无毛。托叶叶状，卵状三角形，长约 1 cm；单叶长 7~15 cm，先端钝或具短尖，基部宽楔形，上面无毛，下面被贴伏的丝质短柔毛，具短柄。总状花序顶生或腋生，有 20~30 花，苞片卵状三角形，长 0.7~1 cm；花梗长 1~1.5 cm；小苞片线形，长约 1 mm，生于花梗中部或中部以下；花萼二唇形，长 1.2~1.5 cm，无毛，萼齿宽披针状三角形，稍长于萼筒；花冠淡黄色或有时为紫红色，旗瓣圆形或长圆形，长 1~2 cm，先端钝或微凹，基部具胼胝体 2 枚，翼瓣倒卵形，长约 2 cm，龙骨瓣极弯曲，中部以上变窄形成扭转的长喙，下部边缘具白色柔毛，伸出花萼之外；子房无柄。荚果长圆形，长 2.5~3 cm，径 1.5~2 cm，无毛。种子 20~30 颗，似蹄形，长约 3 mm。花果期 8—12 月。国内产于江苏，安徽、浙江、江西、福建、台湾、湖南、广东、广西；国外分布于印度、尼泊尔、菲律宾、马来西亚及非洲、美洲热带地区。生长于海拔 100~1 500 m 的田园路旁及荒山草地。

农吉利 *Crotalaria sessiliflora* L.

俗名：野百合、羊屎蛋、紫花野百合

豆科 Fabaceae　　**猪屎豆属 *Crotalaria***

直立草本，株高30～100 cm；基部常木质，单株或茎上分枝，被紧贴粗糙的长柔毛。托叶线形，长2～3 mm；单叶，形状变异较大，两端渐尖，长3～8 cm，叶正面近无毛，叶背密被丝质短柔毛，叶柄近无。总状花序顶生、腋生或密生枝顶形似头状，亦有叶腋生出单花，花1～多数；苞片线状披针形，长4～6 mm，小苞片与苞片同形，成对生萼筒部基部；花梗短，花萼二唇形，密被棕褐色长柔毛，萼齿阔披针形，先端渐尖；花冠蓝色或紫蓝色，包被萼内，旗瓣长圆形，长7～10 mm，宽4～7 mm，先端钝或凹，基部具胼胝体2枚，翼瓣长圆形或披针状长圆形，约与旗瓣等长，龙骨瓣中部以上变狭，形成长喙；子房无柄。荚果短圆柱形，长约10 mm，苞被萼内，下垂紧贴于枝，秃净无毛。种子10～15颗，心形或肾形，长约1.5 mm。花果期5月至翌年2月。我国产于东南沿海地区和云南、西藏；国外分布于中南半岛、南亚、太平洋诸岛及朝鲜、日本等地。生长在海拔70～1 500 m 的荒地路旁及山谷草地。

10×
1 000 μm

猪屎豆 *Crotalaria pallida* Ait.

俗名：椭圆叶猪屎豆、三圆叶猪屎豆

豆科 Fabaceae　　**猪屎豆属 *Crotalaria***

多年生草本或呈灌木状；茎枝圆柱形，具小沟纹，密被紧贴的短柔毛。托叶极细小，刚毛状，早落；叶三出，柄长 2～4 cm；小叶长圆形或椭圆形，长 3～6 cm，叶正面无毛，叶背稍被丝光质短柔毛，两面叶脉清晰，小叶柄长 1～2 mm。总状花序顶生，长达 25 cm，有 10～40 花；苞片线形，早落；花梗长 3～5 mm；花萼近钟形，长 4～6 mm，5 裂，萼齿三角形，约与萼筒等长，密被短柔毛；小苞片长 1～2 mm，生萼筒中部或基部；花冠黄色，伸出萼外，长 0.7～1.1 cm，旗瓣圆形或椭圆形，长约 1 cm，翼瓣长圆形，长约 8 mm，下部边缘具柔毛，龙骨瓣长约 1.2 cm，具长喙，基部边缘具柔毛；子房无柄。荚果长圆形，长 3～4 cm，幼时疏被毛，后变无毛，果瓣开裂后扭转，具种子 20～30 颗。种子心形或肾形，长约 3 mm。花果期 9—12 月。国内产于福建、台湾、广东、广西、四川、云南、山东、浙江、湖南；国外分布于美洲、非洲及亚洲热带、亚热带地区。生于海拔 100～1 000 m 的荒山草地及砂质土壤中。

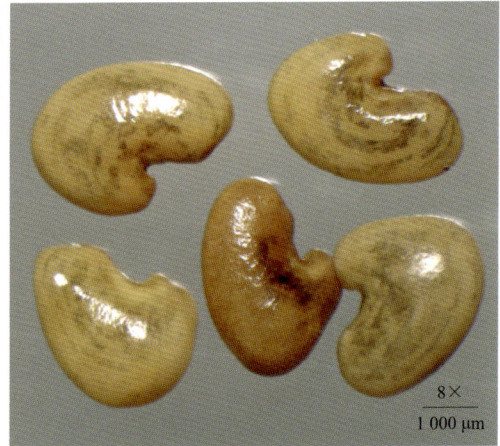

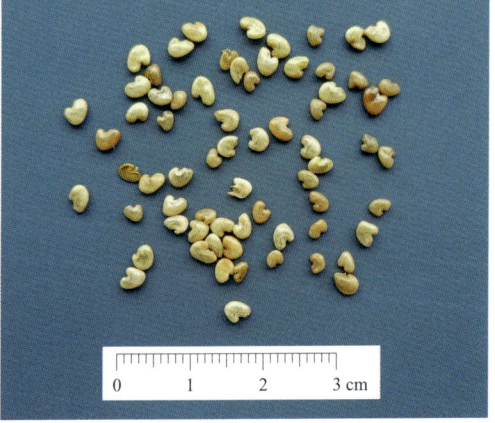

紫檀 *Pterocarpus indicus* Willd.

俗名：印度紫檀、羽叶檀、花榈木

豆科 Fabaceae　　**紫檀属 *Pterocarpus***

乔木，株高 15～25 m；树皮灰色，光滑。羽状复叶长 15～30 cm；托叶早落；小叶 3～5 对，卵形，长 6～11 cm，先端渐尖，基部圆，两面无毛，叶脉纤细。圆锥花序顶生或腋生，被褐色柔毛；花梗长 0.7～1 cm，顶端具 2 枚线形、易脱落的苞片；花萼钟状，长约 5 mm，萼齿宽三角形，长约 1 mm，先端圆，被褐色丝毛；花冠黄色，花瓣有长瓣柄，旗瓣宽 1～1.3 cm；雄蕊 10，单体，最后分为二体（5+5）；子房密被柔毛，具短柄。荚果圆形，扁平，偏斜，宽约 5 cm，种子部分略被毛且有网纹，周围具 2 cm 宽的翅，具 1～2 种子。花期春季。国内产于台湾、广东和云南（南部）；国外分布于印度、菲律宾、印度尼西亚和缅甸。生长于坡地疏林中或栽培于庭园。木材坚硬致密，心材红色，为优良的建筑、乐器及家具用材；树脂和木材药用。

小花远志 *Polygala telephioides* Willd.

俗名：金牛草、小兰青、细叶金不换、细金牛、坡白草

远志科 Polygalaceae　　**远志属 *Polygala***

一年生草本，株高达 15 cm；茎密被卷曲柔毛。叶长圆形或椭圆状长圆形，长 0.5~1.2 cm，宽 2~5 mm，先端具刺毛状尖头，基部宽楔形，侧脉不明显；叶柄极短，被柔毛。总状花序腋生或腋外生，较叶短，疏被柔毛，少花；花梗短，疏被毛，小苞片早落；萼片宿存，外 3 枚卵形，内 2 枚斜长圆形或长椭圆形；花瓣白或紫色，基部合生，龙骨瓣盘状，具 2 束多分枝附属物，侧瓣三角状菱形；花丝 1/2 以下合生成鞘，1/2 以上两侧各 3 枚合生，中间 2 枚分离。蒴果近球形，径 2 mm，几无翅，极疏被柔毛。种子长圆形，长约 2 mm，黑色，密被白色柔毛，种阜 3 裂。花果期 7—10 月。国内产于江苏、安徽、浙江、江西、台湾、广东、海南、广西和云南等地；国外分布于斯里兰卡、印度、孟加拉国、泰国、柬埔寨、越南、马来西亚、印度尼西亚（爪哇岛）、菲律宾和巴布亚新几内亚。生于海岸边水旁瘠土、湿沙土以及中低海拔的山坡草地。全草药用。

10×
1 000 μm

16×
1 000 μm

蔷薇目 Rosales

火棘 *Pyracantha fortuneana* (Maxim.) Li

俗名：赤阳子、红子、救命粮、救军粮、救兵粮、火把果

| 蔷薇科 **Rosaceae** | 火棘属 *Pyracantha* |

常绿灌木，株高达 3 m；侧枝短，先端刺状，幼时被锈色短柔毛，后无毛。叶倒卵形或倒卵状长圆形，先端圆钝或微凹，有时具短尖头，基部楔形，下延至叶柄，有钝锯齿。复伞房花序，花径约 1 cm，被丝托钟状，萼片三角状卵形，花瓣白色，近圆形；雄蕊 20，花柱 5，离生。果近球形，径约 5 mm，橘红或深红色。种子多数，三角卵状，长约 1.5 mm，黑色。花期 3—5 月，果期 8—11 月。我国产于陕西、河南、华东、湖北、湖南、广西、西南各地。生长于海拔 500～2 800 m 的山地、丘陵地阳坡灌丛草地及河沟路旁。果实、根、叶入药；春季看花、冬季观果植物。

豆梨 *Pyrus calleryana* Decne.

俗名：杜梨、梨丁子、糖梨、赤梨、阳槎、鹿梨

蔷薇科 Rosaceae　　**梨属 *Pyrus***

乔木，株高达 8 m；幼枝有绒毛，不久脱落；冬芽三角状卵圆形。叶宽卵形至卵形，长 4～8 cm，先端渐尖，基部圆形至宽楔形，边缘有钝锯齿，两面无毛；叶柄长 2～4 cm，无毛，托叶叶质，线状披针形，早落。6～12 组成伞形总状花序，径 4～6 cm；花序梗无毛；苞片膜质，线状披针形，内面有绒毛；花梗长 1.5～3 cm；花径 2～2.5 cm；被丝托无毛；萼片披针形，全缘，内面有绒毛；花瓣白色，卵形，长约 1.3 cm，基部具短爪；雄蕊 20，稍短于花瓣；花柱 2（～5），基部无毛。梨果球形，径约 1 cm，黄褐色，有斑点，萼片脱落，2（～3）室；果柄细长。种子三角卵形，长约 3 mm，暗棕色，有黄色斑点。花期 4 月，果期 8—9 月。国内产于山东、河南、江苏、浙江、江西、安徽、湖北、湖南、福建、广东、广西；国外分布于越南北部。生于海拔 80～1 800 m 的山坡、平原或山谷杂木林中。具有较高的绿化观赏价值。

粉团蔷薇 *Rosa multiflora* var. *cathayensis* Rehder & E. H. Wilson

俗名：红刺玫

蔷薇科 Rosaceae　**蔷薇属 *Rosa***

攀援灌木；小枝圆柱形，通常无毛。小叶倒卵形叶背、长圆形或卵形，边缘有尖锐单锯齿，叶正面无毛，叶背有柔毛。花多朵，排成圆锥状花序，花直径1.5~2 cm，萼片披针形，花瓣宽倒卵形，先端微凹，基部楔形；花柱结合成束，无毛，比雄蕊稍长。果近球形，红褐色或紫褐色，有光泽，无毛，萼片脱落。果实较小，少种子或无种子。种子长卵形，长2.5~3.5 mm，棕色，具花纹。国内产于河北、河南、山东、安徽、浙江、甘肃、陕西、江西、湖北、广东、福建。多长于山坡、灌丛或河边等处。

金樱子 *Rosa laevigata* Michx.

俗名：油饼果子、唐樱簕、和尚头、山鸡头子、山石榴、刺梨子

蔷薇科 Rosaceae　　**蔷薇属 *Rosa***

常绿攀援灌木，株高达 5 m；小枝粗壮，散生扁弯皮刺，无毛，幼时被腺毛，老时渐脱落。小叶革质，通常 3，稀 5，连叶柄长 5～10 cm；小叶椭圆状卵形、倒卵形或披针卵形，长 2～6 cm，先端急尖或圆钝，稀尾尖，有锐锯齿，叶正面无毛，叶背黄绿色，幼时沿中肋有腺毛，老时渐脱落无毛；小叶柄和叶轴有皮刺和腺毛，托叶离生或基部与叶柄合生，披针形，边缘有细齿，齿尖有腺体，早落。花单生叶腋，径 5～7 cm；花梗长 1.8～2.5（～3）cm，花梗和萼筒密被腺毛；萼片卵状披针形，先端叶状，边缘羽状浅裂或全缘，常有刺毛和腺毛，内面密被柔毛，比花瓣稍短；花瓣白色，宽倒卵形，先端微凹；心皮多数，花柱离生，有毛。蔷薇果梨形或倒卵圆形，稀近球形，熟后紫褐色，密被刺毛，果柄长约 3 cm，萼片宿存。种子长卵锥状，长 6～8 mm，具毛。花期 4—6 月，果期 7—11 月。产于我国陕西、安徽、江西、江苏、浙江、湖北、湖南、广东、广西、台湾、福建、四川、云南、贵州等地。喜生于向阳的山野、田边、溪畔灌木丛中。干燥成熟果实可入药。

小果蔷薇 *Rosa cymosa* Tratt.

俗名：小金樱花、山木香、红荆藤、倒钩簕

蔷薇科 Rosaceae　　**蔷薇属 *Rosa***

攀援灌木，株高达 5 m；小枝无毛或稍有柔毛，有钩状皮刺。小叶 3～5，稀 7，连叶柄长 5～10 cm；小叶卵状披针形或椭圆形，长 2.5～6 cm，先端渐尖，基部近圆，有紧贴或尖锐细锯齿，两面无毛，下面色淡，沿中脉有稀疏长柔毛；小叶柄和叶轴有稀疏皮刺和腺毛，托叶膜质，离生，线形，早落。花多朵或复伞房花序，萼片卵形，先端渐尖，常羽状分裂，花瓣白色，倒卵形，先端凹；花柱离生，稍伸出萼筒口，与雄蕊近等长。蔷薇果球形，径 4～7 mm，熟后红至黑褐色，萼片脱落。种子长卵锥状，褐色，长 4～6 mm。分布于我国华东、华南、西南各地。多生于海拔 250～1 300 m 的向阳山坡、路旁、溪边或丘陵地。

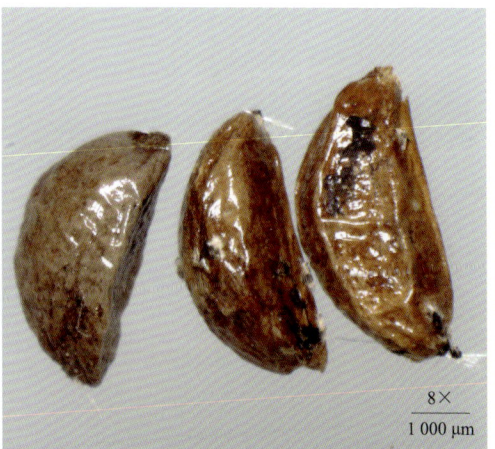

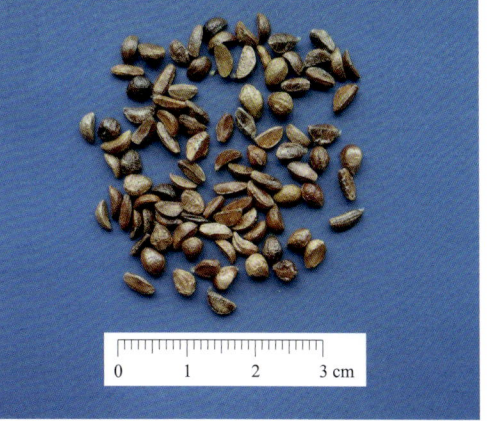

山楂 *Crataegus pinnatifida* Bunge

俗名：山里红、红果、棠棣、绿梨、酸楂

蔷薇科 Rosaceae　　**山楂属 *Crataegus***

落叶乔木，株高达 6 m；茎刺长 1～2 cm，有时无刺。叶宽卵形或三角状卵形，长 5～10 cm，先端短渐尖，基部截形至宽楔形，有 3～5 对羽状深裂片，裂片卵状披针形或带形，先端短渐尖，疏生不规则重锯齿，叶背沿叶脉疏生短柔毛或在脉腋有髯毛，侧脉 6～10 对，有的直达裂片先端，有的达到裂片分裂处；叶柄长 2～6 cm，托叶草质，镰形，边缘有锯齿。伞形花序具多花，径 4～6 cm；花梗和花序梗均被柔毛，花后脱落；花梗长 4～7 mm；苞片线状披针形；花径约 1.5 cm；萼片三角状卵形或披针形，被毛；花瓣白色，倒卵形或近圆形；雄蕊 20；花柱 3～5，基部被柔毛。果近球形或梨形，深红色。种子 3～5 粒，长卵形，长 3～7 mm，黄褐色。花期 5—6 月，果期 9—10 月。国内产于黑龙江、吉林、辽宁、内蒙古、河北、河南、山东、山西、陕西、江苏；国外分布于朝鲜和俄罗斯（西伯利亚）。生于海拔 100～1 500 m 的山坡林边或灌木丛中。果可生吃或作果脯果糕；干制后可入药。

蛇莓 *Duchesnea indica* (Andr.) Focke

俗名：三爪风、龙吐珠、蛇泡草、东方草莓

蔷薇科 Rosaceae　　**蛇莓属 *Duchesnea***

多年生草本；匍匐茎多数，长达 1 m，被柔毛。小叶倒卵形或菱状长圆形，先端圆钝，有钝锯齿，小叶柄被柔毛，托叶窄卵形或宽披针形。花单生叶腋，萼片卵形，副萼片倒卵形较长，先端有 3~5 锯齿，花瓣倒卵形，黄色，雄蕊多枚，心皮多数，离生，花托在果期膨大，海绵质，鲜红色。瘦果卵圆，长约 1 mm。花期 6—8 月，果期 8—10 月。国内产于辽宁以南各地；国外亚洲中东部地区、欧洲及美洲均有分布。

粉花绣线菊 *Spiraea japonica* L. f.

俗名：吹火筒、狭叶绣球菊、尖叶绣球菊、火烧尖、蚂蟥梢、日本绣线菊

蔷薇科 Rosaceae　　**绣线菊属 *Spiraea***

直立灌木，株高达 1.5 m；小枝无毛或幼时被短柔毛。叶卵形或卵状椭圆形，长 2～8 cm，先端急尖或短渐尖，基部楔形，具缺刻状重锯齿或单锯齿，叶正面无毛或沿叶脉微具短柔毛，叶背常沿叶脉有柔毛；叶柄长 1～3 mm，被短柔毛。复伞房花序生于当年生直立新枝顶端，密被短柔毛；花梗长 4～6 mm；苞片披针形或线状披针形，下面微被柔毛；花径 4～7 mm；花萼有疏柔毛，萼片三角形；花瓣卵形或圆形，长 2.5～3.5 mm，粉红色；雄蕊 25～30，长于花瓣；花盘环形，约有 10 个不整齐裂片。蓇葖果半开张，无毛或沿腹缝有疏柔毛，宿存花柱顶生，稍倾斜开展，宿存萼片常直立。种子极小，长卵状披针形，长约 1 mm，褐色，表面具亮点。花期 6—7 月，果期 8—9 月。原产日本、朝鲜，我国各地栽培供观赏。

20×
300 μm

粗叶悬钩子 *Rubus alceifolius* Poiret

俗名：羽萼悬钩子

蔷薇科 Rosaceae　　悬钩子属 *Rubus*

攀援灌木，株高达 5 m；枝被黄灰色至锈色绒毛状长柔毛，疏生皮刺。单叶，近圆形或宽卵形，长 6～16 cm，先端钝圆，稀尖，基部心形，叶正面疏生长柔毛，有泡状突起，叶背密被黄灰至锈色绒毛，沿叶脉具长柔毛，具不规则 3～7 浅裂，裂片钝圆或尖，有不整齐粗锯齿，基脉 5 出；叶柄长 3～4.5 cm，被黄灰至锈色绒毛状长柔毛，疏生小皮刺，托叶长 1～1.5 cm，羽状深裂或不规则撕裂。顶生窄圆锥花序或近总状，腋生头状花序；花序轴、花梗和花萼被浅黄至锈色绒毛状长柔毛；花梗长不及 1 cm；苞片羽状至掌状或梳齿状深裂；花径 1～1.6 cm；萼片宽卵形，有浅黄至锈色绒毛和长柔毛，外萼片顶端及边缘掌状至羽状条裂，内萼片常全缘而具短尖头；花瓣宽倒卵形或近圆形，白色；花丝宽扁，花药稍有长柔毛；雌蕊多数，子房无毛。果近球形，径达 1.8 cm，肉质，成熟时红色。核橘瓣状，长 1.5～2 mm，有皱纹。花期 7—9 月，果期 10—11 月。国内产于江西、湖南、江苏、福建、台湾、广东、广西、贵州、云南；国外缅甸、东南亚、印度尼西亚、菲律宾、日本也有分布。生于海拔 500～2 000 m 的向阳山坡、山谷杂木林内或沼泽灌丛中以及路旁岩石间。

高粱藨 *Rubus lambertianus* Ser.

俗名：高粱泡

蔷薇科 Rosaceae　　**悬钩子属 Rubus**

半落叶藤状灌木，株高达 3 m；幼枝有柔毛或近无毛，有微弯小皮刺。单叶，宽卵形，长 5~10（~12）cm，先端渐尖，基部心形，叶正面疏生柔毛或沿叶脉有柔毛，叶背被疏柔毛，中脉常疏生小皮刺，3~5 裂或呈波状，有细锯齿；叶柄长 2~4（~5）cm，具柔毛或近无毛，疏生小皮刺，托叶离生，线状深裂，有柔毛或近无毛，常脱落。花梗长 0.5~1 cm；苞片与托叶相似；花径约 8 mm；萼片卵状披针形，全缘，边缘被白色柔毛，内萼片边缘具灰白色绒毛；花瓣倒卵形，白色，无毛；雄蕊多数，花丝宽扁；雌蕊 15~20，无毛。果近球形，成熟时红色。核不规则形，长约 1.5 mm，有皱纹。花期 7—8 月，果期 9—11 月。国内产于华中、华东、广东、广西、云南；国外分布于日本。

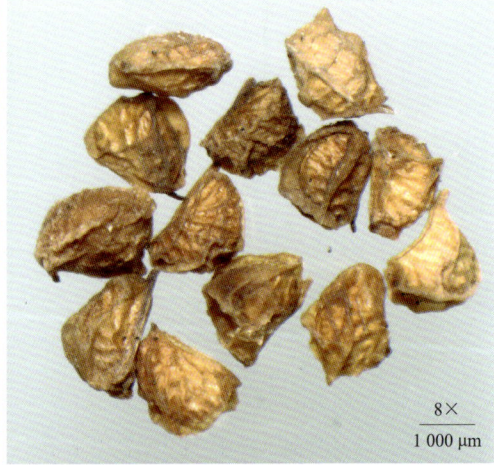

周毛悬钩子 *Rubus amphidasys* Focke ex Diels

俗名：无

蔷薇科 Rosaceae   悬钩子属 *Rubus*

蔓性小灌木，株高 0.3～1 m；枝密被红褐色长腺毛、软刺毛和淡黄色长柔毛，常无皮刺。单叶，宽长卵形，长 5～11 cm，先端短渐尖或尖，基部心形，两面均被长柔毛，3～5 浅裂，裂片圆钝，顶生裂片比侧生者大数倍，有不整齐尖锐锯齿；叶柄长 2～5.5 cm，被红褐色长腺毛、软刺毛和淡黄色长柔毛，托叶离生，羽状深条裂，被长腺毛和长柔毛。花常 5～12 朵成近总状花序；花序轴、花梗和花萼均密被红褐色长腺毛、软刺毛和淡黄色长柔毛；花梗长 0.5～1.4 cm；苞片与托叶相似；花径 1～1.5 cm；萼筒长约 5 mm，萼片窄披针形，长 1～1.7 cm，外萼片常 2～3 条裂，果期直立开展；花瓣宽卵形或长圆形，白色；花丝宽扁，短于花柱。果扁球形，径约 1 cm，成熟时暗红色，无毛，包在宿萼内。核橘瓣状，长约 1.5 mm，有皱纹。花期 5—6 月，果期 7—8 月。国内产于江西、湖北、湖南、安徽、浙江、福建、广东、广西、四川、贵州。生于海拔 400～1 600 m 的山坡路旁丛林或竹林内或山地红黄壤林下。

马甲子 *Paliurus ramosissimus* (Lour.) Poir.

俗名：棘盘子、鞘子、雄虎刺、马鞍树、铜钱树

鼠李科 Rhamnaceae   **马甲子属 *Paliurus***

灌木，株高达 6 m；小枝褐色或深褐色，被短柔毛，稀近无毛。叶互生，纸质，宽卵形、卵状椭圆形或近圆形，长 3~5.5（~7）cm，宽 2.2~5 cm，顶端钝或圆形，基部宽楔形、楔形或近圆形，稍偏斜，边缘具钝细锯齿或细锯齿，稀上部近全缘，叶正面沿脉被棕褐色短柔毛，幼叶叶背密生棕褐色细柔毛，后渐脱落仅沿脉被短柔毛或无毛，基生三出脉；叶柄长 5~9 mm，被毛，基部有 2 个紫红色斜向直立的针刺，长 0.4~1.7 cm。聚伞花序腋生，被黄色绒毛。核果杯状，被黄褐色或棕褐色绒毛，周围具木栓质 3 浅裂的窄翅，径 1~1.7 cm；果梗被棕褐色绒毛。种子棕红色，扁椭圆形，长 3~4 mm。花期 5—8 月，果期 9—10 月。国内产于江苏、浙江、安徽、江西、湖南、湖北、福建、台湾、广东、广西、云南、贵州、四川；国外分布于朝鲜、日本和越南。生于海拔 2 000 m 的山地和平原，野生或栽培。

珊瑚朴 *Celtis julianae* Schneid.

俗名：棠壳子树

大麻科 Cannabaceae　　**朴属 *Celtis***

落叶乔木，高达 30 m，树皮淡灰色至深灰色。叶厚纸质，宽卵形至尖卵状椭圆形，长 6～12 cm，宽 3.5～8 cm，基部近圆形或两侧稍不对称，一侧圆形，一侧宽楔形，先端具突然收缩的短渐尖至尾尖，叶面粗糙至稍粗糙，叶背密生短柔毛，近全缘至上部以上具浅钝齿；叶柄长 7～15 mm，较粗壮；萌发枝上的叶面具短糙毛，叶背在短柔毛中也夹有短糙毛。果单生叶腋，果梗粗壮，长 1～3 cm，果椭圆形至近球形，长 10～12 mm，金黄色至橙黄色。核倒卵形至倒宽卵形，长 7～9 mm，上部有 2 条较明显的肋，两侧或仅下部稍压扁，基部尖至略钝，表面略有网孔状凹陷。花期 3—4 月，果期 9—10 月。产于我国四川、贵州、湖南、广东、福建、江西、浙江、安徽、河南、湖北、陕西（南部）。多生于海拔 300～1 300 m 的山坡或山谷林中或林缘。优良的行道树、庭荫树。

葎草 *Humulus scandens* (Lour.) Merr.

俗名：锯锯藤、拉拉藤、葛勒子秧、勒草、拉拉秧、割人藤、拉狗蛋

大麻科 Cannabaceae　　**葎草属 *Humulus***

缠绕草本，茎、枝、叶柄均具倒钩刺。叶纸质，肾状五角形，掌状5～7深裂，稀3裂，长宽均7～10 cm，基部心形，叶正面疏被糙伏毛，叶背被柔毛及黄色腺体，裂片卵状三角形，具锯齿；叶柄长5～10 cm。雄花小，黄绿色，花序长15～25 cm；雌花序径约5 mm，苞片纸质，三角形，被白色绒毛；子房为苞片包被，柱头2，伸出苞片外。瘦果成熟时露出苞片外。种子球形，径约3 mm，黄褐色至棕色。花期春夏，果期秋季。我国除新疆、青海外，南北各地均有分布；日本、越南也有分布。常生于沟边、荒地、废墟、林缘边。

桂木 *Artocarpus parvus* Gagnep.

俗名：大叶胭脂、红桂木、胭脂木

桑科 Moraceae　　**波罗蜜属 *Artocarpus***

乔木，高达 17 m，树干通直。叶革质，长圆状椭圆形或倒卵状椭圆形，长 7～15 cm，先端短尖或短尾尖，基部楔形或近圆，全缘或疏生不规则浅齿，两面无毛，侧脉 6～10 对；叶柄长 0.5～1.5 cm，托叶披针形，早落。雄花序倒卵形或长圆形，长 0.3～1.2 cm，雄花花被 2～4 裂，长 0.5～0.7 mm；雌花序近头状，雌花花柱伸出苞片外。聚花果近球形，表面粗糙被毛，直径约 5 cm，成熟红色，肉质，干时褐色，苞片宿存。小核果 10～15 颗，卵形，长 0.8～1 cm。花期 3—5 月，果期 5—9 月。国内广东、海南、广西等地有分布；国外泰国、柬埔寨、越南北部有栽培。生于中海拔湿润的杂木林中。成熟聚合果可食；树冠宽阔，枝叶浓密，为园林绿化树种。

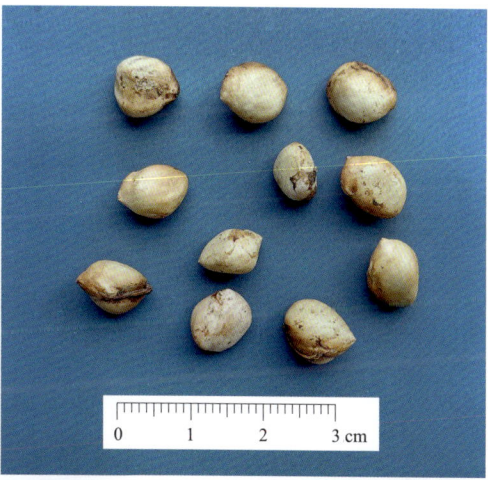

波罗蜜 *Artocarpus heterophyllus* Lam.

俗名：菠萝蜜、牛肚子果、树波罗、木波罗

桑科 Moraceae **波罗蜜属** *Artocarpus*

常绿乔木，高 10～20 m，胸径达 30～50 cm；老树常有板状根。叶革质，椭圆形或倒卵形，长 7～15 cm，先端钝或渐尖，基部楔形，成熟之叶全缘，幼树和萌发枝上的叶常分裂，表面墨绿色，干后浅绿或淡褐色，无毛，有光泽，背面浅绿色，略粗糙，叶肉组织具球形或椭圆形树脂细胞，侧脉 6～8 条，中脉在背面显著凸起；叶柄长 1～3 cm；托叶抱茎，卵形。花雌雄同株，花序生老茎或短枝上，雄花序圆柱形或棒状椭圆形，长 2～7 cm，花多数；雄花花被管状，上部 2 裂，被微柔毛；雌花花被顶部齿裂。聚花果椭圆形至球形，或不规则状，长 30～100 cm，径 25～50 cm，成熟时黄褐色，表面具六角形瘤体及粗毛。核果长椭圆形，长约 3 cm，径 1.5～2 cm。花期 2—3 月。我国广东、海南、广西、云南（南部）常有栽培；尼泊尔、不丹、马来西亚也有栽培。果肉鲜食或加工成果脯、果汁；种子富含淀粉，可煮食。果味极佳，被誉为"热带水果皇后"。

构 *Broussonetia papyrifera* (L.) L'Hér. ex Vent.

俗名： 构树、毛桃、谷树、谷桑、楮、楮桃

桑科 Moraceae　　**构属 *Broussonetia***

高大乔木或灌木状，高 10～20 m；树皮暗灰色；小枝密生柔毛。叶螺旋状排列，广卵形至长椭圆状卵形，长 6～18 cm，宽 5～9 cm，先端渐尖，基部心形，两侧常不相等，边缘具粗锯齿，不分裂或 3～5 裂，小树之叶常有明显分裂，表面粗糙，疏生糙毛，背面密被绒毛，基生叶脉 3 出，侧脉 6～7 对；叶柄长 2.5～8 cm，密被糙毛。花雌雄异株；雄花序为柔荑花序，粗壮，长 3～8 cm，苞片披针形，被毛，花被 4 裂，裂片三角状卵形，被毛，雄蕊 4，花药近球形；雌花序球形头状，苞片棍棒状，顶端被毛，花被管状，顶端与花柱紧贴，子房卵圆形，柱头线形，被毛。聚花果直径 1.5～3 cm，成熟时橙红色，肉质。瘦果卵形，径约 1 mm，具与径等长的柄，表面有小瘤，龙骨双层，外果皮壳质。花期 4—5 月，果期 6—7 月。产于我国南北各地；南亚北部、东南亚、东亚等其他国家也有分布。韧皮纤维可造纸；楮实子及根、皮药用。

垂叶榕 *Ficus benjamina* L.

俗名：小叶垂榕、垂枝榕、垂榕、雷州榕

桑科 Moraceae　　**榕属 *Ficus***

大乔木，高达 20 m，胸径 30～50 cm，树冠广阔；树皮灰色，平滑；小枝下垂。叶薄革质，卵形至卵状椭圆形，长 4～8 cm，宽 2～4 cm，先端短渐尖，基部圆形或楔形，全缘，1 级侧脉与 2 级侧脉难以区分，平行展出，直达近叶边缘，网结成边脉，两面光滑无毛；叶柄长 1～2 cm，叶正面有沟槽；托叶披针形，长约 6 mm。榕果成对或单生叶腋，基部缢缩成柄，球形或扁球形，光滑，成熟时红色至黄色，直径 8～15 cm；雄花、瘿花、雌花生于同一个榕果内；雄花极少数，具柄，花被片 4，宽卵形，雄蕊 1 枚，花丝短；瘿花具柄，多数，花被片 4～5，狭匙形，子房卵圆形，光滑，花柱侧生；雌花无柄，花被片短匙形。瘦果卵状肾形，约 1 mm。花期 8—11 月。产于我国广东、海南、广西、云南、贵州，在云南生于海拔 500～800 m 湿润的杂木林中；尼泊尔、不丹、印度、缅甸、泰国、越南、马来西亚、菲律宾、巴布亚新几内亚、所罗门群岛、澳大利亚北部均有分布。

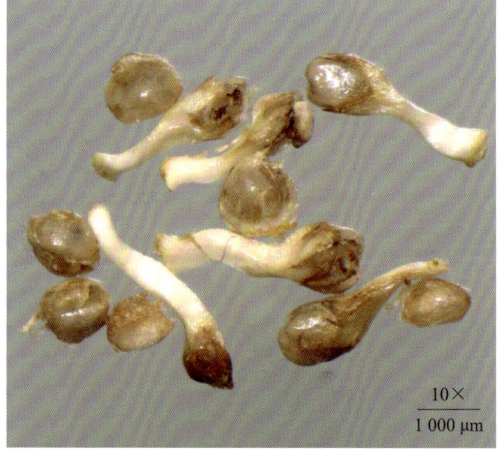

粗叶榕 *Ficus hirta* Vahl

俗名： 五指毛桃、猫卵子果、大果佛掌榕、三指佛掌榕、短毛佛掌榕、掌叶榕、大果粗叶榕、薄毛粗叶榕、全缘粗叶榕

桑科 Moraceae　　榕属 *Ficus*

灌木或落叶小乔木，高 1～2 m；全株被黄褐色贴伏短硬毛，有乳汁。叶互生；叶片纸质，多型，长椭圆状披针形或狭广卵形，长 8～25 cm，宽 4～10（～18）cm，先端急尖或渐尖，基部圆形或心形，常具 3～5 深裂片，微波状锯齿或全缘，两面粗糙，基出脉 3～7 条；具叶柄，长 2～7 m；托叶卵状披针形，长 0.8～2 cm。隐头花序，花序托对生于叶腋或已落叶的叶腋间，球形，直径 5～10 mm，顶部有苞片形成的脐状突起，幼时特别明显，基部苞片卵状披针形，被紧贴的柔毛；总花梗短，长 5 mm，或无；雄花、瘿花生于同一花序托内；雄花生于近顶部，花被片 4，线状披针形，雄蕊 1～2；瘿花花被片与雄花相似，花柱侧生；雌花生于另一花序托内，花被片 4。瘦果椭圆形，长约 1 mm。花期 5—7 月，果期 8—10 月。我国分布于云南、贵州、广西、广东、海南、湖南、福建、江西；尼泊尔、不丹、印度东北部、越南、缅甸、泰国、马来西亚、印度尼西亚也有。常见于村寨附近旷地或山坡林边。根、根皮供药用。

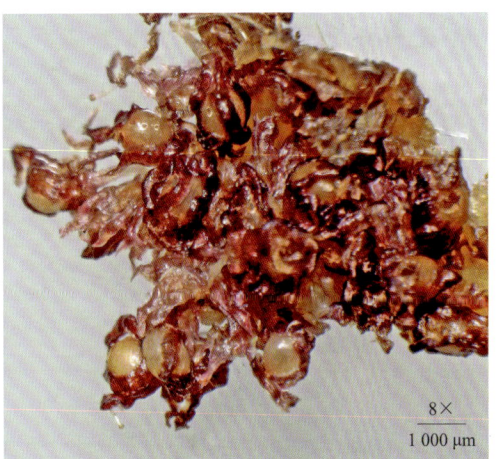

高山榕 *Ficus altissima* Blume

俗名：高榕、万年青、大青树、大叶榕、鸡榕

桑科 Moraceae　　榕属 *Ficus*

大乔木，高 25～30 m，胸径 40～90 cm；树皮灰色，平滑，幼枝绿色，粗约 10 mm，被微柔毛。叶厚革质，广卵形至广卵状椭圆形，长 10～19 cm，宽 8～11 cm，先端钝，急尖，基部宽楔形，全缘，两面光滑，无毛，基生侧脉延长，侧脉 5～7 对；叶柄长 2～5 cm，粗壮；托叶厚革质，长 2～3 cm，外面被灰色绢丝状毛。榕果成对腋生，椭圆状卵圆形，径 17～28 mm，幼时包藏于早落风帽状苞片内，成熟时红色或带黄色，顶部脐状凸起，基生苞片短宽而钝，脱落后环状；雄花散生榕果内壁，花被片 4，膜质，透明，雄蕊 1 枚，花被片 4，花柱近顶生，较长；雌花无柄，花被片与瘿花同数。瘦果卵形，约 1 mm，花柱延长。花期 3—4 月，果期 5—7 月。我国产于海南、广西、云南（南部至中部、西北部）、四川；尼泊尔、不丹、安达曼群岛、缅甸、越南、泰国、马来西亚、印度尼西亚、菲律宾也有分布。生于海拔 100～1 600（～2 000）m 的山地或平原。

黄葛树 *Ficus virens* Aiton

俗名：黄葛榕、大叶榕、黄桷树、绿黄葛树

桑科 Moraceae　　**榕属 *Ficus***

落叶或半落叶乔木，有板根或支柱根，幼时附生。叶薄革质或皮纸质，卵状披针形至椭圆状卵形，长10~15 cm，宽4~7 cm，先端短渐尖，基部钝圆或楔形至浅心形，全缘。榕果单生或成对腋生或簇生于已落叶枝叶腋，球形，直径7~12 mm，成熟时紫红色，基生苞片3，细小；有总梗。雄花、瘿花、雌花生于同一榕果内；雄花，无柄，少数，生榕果内壁近口部，花被片4~5，披针形，雄蕊1枚，花药广卵形，花丝短；瘿花具柄，花被片3~4，花柱侧生，短于子房；雌花与瘿花相似，花柱长于子房。瘦果表面有皱纹。花期5—8月。我国产于云南、广东、海南、广西、福建、台湾、浙江；斯里兰卡、印度、不丹、缅甸、泰国、越南、马来西亚、印度尼西亚、菲律宾、巴布亚新几内亚至所罗门群岛和澳大利亚北部均有分布。常用作行道树，为良好的荫蔽树种。

黄毛榕 *Ficus esquiroliana* Levl.

俗名：猫卵子

桑科 Moraceae　　**榕属 *Ficus***

小乔木或灌木，高 4～10 m，树皮灰褐色，具纵棱；幼枝中空，被褐黄色硬长毛。叶互生，纸质，广卵形，长 17～27 cm，宽 12～20 cm，急渐尖，具长约 1 cm 尖尾，基部浅心形，表面疏生糙伏状长毛，背面被长约 3 mm 褐黄色波状长毛，以中脉和侧脉稠密，余均密被黄色和灰白色绵毛，基生侧脉每边 3 条，侧脉每边 5～6 条，分裂或不分裂，边缘有细锯齿，齿端被长毛；叶柄长 5～11 cm，细长，疏生长硬毛；托叶披针形，长 1～1.5 cm，早落。榕果腋生，圆锥状椭圆形，径 20～25 mm，表面疏被或密生浅褐色长毛，顶部脐状突起，基生苞片卵状披针形，长 8 mm；雄花生榕果内壁口部，具柄，花被片 4，顶端全缘，雄蕊 2 枚。瘿花花被与雄花同，子房球形，光滑，花柱侧生，短，柱头漏斗形，雌花花被 4。瘦果斜卵圆形，长约 1 mm，表面有瘤体。花期 5—7 月，果期 7 月。我国产于西藏、四川、贵州、云南、广西、广东、海南、台湾；越南、老挝、泰国也有分布。

16×
500 μm

8×
1 000 μm

菩提树 *Ficus religiosa* L.

俗名：思维树、菩提榕、觉树、沙罗双树、阿摩洛珈、阿里多罗、印度菩提树

桑科 Moraceae　　**榕属 *Ficus***

大乔木，幼时附生于其他树上，高达15～25 m，胸径30～50 cm。叶革质，三角状卵形，长9～17 cm，宽8～12 cm，表面深绿色，光亮，背面绿色，先端骤尖，顶部延伸为尾状，尾尖长2～5 cm，基部宽截形至浅心形，全缘或为波状，基生叶脉三出，侧脉5～7对；叶柄纤细，有关节，与叶片等长或长于叶片；托叶小，卵形，先端急尖。榕果球形至扁球形，直径1～1.5 cm，成熟时红色，光滑；基生苞片3，卵圆形；总梗长4～9 mm；雄花、瘿花和雌花生于同一榕果内壁；雄花少，生于近口部，无柄，花被2～3裂，内卷，雄蕊1枚，花丝短；瘿花具柄，花被3～4裂，子房光滑，球形，花柱短，柱头膨大，2裂。瘦果斜卵形，长1～1.5 mm，光滑。花期3—4月，果期5—6月。我国广东、广西、云南多栽培；日本、马来西亚、泰国、越南、不丹、尼泊尔、巴基斯坦及印度多栽培。

琴叶榕 *Ficus pandurata* Hance

俗名：全缘琴叶榕、铁牛入石、全缘榕、全叶榕、狭叶全缘榕、条叶榕

桑科 Moraceae　　**榕属 *Ficus***

灌木，株高达2 m。叶厚纸质，提琴形或倒卵形，长4～8 cm，先端短尖，基部圆或宽楔形，中部缢缩，上面无毛，下面叶脉疏被毛及小瘤点，基生侧脉2，侧脉5～7对；叶柄疏被糙毛，长3～5 mm，托叶披针形，迟落。雄花具梗，生于榕果内壁口部，花被片4，线形，雄蕊（2～）3；瘿花花被片3～4，倒披针形或线形，花柱侧生，很短；雌花花被片3～4，椭圆形，花柱侧生，细长，柱头漏斗形。榕果单生叶腋，鲜红色，椭圆形或球形，径0.6～1 cm，顶部脐状，基生苞片3，卵形，总柄长4～5 mm，纤细。瘦果卵形，长1～1.5 mm。花期6—8月。我国产于东南部地区。观叶植物。

榕树 *Ficus microcarpa* L. f.

俗名：赤榕、红榕、万年青、细叶榕、厚叶榕树

桑科 Moraceae　　**榕属 *Ficus***

乔木，株高达 25 m；树冠广展，老树常具锈褐色气根。叶薄革质，窄椭圆形，长 4～8 cm，先端钝尖，基部楔形，全缘，侧脉 3～10 对，成钝角展开；叶柄长 0.5～1 cm，无毛，托叶披针形，长约 8 mm。雄花、雌花、瘿花同生于一榕果内，花间具少数刚毛；雄花散生内壁，花丝与花药等长；雌花似瘿花，花被片 3，宽卵形，花柱近侧生，柱头棒形。榕果成对腋生或生于落叶枝叶腋，熟时黄或微红色，扁球形，径 6～8 mm，无总柄，基生苞片 3，宽卵形，宿存。瘦果卵球形，长约 1.5 mm。花期 5—6 月。国内产于华南和西南；国外分布于热带亚洲。多生于海拔 1 900 m 以下的山地、平原。我国华南地区重要的绿荫树。

雅榕 *Ficus concinna* (Miq.) Miq.

俗名：无柄小叶榕、万年青、小叶榕、近无柄雅榕

桑科 Moraceae　　**榕属 Ficus**

乔木，高 15～20 m，胸径 25～40 cm；树皮深灰色，有皮孔；小枝粗壮，无毛。叶狭椭圆形，长 5～10 cm，宽 1.5～4 cm，全缘，先端短尖至渐尖，基部楔形，两面光滑无毛，干后灰绿色，基生侧脉短，侧脉 4～8 对，小脉在表面明显；叶柄短，长 1～2 cm；托叶披针形，无毛，长约 1 cm。榕果成对腋生或 3～4 个簇生于无叶小枝叶腋，球形，直径 4～5 mm；雄花、瘿花、雌花同生于一榕果内壁；雄花极少数，生于榕果内壁近口部，花被片 2，披针形，子房斜卵形，花柱侧生，柱头圆形；瘿花相似于雌花，花柱线形而短；榕果无总梗或不超过 0.5 mm。瘦果卵形，长 1.5～2mm。花果期 3—6 月。我国产于广东、广西、贵州、云南；不丹、印度、中南半岛各国、马来西亚、菲律宾、北加里曼丹岛也有。生于海拔 900～1 600 m 密林中或村寨附近。

杂色榕 *Ficus variegata* Bl.

俗名：幹花榕、青果榕

桑科 Moraceae   **榕属 *Ficus***

常绿乔木，高 5～7 m，有乳汁。小枝无毛。叶近革质，长 8～20 cm，宽 7～12 cm，全缘或波状，有时有疏锯齿，基 5 出脉；叶柄粗壮，长 2～7 cm。花序托簇生于树干，具梗，球形，直径约 2 cm；基生苞片 3；雄瘿花同生于一花序托，雄蕊 2；雌花另生一花序托，花柱长，侧生，柱头棒状。榕果基部收缩成短柄，成熟时绿色至黄色。瘦果卵形，长约 1.5 mm。花果期春季至秋季。我国产自广东（及沿海岛屿）、海南、广西、云南（南部）；越南（中部）、泰国也有分布。常见于低海拔的沟谷地区。

枕果榕 *Ficus drupacea* Thunb.

俗名：美丽枕果榕

桑科 Moraceae　　**榕属 *Ficus***

乔木，高 10～15 m，无气生根。树皮灰白色；嫩枝密被黄褐色短丛卷毛。叶革质，长椭圆形至倒卵椭圆形，长 15～18 cm，宽 5～9 cm，先端骤尖，基部圆形或浅心形，两侧微耳状，全缘或微波状，表面绿色，无毛或疏生短柔毛，背面被黄褐色短丛卷毛，后脱落，基出脉 3～5 条，侧脉 8～11 对；叶柄长 2.5～3 cm；托叶披针形，长 2～3 cm。榕果成对腋生，长椭圆状枕形，长 1.5～3 cm，径 1～1.5 cm，无毛，成熟时橙红至鲜红色，疏生白斑，顶部微呈脐状突起，基生苞片 3，圆形，边缘有睫毛；雄花、瘿花、雌花同生于一榕果内。瘦果近球形，径约 1 mm，表面有小瘤体。花期初夏。国内广东（广州）、海南常见栽培或野生，生于沟边；国外分布于亚热带地区或热带地区。

桑 *Morus alba* L.

俗名：桑树

桑科 Moraceae　　**桑属 *Morus***

乔木或灌木状，株高达 15 m，胸径 50 cm。叶卵形或宽卵形，长 5～15 cm，先端尖或渐短尖，基部圆或微心形，锯齿粗钝，有时缺裂，叶正面无毛，叶背脉腋具簇生毛；叶柄长 1.5～5.5 cm，被柔毛。花雌雄异株，雄花序下垂，长 2～3.5 cm，密被白色柔毛，雄花花被椭圆形，淡绿色；雌花序长 1～2 cm，被毛，花序梗长 0.5～1 cm，被柔毛，雌花无梗，花被倒卵形，外面边缘被毛，包围子房，无花柱，柱头 2 裂，内侧具乳头状突起。聚花果卵状椭圆形，长 1～2.5 cm，红色至暗紫色。种子卵形，长约 2 mm。花期 4—5 月，果期 5—7 月。国内原产中部和北部，现东北部至西南部、西北部均有栽培；国外分布于朝鲜、日本、蒙古国、中亚各国、欧洲、印度及越南。

冷水花 *Pilea notata* C. H. Wright

俗名：长柄冷水麻

荨麻科 Urticaceae　　冷水花属 *Pilea*

多年生草本，株高达 70 cm。叶纸质，卵形或卵状披针形。花雌雄异株，雄花序聚伞总状，雌花聚伞花序较短而密集。瘦果卵圆形，顶端歪斜，有刺状小疣，长约 0.8 mm。花期 6—9 月，果期 9—11 月。我国分布于广东、广西、华中、贵州、四川、甘肃及陕西南部、华东南部；日本亦有分布。常生长于海拔 300～1 500 m 的山谷、溪旁或林下阴湿处。

小叶冷水花 *Pilea microphylla* (L.) Liebm.

俗名：透明草

荨麻科 Urticaceae　　冷水花属 *Pilea*

纤细草本，株高达 17 cm；茎多分枝，密布线形钟乳体。同对叶不等大，倒卵形或匙形，长 3～7 mm，先端钝，基部楔形或渐窄，全缘；叶脉羽状，中脉稍明显，侧脉不明显；叶柄长 1～4 mm，托叶三角形，长约 0.5 mm。雌雄同株，聚伞花序密集成头状。瘦果卵圆形，长 0.4 mm，褐色，光滑。花期夏秋季，果期秋季。原产南美洲热带地区，后引入亚洲、非洲热带地区；在我国广东、广西、福建、江西、浙江和台湾低海拔地已成为归化植物。常生长于路边石缝和墙上阴湿处。

糯米团 *Gonostegia hirta* (Bl.) Miq.

俗名：糯米草、小粘药

荨麻科 Urticaceae　　**糯米团属 *Gonostegia***

多年生草本，茎蔓生、铺地或渐升，上部四棱形。叶对生，宽披针形或窄披针形，长3～10 cm，宽1.2～2.8 cm，先端渐尖，基部浅心形或圆形，叶正面疏被伏毛或近无毛，叶背脉上疏被毛或近无毛，基脉3～5，叶柄长1～4 mm，托叶长2.5 mm。花雌雄异株；团伞花序，雄花5基数，花被片倒披针形，雌花花被菱状窄卵形，顶端具2小齿。瘦果卵球形，黑色，有光泽，长约1 mm。花期5—9月。国内分布在云贵高原；国外分布于亚洲热带和亚热带地区及澳大利亚。常生长于海拔100～2 700 m的丘陵或低山林、灌丛或沟边草地。

10×
1 000 μm

多枝雾水葛 *Pouzolzia zeylanica* var. *microphylla* (Wedd.) W.T.Wang

俗名：石株

荨麻科 Urticaceae　　雾水葛属 *Pouzolzia*

多年生草本或亚灌木，常铺地，长 40～100（～200）cm，多分枝，末回小枝常多数，互生，长 2～10 cm，生有很小的叶子（长约 5 mm）。茎下部叶对生，上部叶互生，分枝的叶通常全部互生或下部的对生；叶形变化较大，卵形、狭卵形至披针形。瘦果卵球形，黑色，有光泽，长约 1 mm。国内分布于云南（东南部）、广西、广东、江西（南部）、福建、台湾；国外亚洲热带地区广布。常生长于海拔 500 m 的平原或丘陵草地、田边或草坡上。

序叶苎麻 *Boehmeria clidemioides* var. *diffusa* (Wedd.) Hand.-Mazz.

俗名：合麻仁、水苎麻、水苏麻

荨麻科 Urticaceae　　苎麻属 *Boehmeria*

多年生草本或亚灌木。叶互生；叶片纸质，卵形至长圆形，顶端长渐尖；团伞花序单生叶腋，或组成穗状花序，通常雌雄异株，顶部有 2～4 狭卵形叶；花被片 4，椭圆形至狭倒卵形，雄花下部合生，具 4 雄蕊及退化雌蕊，雌花顶端具小齿。瘦果卵形，长约 1 mm。花期 6—8 月。分布于我国湿润地区；国外分布于越南、老挝、缅甸、印度、尼泊尔。常生长于海拔 300～2 400 m 的丘陵或低山谷林中、林边、灌丛中、草坡或溪边。

苎麻 *Boehmeria nivea* (L.) Gaudich.

俗名：白叶苎麻

荨麻科 Urticaceae　　**苎麻属 *Boehmeria***

亚灌木或灌木，株高达 1.5 m；茎上部与叶柄均密被开展长硬毛和糙毛。叶互生，圆卵形或宽卵形，先端骤尖，基部平截，具齿。圆锥花序腋生，雄团伞花序花少数；雌团伞花序花多数密集；雄花花被片 4，合生至中部；雄蕊 4。瘦果细杆球状，基部缢缩成细柄，被毛，长约 1.5 mm。花期 8—10 月。广泛栽培于我国南方湿润地区以及甘肃、陕西、河南南部；国外分布于中南半岛。是我国特有的以纺织为主要用途的农作物。

紫麻 *Oreocnide frutescens* (Thunb.) Miq.

俗名：山麻、紫苎麻、白水苎麻、野麻、大麻条

荨麻科 Urticaceae　　**紫麻属 *Oreocnide***

灌木稀小乔木，高 1~3 m；小枝被毛，后渐脱落。叶常生于枝上部，草质，卵形或窄卵形，稀倒卵形，长 3~15 cm，先端渐尖或尾尖，基部圆，稀宽楔形，有锯齿，叶背常被灰白色毡毛，后渐脱落，基出脉 3，侧脉 2~3 对；叶柄长 1~7 cm，被粗毛，托叶线状披针形，长约 1 cm，先端尾尖，背面中肋疏生粗毛。花序生于去年生枝和老枝，几无梗，呈簇生状；团伞花簇径 3~5 mm；雄花花被片 3，在下部合生，长圆状卵形。瘦果卵球状，长约 1.5 mm，两侧稍扁，宿存花被深褐色，内果皮稍骨质，肉质果托壳斗状，包果大部。花期 3—5 月，果期 6—10 月。我国长江流域以南地区及陕西、甘肃南部有分布；中南半岛和日本也有分布。茎皮纤维细长坚韧，可供制绳索和人造棉。

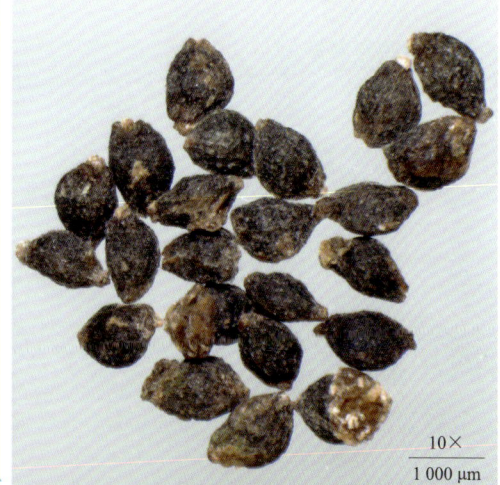

壳斗目 Fagales

木麻黄 *Casuarina equisetifolia* L.

俗名：木贼叶木麻黄、木贼麻黄

木麻黄科 Casuarinaceae　　木麻黄属 *Casuarina*

乔木，株高达 40 m，胸径 70 cm。树皮暗褐色，纤维质，成窄长条片剥落，内皮深红色；枝红褐色，节密集；小枝灰绿色，纤细，柔软下垂，具 7～8 纵沟及棱，节间短，节易折断；鳞片每轮（6～）7（～8），淡绿色，近透明，披针形或三角形，长 1～3 mm，紧贴小枝。花雌雄同株或异株；雄花序棒状圆柱形，长 1～4 cm，具覆瓦状排列，被白色柔毛苞片，小苞片具缘毛；花被片 2；花药两端凹入；雌花序常顶生于近枝顶的侧生短枝上。球果状果序椭圆形，两端近平截或钝；小苞片木质化，宽卵形，背部无棱脊。小坚果连翅长 4～6 mm，宽 2～3 mm。花期 4—5 月，果期 7—10 月。原产澳大利亚和太平洋岛屿，现美洲热带地区和亚洲东南部沿海地区广泛栽植；国内广西、广东、福建、台湾沿海地区普遍栽植。

葫芦目 Cucurbitales

短序栝楼 *Trichosanthes baviensis* Gagnep.

俗名：野苦瓜

葫芦科 Cucurbitaceae　　**栝楼属 *Trichosanthes***

攀援草本，茎枝无毛或被柔毛。叶薄纸质，卵形，长5~20 cm，不裂，先端渐尖，基部深心形，凹入2~4 cm，疏生细齿，叶正面疏被柔毛，叶背密被绒毛，基出掌状脉5；叶柄长4~9 cm，密被柔毛，卷须密被柔毛，二歧。雌雄异株；雄花序伞房状，长约2 cm；花梗长1~1.5 cm，密被柔毛；小苞片无；花芽球形；花萼漏斗形，长2 cm，被柔毛，裂片窄三角形；花冠绿色，裂片卵状椭圆形，先端流苏状；雄蕊3，花药柱倒卵形，长3 mm；雌花单生；花梗长7 mm，密被柔毛；花萼长3 cm，向顶端加宽，裂片及花冠同雄花；子房密被绒毛。果卵形，长3.5~5 cm，成熟时红色，无毛，具短喙。种子长方状卵形，长1 cm，宽0.5 cm。国内分布于广东、广西、云南东南部、贵州西南部；国外分布于越南北部。常生长于常绿阔叶林下或灌丛中。根供药用。

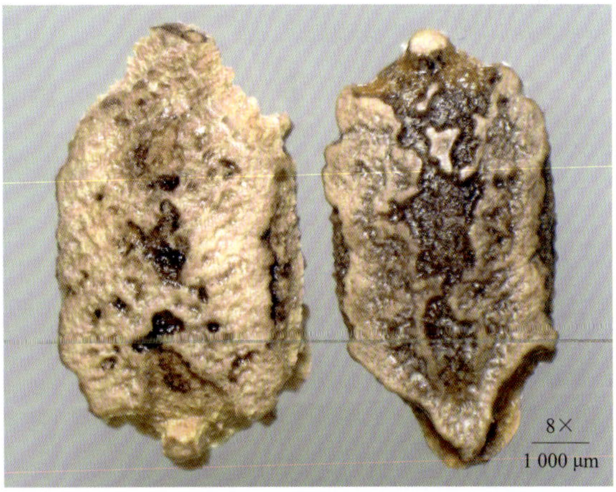

长萼栝楼 *Trichosanthes laceribractea* Hayata

俗名：无

葫芦科 Cucurbitaceae　　**栝楼属 *Trichosanthes***

攀援草本，株通常无刺；茎、枝无毛或被刺毛。叶纸质，近圆形或宽卵形，长 5～16 cm，3～7 裂，裂片三角状卵形或菱状倒卵形，具波状齿或再浅裂，最外侧裂片耳状，叶正面密被刚毛状刺毛，后脱落为白色糙点，叶背沿脉被刺毛，掌状脉 5～7 条；叶柄长 1.5～9 cm，被刺毛，后为白色糙点，卷须 2～3 歧。雌雄异株；雄花总状花序腋生，花序梗粗，长 10～23 cm，被毛或刚毛；具宽卵形、边缘细长裂的小苞片；萼筒窄线形，长约 5 cm，裂片卵形，具锐尖齿；花冠白色，裂片倒卵形，长 2～2.5 cm，边缘具纤细长流苏；药隔被柔毛；雌花单生；花梗长 1.5～2 cm；苞片线状披针形，长约 2 cm；萼筒圆柱状，长约 4 cm，萼齿线形。果球形或卵状球形，径 5～8 cm，无毛。种子多数，长方形或长方状椭圆形，长 1～1.4 cm。花期 7—8 月，果期 9—10 月。国内产于台湾、江西、湖北、广西、广东和四川。常生于海拔 200～1 020 m 的山谷密林中或山坡路旁。根、果皮入药。

盒子草 *Actinostemma tenerum* Griff.

俗名：合子草、鸳鸯木鳖

葫芦科 Cucurbitaceae　　**盒子草属 *Actinostemma***

纤细攀援草本，枝纤细，疏被长柔毛，后脱落无毛。叶心状戟形、心状窄卵形、宽卵形或披针状三角形，长3～12 cm，不裂、3～5裂或基部分裂，边缘微波状或疏生锯齿；叶柄细，长2～6 cm，被柔毛，卷须细，2叉，稀单一。花单性，雌雄同株，稀两性；雄花序总状或圆锥状，稀单生或双生；花萼辐状，筒部杯状，裂片线状披针形，花冠辐状，裂片披针形，尾尖；雄蕊5稀6，离生，花丝短，花药近卵形；雌花单生、双生或雌雄同序；雌花梗具关节，长4～8 cm，花萼和花冠同雄花、子房有疣状突起。果卵形、宽卵形或长圆状椭圆形，长1.6～2.5 cm，疏生暗绿色鳞片状突起，近中部盖裂，果盖锥形。种子2～4，稍扁，卵形，长1.1～1.3 cm，有不规则雕纹。花期7—9月，果期9—11月。我国产于辽宁、河北、河南、山东、江苏、浙江、安徽、湖南、四川、西藏（南部）、云南（西部）、广西、江西、福建、台湾；朝鲜、日本、印度、中南半岛也有。生于海拔1 000 m以下的山坡阴湿处草丛中、沟边灌丛中。

8×
1 000 μm

苦瓜 *Momordica charantia* L.

俗名：癞葡萄、凉瓜、癞瓜、锦荔枝、金铃子、角状苦瓜

葫芦科 Cucurbitaceae　　**苦瓜属 *Momordica***

一年生攀援状柔弱草本，多分枝；茎、枝被柔毛；卷须纤细，长达20 cm，具微柔毛，不分歧。叶柄细，初时被白色柔毛，后变近无毛，长4～6 cm；叶片轮廓卵状肾形或近圆形，膜质，长、宽均为4～12 cm，5～7深裂，裂片卵状长圆形，边缘具粗齿或有不规则小裂片，叶脉掌状。雌雄同株；雄花单生叶腋，花梗纤细，被微柔毛，长3～7 cm，中部或下部具1苞片；花萼裂片卵状披针形，被白色柔毛。花冠黄色，裂片倒卵形，先端钝，急尖或微凹，长1.5～2 cm，宽0.8～1.2 cm，被柔毛；雄蕊3，离生，药室2回折曲。雌花单生，花梗被微柔毛，长10～12 cm，基部常具1苞片；子房纺锤形，密生瘤状突起，柱头3，膨大，2裂。果实纺锤形或圆柱形，多瘤皱，长10～20 cm，成熟后橙黄色，由顶端3瓣裂。种子多数，长圆形，具红色假种皮，两端各具3小齿，两面有刻纹，长1.5～2 cm，宽1～1.5 cm。花、果期5—10月。广泛栽培于世界热带到温带地区；我国南北均普遍栽培。

昌感秋海棠 *Begonia cavaleriei* Lévl.

俗名：盾叶秋海棠

秋海棠科 Begoniaceae　　**秋海棠属 *Begonia***

多年生草本；根状茎伸长，匍匐，长圆柱状。叶盾形，全部基生，具长柄；叶片厚纸质，两侧略不相等，边全缘常浅波状，上面褐绿色，下面淡褐绿色，脉自叶柄顶端放射状发出，6~8条，呈淡红褐色，中部以上分叉；叶柄长7~25 cm，有棱，无毛；托叶早落。花葶高约20 cm，有棱，无毛；花淡粉红色，数朵，呈聚伞状；雄花花被片4，雄蕊多数，花丝长1.5~2 cm；雌花花被片3，子房长圆形，3室，中轴胎座，每室胎座具2裂片，具不等3翅，花柱3，仅基部合生，上部分枝，柱头外向膨大，螺旋状扭曲，并带刺状乳头。蒴果下垂，果梗长约3.5 cm，无毛；轮廓长圆形，长约2.9 mm，具不等3翅，翅呈新月形。种子多数，小，卵球状或短柱形，长0.25 mm，径0.3 mm，淡褐色，光滑，表面具网纹。花期5~7月，果期7月开始。我国产于贵州、云南、广西。生于海拔700~1 000 m的山沟阴湿处岩石上、山脚阴密林下、山谷潮湿处密林下。

四季秋海棠 *Begonia cucullata* Willd.

俗名：四季海棠、玻璃翠

秋海棠科 Begoniaceae　　**秋海棠属 *Begonia***

多年生常绿草本，茎直立，稍肉质，株高 15～30 cm。单叶互生，有光泽，卵圆形至广卵圆形，长 5～8 cm，宽 3～6 cm，先端急尖或钝，基部稍心形而斜生，边缘有小齿和缘毛，绿色。聚伞花序腋生，具数花，花红色、淡红色或白色。蒴果具翅。种子长椭圆形，长约 0.5 mm，具网纹。花期 3—12 月。原产巴西，现我国南北各地均有栽植。

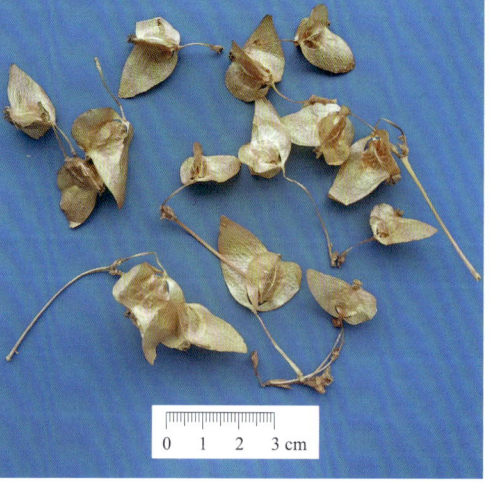

卫矛目 Celastrales

扶芳藤 *Euonymus fortunei* (Turcz.) Hand.-Mazz.

俗名：爬行卫矛、胶东卫矛、文县卫矛、胶州卫矛、常春卫矛

卫矛科 Celastraceae　　**卫矛属 *Euonymus***

常绿藤状灌木，株高约 1 m，各部无毛；枝具气生根，茎下部枝有须状气生根。叶对生，薄革质，椭圆形、长圆状椭圆形或长倒卵形，长 3.5～8 cm，基部楔形，边缘齿浅不明显，小脉不明显；叶柄长 3～6 mm。聚伞花序 3～4 次分枝，花序梗长 1.5～3 cm，每花序有 4～7 花，分枝中央有单花；花 4 数，白绿色，径约 6 mm；花萼裂片半圆形；花瓣近圆形；雄蕊花丝细长，花盘方形，径约 2.5 mm；子房三角状锥形，4 棱，花柱长 1 mm。果序柄长 2～3.5 cm；蒴果近球形，径 0.6～1.2 cm，熟时粉红色，果皮光滑。种子长方椭圆形，长约 3 mm，假种皮鲜红色，全包种子。花期 6 月，果期 10 月。国内分布于江苏、浙江、安徽、江西、湖北、湖南、四川、陕西等地。常生于海拔 1 850 m 的山坡丛林中。

酢浆草目 Oxalidales

红花酢浆草 *Oxalis corymbosa* DC.

俗名：多花酢浆草、紫花酢浆草、南天七、铜锤草、大酸味草

酢浆草科 Oxalidaceae　　**酢浆草属 *Oxalis***

多年生直立草本；具球状鳞茎。叶基生，小叶3，扁圆状倒心形，长1～4 cm，宽1.5～6 cm，先端凹缺，托叶长圆形，与叶柄基部合生。花序梗长10～40 cm，被毛；花梗长0.5～2.5 cm，花瓣5，倒心形，淡紫或紫红色；雄蕊10，花丝被长柔毛；子房5室，花柱5，被锈色长柔毛。蒴果圆柱形，被柔毛。种子扁卵形，长约1 mm，红棕色，具横纹。花果期3—12月。原产南美洲热带地区，我国长江以北各地作为观赏植物引入，南方各地已逸为野生。生于低海拔的山地、路旁、荒地或水田中。

黄花酢浆草 *Oxalis pescaprae* L.

俗名：无

酢浆草科 Oxalidaceae　　**酢浆草属 *Oxalis***

多年生草本；根茎匍匐，具块茎。叶多数，基生；无托叶；小叶3，倒心形，长约2 cm，宽2～2.5 cm，先端深凹陷，基部楔形，两面被柔毛，具紫斑。伞形花序基生，明显长于叶，总花梗被柔毛；花瓣黄色，宽倒卵形，长为萼片的4～5倍，先端圆形、微凹，基部具爪；雄蕊10，2轮，内轮长为外轮的2倍，花丝基部合生；子房被柔毛。蒴果圆柱形，被柔毛。种子扁卵形，长1～1.5 mm，红棕色，具横纹。原产南非，我国作为观赏花卉引种，北京、陕西、新疆等地有栽培。

杜英 *Elaeocarpus decipiens* Hemsl.

俗名：假杨梅、梅擦饭、青果、野橄榄、胆八树

杜英科 Elaeocarpaceae　　**杜英属 *Elaeocarpus***

常绿乔木，高5～15 m；嫩枝及顶芽初时被微毛，不久变秃净，干后黑褐色。叶革质，披针形或倒披针形，长7～12 cm，宽2～3.5 cm，叶正面深绿色，干后发亮，叶背秃净无毛，幼嫩时亦无毛，先端渐尖，尖头钝，基部楔形，常下延，侧脉7～9对；叶柄长1 cm，初时有微毛，在结实时变秃净。总状花序多生于叶腋及无叶的去年枝条上，长5～10 cm，花序轴纤细，有微毛；花柄长4～5 mm；花白色，萼片披针形，长5.5 mm，宽1.5 mm，先端尖，两侧有微毛；花瓣倒卵形，与萼片等长，上半部撕裂，裂片14～16条；雄蕊25～30枚，长3 mm，花丝极短，花药顶端无附属物；花盘5裂，有毛；子房3室，花柱长3.5 mm，胚珠每室2颗。核果椭圆形，长2～2.5 cm，宽1.3～2 cm，外果皮无毛，内果皮坚骨质，表面有多数沟纹；果核长1.5～2 cm，纺锤形。花期6—7月。我国分布于广西、广东、江西、福建、台湾、浙江。生于低山山谷林中。庭院观赏和绿化的优良树种。

毛果杜英 *Elaeocarpus rugosus* Roxburgh

俗名：尖叶杜英、长芒杜英

杜英科 Elaeocarpaceae　　**杜英属 *Elaeocarpus***

常绿乔木，高达 30 m；小枝粗壮。小枝、花序轴、花萼、果实均被褐色毛。叶聚生枝顶，倒卵状披针形，长 11～20 cm，宽 5～7.5 cm，先端钝，叶正面亮绿色，全缘或上部有钝齿；侧脉 12～14 对。总状花序腋生，有花 5～14 朵；花长 1.5 cm，直径 1～2 cm；萼 6 片，狭窄披针形；花瓣倒披针形，两面被银灰色长毛，先端 7～8 裂；雄蕊 45～50 枚，长约 1 cm，花药长约 4 mm，顶端有长达 3～4 mm 的芒刺。核果椭圆形，长 3～3.5 cm；外果皮被绒毛，内果皮骨质，表面具明显的瘤状突起，具 2 条明显的边；果核长 2～3 cm，宽纺锤形。花期 8—9 月，果冬季成熟。国内分布于云南（南部）、广东和海南；国外中南半岛及马来西亚也有分布。见于低海拔的山谷，喜温暖、湿润环境。庭院观赏树种。

水石榕 *Elaeocarpus hainanensis* Oliver

俗名：海南胆八树、海南杜英

杜英科 Elaeocarpaceae　　**杜英属 *Elaeocarpus***

小乔木，具假单轴分枝，树冠宽广。叶革质，狭窄倒披针形，长7～15 cm，宽1.5～3 cm，先端尖，基部楔形，幼时正背两面均秃净，老叶正面深绿色，干后发亮，背面浅绿色，侧脉14～16对；叶柄长1～2 cm。总状花序生当年枝的叶腋内，长5～7 cm，有花2～6朵；花较大，直径3～4 cm；苞片叶状，无柄，卵形，两面有微毛，边缘有齿突，基部圆形或耳形，有网状脉及侧脉，宿存；花柄长约4 cm，有微毛；萼片5片，披针形，长约2 cm，被柔毛。花瓣白色，与萼片等长，倒卵形，外侧有柔毛，先端撕裂，裂片30条，长4～6 mm；雄蕊多数，约和花瓣等长；子房2室，无毛，花柱长1 cm，有毛；胚珠每室2颗。核果纺锤形，两端尖，长约4 cm，中央宽1～1.2 cm；内果皮坚骨质，表面有浅沟，腹缝线2条，厚1.5 mm，1室；果核长2 cm，纺锤形。花期6—7月。我国产于海南、广西（南部）及云南（东南部）；在越南、泰国也有分布。喜生于低湿处及山谷水边。庭院观赏树种。

金虎尾目 Malpighiales

哥伦比亚古柯 *Erythroxylum novogranatense* (Morris) Hier.

俗名：高柯、古加

古柯科 Erythroxylaceae　古柯属 *Erythroxylum*

灌木或小灌木；树皮褐色，小枝干后黑褐色或棕褐色。单叶互生，表面绿色，干后墨绿色或橄榄绿色，背面浅黄色，干后灰色或灰黄色，倒卵形或狭椭圆形，长 0.7～1.2 cm，宽 0.8～1 cm，先端钝圆、微凹，基部楔形，全缘；叶柄长 4～7 mm，托叶三角形，长 1.5～3 mm。花单生或簇生叶腋，花小，花瓣 5，黄白色，卵状长圆形，长 3～3.5 mm；雄蕊 10，基部连合成浅杯状；花柱 3，离生，长 1～3 mm，宿存。核果红色，干后变为黑色，长圆形，具 5 纵棱，长 7～8 mm，顶部渐尖。种子 1，卵状圆球形，径 5～8 mm，浅褐色。全年开花，盛花期 2—3 月，果期 5—12 月。原产南美洲高山地区，我国以海南引种较多，台湾和云南也有栽培。叶可入药。

8×
1 000 μm

0　1　2　3 cm

菲岛福木 *Garcinia subelliptica* Merr.

俗名：福木、福树

藤黄科 Clusiaceae　　**藤黄属 *Garcinia***

乔木，高可达 20 m 或以上；小枝坚韧粗壮，具 4～6 棱。叶片厚革质，卵形、卵状长圆形或椭圆形，稀圆形或披针形，长 7～14（～20）cm，宽 3～6（～7）cm，顶端钝、圆形或微凹，基部宽楔形至近圆形，叶正面深绿色，具光泽，叶背黄绿色，中脉在下面隆起，侧脉纤细，微拱形，12～18 对，两面隆起，至边缘处联结，网脉明显；叶柄粗壮，长 6～15 mm。花杂性，同株，5 数；雄花和雌花通常混合簇生或单生于落叶腋部，有时雌花成簇生状，雄花成假穗状，长约 10 cm；花瓣倒卵形，黄色，雄蕊合生成 5 束，每束有 6～10 枚，花药双生；雌花通常具长梗，退化雄蕊合生成 5 束，花药萎缩状；子房球形，外面有棱，3～5 室，花柱极短，柱头盾形，5 深裂。浆果宽长圆形，成熟时黄色，外面光滑。种子 1～3（～4）枚，近球形，径 2～2.5 cm，淡褐色。产于我国台湾南部，台北市亦见栽培；菲律宾、斯里兰卡、印度尼西亚（爪哇岛）也有。叶片厚实深绿，果实金黄，是优良的庭园树、行道树及滨海绿化树种。

长萼堇菜 *Viola inconspicua* Blume

俗名：湖南堇菜

堇菜科 Violaceae　　**堇菜属 *Viola***

多年生草本，无地上茎；根数条，淡白色，稍粗，呈纤维状。叶基生，莲座状，叶片三角形、三角状卵形或戟形，基部宽心形，弯缺呈宽半圆形，具圆齿，叶柄具窄翅。花淡紫色，有暗紫色条纹，萼片卵状披针形或披针形，基部附属物伸长；花瓣长圆状倒卵形，下瓣距管状，直伸。蒴果长圆形，长 8～10 mm，无毛。种子卵形，长约 1 mm。国内分布于秦岭以南；国外分布于缅甸、菲律宾、马来西亚。常生长于林缘、山坡草地、田边及溪旁等处。

10×
1 000 μm

七星莲 *Viola diffusa* Ging.

俗名：蔓茎堇菜、须毛蔓茎堇菜、光蔓茎堇菜、短须毛七星莲

堇菜科 Violaceae　　**堇菜属 *Viola***

一年生草本，基生叶多数，丛生呈莲座状。叶片卵形或卵状长圆形，先端钝或稍尖，基部宽楔形或截形；叶柄长 2～4.5 cm，具明显的翅，通常有毛。花较小，淡紫色或浅黄色，具长梗，生于基生叶或匍匐枝叶丛的叶腋间；花梗纤细，侧方花瓣倒卵形或长圆状倒卵形，长 6～8 mm，无须毛，下方花瓣连距长约 6 mm；子房无毛，花柱棍棒状。蒴果长圆形，无毛。种子卵形，褐色，长约 1 mm。花期 3—5 月，果期 5—8 月。国内产于浙江、台湾及西南南部；国外南亚北部、东南亚南部及日本也有分布。生长于山地林下、林缘、草坡、溪谷旁、岩石缝隙中。全草入药。

10×
1 000 μm

鸡蛋果 *Passiflora edulis* Sims

俗名：百香果、紫果西番莲、洋石榴

西番莲科 Passifloraceae　　**西番莲属 *Passiflora***

草质藤本，茎无毛。叶纸质，长6～13 cm，宽8～14 cm，先端短渐尖，基部楔形或近心形，掌状3深裂，裂片有锯齿，两面无毛；叶柄长2～3 cm，近顶端有2腺体，托叶线状披针形，长0.5～1 cm。聚伞花序有1花；花芳香，白色，径约5 cm；花梗长3～5 cm；苞片和小苞片宽卵形或菱形，长约1.5 cm；萼片长圆形，长2～3 cm，背面近顶端具角状附属物；花瓣披针形，与萼片近等长；副花冠裂片4～5轮，外2轮丝状，与花瓣近等长，内2～3轮极短；内花冠皱褶，长1～1.5 mm；雌雄蕊柄长1～1.2 cm；雄蕊5，被短毛；柱头肾形，花柱基部被短毛，子房倒卵球形。浆果卵球形，长5～7 cm，径约5 cm，果皮坚硬。种子多数，尖卵形，长约5 mm，棕黑色，表面具凹斑。果可生食或作蔬菜。

蓖麻 *Ricinus communis* L.

俗名：大麻子、老麻了、草麻

大戟科 Euphorbiaceae　　**蓖麻属 *Ricinus***

一年生粗壮草本或草质灌木，高达 5 m；小枝、叶和花序通常被白霜，茎多液汁。叶轮廓近圆形，长和宽达 40 cm 或更大，掌状 7～11 裂，裂缺几达中部，裂片卵状长圆形或披针形，顶端急尖或渐尖，边缘具锯齿；掌状脉 7～11 条。总状花序或圆锥花序，长 15～30 cm 或更长；雄花萼片卵状三角形，长 7～10 mm；雄蕊束众多；雌花萼片卵状披针形，长 5～8 mm，凋落；子房卵状，直径约 5 mm，密生软刺或无刺，花柱红色，长约 4 mm，顶部 2 裂，密生乳头状突起。蒴果卵球形或近球形，长 1.5～2.5 cm，果皮具软刺或平滑。种子椭圆形，微扁平，长 8～18 mm，平滑，斑纹淡褐色或灰白色；种阜大。花期几全年或 6—9 月。广布于全世界热带地区或栽培于热带至温带各国；我国华南和西南地区村旁疏林或河流两岸冲积地常逸为野生。

斑地锦草 *Euphorbia maculata* L.

俗名：斑地锦

大戟科 Euphorbiaceae　　**大戟属 *Euphorbia***

一年生草本，根纤细，长 4～7 cm，直径约 2 mm；茎匍匐，长 10～17 cm，被白色疏柔毛。叶对生，长椭圆形至肾状长圆形，长 6～12 mm，宽 2～4 mm，先端钝，基部偏斜；叶面绿色，中部常具 1 个长圆形的紫色斑点，叶背淡绿色或灰绿色，新鲜时可见紫色斑，干时不清楚，两面无毛；叶柄极短，长约 1 mm；托叶钻状，不分裂，边缘具睫毛。花序单生于叶腋，基部具短柄。蒴果三角状卵形，长约 2 mm，直径约 2 mm，被稀疏柔毛，成熟时易分裂为 3 个分果爿。种子卵状四棱形，长约 1 mm，径约 0.7 mm，灰色或灰棕色，每个棱面具 5 个横沟，无种阜。花果期 4—9 月。原产北美洲，归化于欧亚大陆；国内分布于江苏、江西、浙江、湖北、河南、河北和台湾。常生长于平原或低山坡的路旁。

飞扬草 *Euphorbia hirta* L.

俗名：飞相草、乳籽草、大飞扬

大戟科 Euphorbiaceae　　**大戟属 *Euphorbia***

一年生草本，常不分枝，高达 60（～70）cm，被褐色或黄褐色粗硬毛。叶对生，披针状长圆形、长椭圆状卵形或卵状披针形，长 1～5 cm，中上部有细齿，中下部较少或全缘，叶背有时具紫斑，两面被柔毛；叶柄极短。花序多数，于叶腋处密集成头状，无梗或具极短梗，被柔毛；总苞钟状，被柔毛，边缘 5 裂，裂片三角状卵形，腺体 4，近杯状，边缘具白色倒三角形附属物；雄花数枚，微达总苞边缘；雌花 1，具短梗，伸出总苞；子房三棱状，被疏柔毛；花柱分离。蒴果三棱状，长与径均 1～1.5 mm，被短柔毛。种子长椭圆形，长 0.5～0.8 mm，具 4 棱，棱面数个纵槽，无种阜。花果期 6—12 月。国内分布于江西、湖南、福建、台湾、广东、广西、海南、四川、贵州和云南；国外分布于世界热带和亚热带地区。常生长于路旁、草丛、灌丛及山坡，多见于砂质土。

千根草 *Euphorbia thymifolia* L.

俗名：小飞扬、细叶小锦草

大戟科 Euphorbiaceae　　**大戟属 *Euphorbia***

一年生草本，根纤细，长约 10 cm，具多数不定根；茎纤细，常匍匐状，基部极多分枝，长达 20 cm，疏被柔毛。叶对生，椭圆形、长圆形或倒卵形，长 4～8 mm，先端圆，基部偏斜，圆或近心形，有细齿，稀全缘，绿或淡红色，两面常疏被柔毛；叶柄长约 1 mm。花序单生或数序簇生叶腋，具短梗，疏被柔毛；总苞窄钟状或陀螺状，外面疏被柔毛，边缘 5 裂，裂片卵形，腺体 4，被白色附属物；雄花少数，微伸出总苞边缘；雌花 1，子房柄极短，子房被贴伏短柔毛，花柱分离。蒴果卵状三棱形，长约 1.5 mm，被贴伏短柔毛，熟时不完全伸出总苞。种子长卵状四棱形，长约 0.7 mm，暗红色，每个棱面具 4～5 个横沟。花果期 6—11 月。国内分布于湖南、江苏、浙江、台湾、江西、福建、广东、广西、海南和云南；国外广布于世界热带和亚热带地区（澳大利亚除外）。常生于路旁、屋旁、草丛、稀疏灌丛等。

通奶草 *Euphorbia hypericifolia* L.

俗名：小飞扬草、南亚大戟

大戟科 Euphorbiaceae　　**大戟属 *Euphorbia***

一年生草本，茎直立，自基部分枝或不分枝，高 15～30 cm，无毛或被少许短柔毛。叶对生，狭长圆形或倒卵形，长 1～2.5 cm，宽 4～8 mm，先端钝或圆，基部圆形，通常偏斜，不对称，边缘全缘或基部以上具细锯齿，有时略带紫红色，两面被稀疏的柔毛；叶柄极短；托叶三角形。花序数个簇生于叶腋或枝顶，每个花序基部具纤细的柄，柄长 3～5 mm；总苞陀螺状，高与直径各约 1 mm 或稍大；边缘 5 裂，裂片卵状三角形。雄花数枚，微伸出总苞外；雌花 1 枚，子房柄长于总苞；花柱 3，分离；柱头 2 浅裂。蒴果三棱状，长约 1.5 mm，直径约 2 mm，无毛，成熟时分裂为 3 个分果爿。种子卵棱状，灰黑色，长约 1.2 mm，径约 0.8 mm，每个棱面具数个皱纹，无种阜。花果期 8—12 月。国内产于长江以南的江西、台湾、湖南、广东、广西、海南、四川、贵州和云南；国外广布于世界热带和亚热带地区。生于旷野荒地，路旁，灌丛及田间。全草入药，通奶。

麻风树 *Jatropha curcas* L.

俗名：芙蓉树、小桐子、臭油桐、膏桐、麻疯树

大戟科 Euphorbiaceae　　**麻风树属 *Jatropha***

灌木或小乔木，高 2～5 m，具水状液汁，树皮平滑；枝条苍灰色，无毛，疏生突起皮孔，髓部大。叶纸质，近圆形至卵圆形，长 7～18 cm，宽 6～16 cm，顶端短尖，基部心形，全缘或 3～5 浅裂，叶正面亮绿色，无毛，叶背灰绿色，初沿脉被微柔毛，后变无毛；掌状脉 5～7；叶柄长 6～18 cm；托叶小。花序腋生，长 6～10 cm，苞片披针形，长 4～8 mm；雄花：萼片 5 枚，长约 4 mm，基部合生；花瓣长圆形，黄绿色，长约 6 mm，合生至中部，内面被毛；腺体 5 枚，近圆柱状；雄蕊 10 枚，外轮 5 枚离生，内轮花丝下部合生；雌花：花梗花后伸长，萼片离生，花后长约 6 mm；花瓣和腺体与雄花同；子房 3 室，无毛，花柱顶端 2 裂。蒴果椭圆状或球形，长 2.5～3 cm，黄色。种子椭圆状，长 1.5～2 cm，黑色。花期 9—10 月。原产美洲热带，现广布于全球热带地区；我国福建、台湾、广东、海南、广西、贵州、四川、云南等地有栽培或少量逸为野生。果实含油率高达 60%，为绿色能源树种。

棉叶珊瑚花 *Jatropha gossypiifolia* L.

俗名：红叶麻风树、棉叶木花生、棉叶麻风树

大戟科 Euphorbiaceae　　**麻风树属 *Jatropha***

多年生落叶灌木或小乔木，株高 2～6 m；树皮光滑，苍白色，具乳汁，无毛。全株有毒。嫩叶紫红色，渐变绿色，叶背紫红色；单叶互生，近革质，掌状深裂 3 或 4，裂片线状披针形或羽状，叶缘具锯齿，叶柄长 10～25 cm，具刚毛，紫红色；托叶细裂为刚毛状，长约 2 cm。花红色，雄花花瓣长约 4 mm，雌花花瓣长 6～7 mm。聚伞花序，腋生；花总梗长，被毛，中部以上分枝。雄花萼长 2～3 mm，裂片 5 枚，近圆形，无毛；雌花萼同；雄花瓣 5 枚，匙形；雌花同；花单性，雌雄同株；花期 7—12 月。蒴果近球形，径约 2.5 cm，嫩果绿色，成熟时裂成 3 个 2 瓣裂的分果爿。种子 3 颗，成熟后为黑色，椭圆形，长约 0.6 cm。原产美洲，现产于热带和亚热带地区。传统药用和观赏植物。

石栗 *Aleurites moluccanus* (L.) Willd.

俗名：烛果树、黑桐油树、铁桐、油果、检果、油桃、海胡桃、南洋石栗

大戟科 Euphorbiaceae　　**石栗属** *Aleurites*

常绿乔木，株高达 20 m；幼枝密被灰褐色星状柔毛。叶卵形或椭圆状披针形，长 14～20 cm，全缘或浅裂，幼叶两面被星状柔毛，老叶正面无毛，叶背疏生微毛或近无毛，基出脉 3～5，叶柄长 6～12 cm，密被星状柔毛，顶端有 2 扁圆形腺体。花序长 15～20 cm；花萼 2～3 裂，密被微毛，花瓣长圆形，乳白色至乳黄色雄花雄蕊 15～20，3～4 轮；雌花花柱 2，2 深裂。核果径 3～6 cm，种子 1～2 颗，径 2～3 cm，种皮坚硬。原产于马来西亚及夏威夷群岛，大多数热带国家均有种植；我国广东、海南、广西及云南等地有栽培。

山乌桕 *Triadica cochinchinensis* Loureiro

俗名：红心乌桕

| **大戟科 Euphorbiaceae** | **乌桕属 *Triadica*** |

乔木或灌木，株高 3～12 m，各部均无毛。叶互生，纸质，嫩时呈淡红色，叶片椭圆形或长卵形，长 4～10 cm，宽 2.5～5 cm，顶端钝或短渐尖，基部短狭或楔形，背面近缘常有数个圆形的腺体；中脉在两面均凸起，于背面尤著；叶柄纤细，长 2～7.5 cm，顶端具 2 毗连的腺体。花单性，雌雄同株，密集成长 4～9 cm 的顶生总状花序，雌花生于花序轴下部，雄花生于花序轴上部或有时整个花序全为雄花。雄花花梗丝状，长 1～3 mm；苞片卵形，顶端锐尖，每一苞片内有 5～7 朵花；雄蕊 2 枚，花丝短，花药球形。雌花花梗粗壮，圆柱形，长约 5 mm；每一苞片内仅有 1 朵花；花萼 3 深裂几达基部，裂片三角形；子房卵形，3 室，花柱粗壮，柱头 3，外反。蒴果黑色，球形，径 1～1.5 cm，分果爿脱落后而中轴宿存。种子近球形，径 4～5 mm，褐色，薄被蜡质假种皮。花期 4—6 月。我国广布于云南、四川、贵州、湖南、广西、广东、江西、安徽、福建、浙江、台湾等地；印度、缅甸、老挝、越南、马来西亚及印度尼西亚也有。常生于山谷或山坡混交林中。

乌桕 *Triadica sebifera* (Linnaeus) Small

俗名：木子树、桕子树、腊子树、糠桕、多果乌桕、桂林乌桕

大戟科 Euphorbiaceae　　**乌桕属 *Triadica***

乔木，高达 15 m，各部均无毛而具乳状汁液。树皮暗灰色，有纵裂纹；枝广展，具皮孔。叶互生，纸质，叶片菱形、菱状卵形或稀有菱状倒卵形，长 3～8 cm，宽 3～9 cm，顶端骤然紧缩具长短不等的尖头，基部阔楔形或钝；叶柄纤细，长 2.5～6 cm，顶端具 2 腺体。花单性，雌雄同株，聚集成顶生、长 6～12 cm 的总状花序，雌花通常生于花序轴最下部，雄花生于花序轴上部或有时整个花序全为雄花。花梗纤细，向上渐粗；苞片阔卵形，约 2 mm，顶端略尖，每一苞片内具 10～15 朵花；小苞片 3，边缘撕裂状；花萼杯状，3 浅裂，裂片钝，具不规则的细齿；雄蕊 2 枚，伸出于花萼之外，花丝分离，与球状花药近等长。雌花花梗粗壮，苞片深 3 裂，每一苞片内 1 朵雌花；花萼 3 深裂；子房卵球形，平滑，3 室，花柱 3，基部合生，柱头外卷。蒴果梨状球形，成熟时黑色，径 1～1.5 cm。具种子 3 颗，扁球形，长约 8 mm，宽 6～7 mm，外被白色、蜡质的假种皮。花期 4—8 月。我国主要分布于黄河以南，北达陕西、甘肃；日本、越南、印度也有分布。生于旷野、塘边或疏林中。

8×
1 000 μm

白背叶 *Mallotus apelta* (Lour.) Müll. Arg.

俗名：雄株、白苞仔、白背木、白面虎、白吊栗、野桐、白面戟

大戟科 Euphorbiaceae   **野桐属 *Mallotus***

小乔木或灌木状。叶互生，卵形或宽卵形，长宽均 6～16（～25）cm，先端骤尖或渐尖，基部平截或稍心形，疏生齿，叶背被灰白色星状绒毛，散生橙黄色腺体，基脉 5 出，侧脉 6～7 对；叶柄长 5～15 cm。穗状花序或雄花序有时为圆锥状，长 15～30 cm；雄花苞片卵形，长约 1.5 mm；花梗长 1～2.5 mm；花萼裂片 4，卵形或三角形，长约 3 mm；雄蕊 50～75；雌花苞片近三角形，长约 2 mm；花梗极短。蒴果近球形，密生长 0.5～1 cm 线形软刺，密被灰白色星状毛。种子长卵形，长 3～5 mm，棕黑色。花期 6—9 月，果期 8—11 月。我国产于云南、广西、湖南、江西、福建、广东和海南。生于海拔 30～1 000 m 的山坡或山谷灌丛中。

木油桐 *Vernicia montana* Lour.

俗名：千年桐、油桐、广东油桐、皱桐、龟背桐

大戟科 Euphorbiaceae　　**油桐属 *Vernicia***

落叶乔木，株高达20 m。叶宽卵形，长8~20 cm，先端短尖或渐尖，基部心形或平截，全缘或2~5浅裂，老叶下面沿脉被柔毛，掌状脉5；叶柄无毛，长7~17 cm，顶端有2具柄杯状腺体。花序生于当年已发叶枝条，雌雄异株或同株异序；萼无毛，2~3裂，花瓣白色或基部紫红色，有紫红脉纹；雄花雄蕊8~10，2轮；雌花子房密被褐色毛。核果卵球状，径3~5 cm，具3纵棱，有网状皱纹。种子3，扁球形，长2~3 cm，种皮厚，有疣突。花期3—5月，果期8—9月。国内分布于浙江、江西、福建、台湾、湖南、广东、海南、广西、贵州、云南等地；国外分布于越南、泰国、缅甸。常生于海拔1 300 m的疏林中。重要的工业油料植物。

秋枫 *Bischofia javanica* Blume

俗名：茄冬、秋风子、大秋枫、红桐、过冬梨、朱桐树、乌杨

叶下珠科 Phyllanthaceae　　**秋枫属 *Bischofia***

常绿或半常绿大乔木，高达 40 m，胸径可达 2.3 m；树干圆满通直，树皮灰褐色至棕褐色，厚约 1 cm，近平滑，老树皮粗糙。三出复叶，总叶柄长 8~20 cm；小叶片纸质，卵形、椭圆形、倒卵形或椭圆状卵形，长 7~15 cm，宽 4~8 cm，顶端急尖或短尾状渐尖，基部宽楔形至钝，边缘有浅锯齿；顶生小叶柄长 2~5 cm，侧生小叶柄长 5~20 mm。花小，雌雄异株，多朵组成腋生的圆锥花序；雄花序长 8~13 cm；雌花序长 15~27 cm，下垂；雄花径达 2.5 mm，花丝短，退化雌蕊小，盾状，被短柔毛；雌花萼片长圆状卵形，内面凹成勺状，外面被疏微柔毛。果实浆果状，圆球形或近圆球形，径 6~13 mm，淡褐色。种子三角状长圆形，长约 5 mm，褐色。花期 4—5 月，果期 8—10 月。我国产于陕西、江苏、安徽、浙江、江西、福建、台湾、河南、湖北、湖南、广东、海南、广西、四川、贵州、云南等地。常生于海拔 800 m 以下山地潮湿沟谷林中或平原栽培，以河边堤岸或行道树为多。

土蜜树 *Bridelia tomentosa* Bl.

俗名： 猪牙木、夹骨木、逼迫子、逼迫仔

叶下珠科 Phyllanthaceae　　**土蜜树属 *Bridelia***

灌木或小乔木。叶纸质，长椭圆形，长 3~9 cm，侧脉 9~12 对；叶柄长 3~5 mm。花簇生叶腋；雄花花梗极短；萼片三角形，长约 1.2 mm；花丝下部与退化雌蕊贴生；雌花几无花梗，萼片三角形，长和宽约 1 mm；花瓣倒卵形或匙形。核果近球形，径 4~7 mm。种子褐红色，卵形，长 2~3 mm。花果期几全年。国内分布于福建、台湾、广东、海南、广西和云南；国外分布于亚洲东南部、马来西亚至澳大利亚。生于海拔 100~1 500 m 山地疏林中或平原灌木林中。

8×
1 000 μm

黄珠子草 *Phyllanthus virgatus* G. Forst.

俗名： 珍珠草、鱼骨草

叶下珠科 Phyllanthaceae　　**叶下珠属 *Phyllanthus***

一年生草本，株高达 60 cm，枝条常自基部发出。叶近革质，线状披针形，几无叶柄，托叶膜质，卵状三角形。常 2~4 朵雄花和 1 朵雌花簇生叶腋；雄蕊 3，花丝分离。蒴果扁球形，径 2~3 mm，紫红色；具宿萼。种子半圆形，长约 1 mm，黄褐色，有纵纹。花期 4—5 月，果期 6—11 月。国内分布于陕西、华东、华中、华南和西南等地；国外分布于印度、东南亚到澳大利亚（昆士兰州）和太平洋沿岸。常生于 100~1 350 m 的山地草坡、沟边草丛或路旁灌丛中。

10×
1 000 μm

算盘子 *Glochidion puberum* (L.) Hutch.

俗名：算盘珠、野南瓜

叶下珠科 Phyllanthaceae　　**算盘子属 *Glochidion***

灌木，全株大部密被柔毛。叶长圆形、长卵形或倒卵状长圆形，长 3～8 cm，基部楔形，叶正面灰绿色，中脉被疏柔毛，叶背粉绿色，侧脉 5～7 对，网脉明显；叶柄长 1～3 mm，托叶三角形。雌雄同株或异株，2～5 朵簇生叶腋，雄花束常生于小枝下部，雌花束在上部，有时雌花和雄花同生于叶腋；雄花花梗长 0.4～1.5 cm；萼片 6，窄长圆形或长圆状倒卵形，长 2.5～3.5 mm；雄蕊 3，合生成圆柱状；雌花花梗长约 1 mm；花柱合生呈环状。蒴果扁球状，熟时带红色，花柱宿存。种子不规则卵状，长约 3 mm。花期 4—8 月，果期 7—11 月。产于陕西和甘肃南部、华东、华中、华南及西南各省。常生于海拔 300～2 200 m 的山坡、溪旁灌木丛中或林缘。果实、根、叶入药，具清热解毒的功效。

牻牛儿苗目 Geraniales

野老鹳草 *Geranium carolinianum* L.

俗名：无

牻牛儿苗科 Geraniaceae　　**老鹳草属 *Geranium***

一年生草本，株高 20～60 cm，茎直立或仰卧，单一或多数，具棱角，密被倒向短柔毛。基生叶早枯，茎生叶互生或最上部对生；托叶披针形或三角状披针形，长 5～7 mm，宽 1.5～2.5 mm，外被短柔毛；茎下部叶具长柄，柄长为叶片的 2～3 倍，被倒向短柔毛，上部叶柄渐短；叶片圆肾形，长 2～3 cm，宽 4～6 cm，基部心形，掌状 5～7 裂近基部，裂片楔状倒卵形或菱形，下部楔形、全缘，上部羽状深裂，小裂片条状矩圆形，先端急尖，表面被短伏毛。花序腋生和顶生，长于叶，被倒生短毛和开展长腺毛，每花序梗具 2 花，花序梗常数个簇生茎端，花序呈伞形；萼片长卵形或近椭圆形，长 5～7 mm，被柔毛或沿脉被开展糙毛和腺毛；花瓣淡紫红色，倒卵形，稍长于萼，先端圆，雄蕊稍短于萼片。蒴果长约 2 cm，被糙毛。种子长椭圆形，长 2～2.5 mm，腹部具沟，酒红色。花期 4—7 月，果期 5—9 月。原产美洲，我国为逸生，分布于山东、安徽、江苏、浙江、江西、湖南、湖北、四川和云南。常生于平原和低山荒坡杂草丛中。全草入药，有祛风收敛和止泻之效。

《 桃金娘目 》 Myrtales

阿江榄仁 *Terminalia arjuna* (Roxb. ex DC.) Wight & Arn.

俗名：三果木、柳叶榄仁

使君子科 Combretaceae　　**榄仁属 *Terminalia***

落叶大乔木，落叶前变为黄棕色，高达 25 m，树皮斑驳，片状剥落，具有板根。叶片长卵形，互生近对生；叶片矩状椭圆形，薄革质，无毛，基部不对称，叶缘具钝锯齿，顶端钝形或钝尖，基部圆形或心形。花两性，总状花序，呈黄白色，花萼钟状，5 裂，无花瓣。闭合果，近球形，长 4～6 cm，果皮坚硬，纤维状木质，有 5 条硬的纵翅。花期 3—6 月，果期 9—11 月。原产于印度及东南亚地区，我国福建、广东、广西等地有栽培。城镇园林景观树。

榄仁 *Terminalia catappa* L.

俗名：山枇杷树、大叶榄仁、榄仁树

使君子科 Combretaceae　　**榄仁属 *Terminalia***

大乔木，高 15 m 或更高，树皮褐黑色，纵裂而剥落状；枝平展，近顶部密被棕黄色的绒毛，具密而明显的叶痕。叶大，互生，常密集于枝顶，叶片倒卵形，长 12～22 cm，宽 8～15 cm，先端钝圆或短尖，中部以下渐狭，基部截形或狭心形；叶柄短而粗壮，长 10～15 mm，被毛。穗状花序长而纤细，腋生，长 15～20 cm，雄花生于上部，两性花生于下部；花多数，绿色或白色，长约 10 mm；雄蕊 10 枚，长约 2.5 mm，伸出萼外；花盘由 5 个腺体组成，被白色粗毛；子房圆锥形，花柱单一，粗壮；胚珠 2 颗，倒悬于室顶。果椭圆形，常稍压扁，具 2 棱，棱上具翅状的狭边，长 3～4.5 cm，宽 2.5～3.1 cm，厚约 2 cm，两端稍渐尖，果皮木质，坚硬，无毛，成熟时青黑色。种子 1 颗，矩圆形，含油质。花期 3—6 月，果期 7—9 月。我国产于广东、台湾、云南（东南部）；马来西亚、越南、印度、大洋洲均有分布，南美热带海岸也很常见。常生于气候湿热的海边沙滩上。多栽培作行道树。

卵果榄仁 *Terminalia muelleri* Benth.

俗名：莫氏榄仁、澳洲榄仁

使君子科 Combretaceae　　**榄仁属 *Terminalia***

落叶乔木，高达 5 m，树干通直，分枝均匀、层次分明。叶薄革质，互生并集生枝顶，倒卵形，长约 10 cm，宽约 6 cm，全缘，落叶前变为红色。穗状花序，顶生或腋生，直立或斜立，花小，径约 1 cm，花瓣肉厚，白色带红色。果实熟时蓝色，长 3 cm。种子椭圆形，长约 2 cm。花期夏季。原产美洲，国内广东等地有栽培。树性强健，生长迅速，喜光，喜高温多湿。树形优美，树冠开展。

小叶榄仁 *Terminalia neotaliala* Capuron

俗名：细叶榄仁、非洲榄仁、雨伞树

使君子科 Combretaceae　　**榄仁属 *Terminalia***

常绿乔木，株高 10～15 m，主干直立，冠幅 2～5 m，侧枝轮生呈水平展开，树冠层伞形，层次分明，质感轻细。叶倒卵状披针形，4～7 枚轮生，全缘，侧脉 4～6 对。花小而不显著，穗状花序腋生，花两性，花萼 5 裂，无花瓣，雄蕊 10，2 轮排列，着生于萼管上；子房下位，1 室，胚珠 2 个，花柱单生伸出。核果纺锤形；种子 1 粒，长约 1.5 cm。原产非洲，现我国华南各地有栽培，为优良海岸树种和行道树。

石榴 *Punica granatum* L.

俗名：若榴木、丹若、山力叶、安石榴、花石榴

千屈菜科 Lythraceae　　**石榴属 *Punica***

落叶灌木或乔木，高通常3～5 m，稀达10 m；枝顶常成尖锐长刺，幼枝具棱角，无毛，老枝近圆柱形。叶通常对生，纸质，矩圆状披针形，长2～9 cm，顶端短尖、钝尖或微凹，基部短尖至稍钝形，上面光亮，侧脉稍细密；叶柄短。花大，1～5朵生枝顶；萼筒长2～3 cm，通常红色或淡黄色，裂片略外展，卵状三角形，长8～13 mm，外面近顶端有1黄绿色腺体，边缘有小乳突；花瓣通常大，红色、黄色或白色，长1.5～3 cm，宽1～2 cm，顶端圆形；花丝无毛，长达13 mm；花柱长超过雄蕊。浆果近球形，直径5～12 cm，通常为淡黄褐色或淡黄绿色，有时白色，稀暗紫色。种子多数，钝角形，长0.5～0.9 cm，红色至乳白色，肉质的外种皮供食用。原产巴尔干半岛至伊朗及其邻近地区，全世界的温带和热带都有种植。

虾子花 *Woodfordia fruticosa* (L.) Kurz

俗名：虾仔花

千屈菜科 Lythraceae　　**虾子花属 *Woodfordia***

灌木，高3～5 m，有长而披散的分枝；幼枝有短柔毛，后脱落；分枝长而披散，幼枝被柔毛，后渐脱落。叶对生，近革质，披针形或卵状披针形，长3～14 cm，宽1～4 cm，顶端渐尖，基部圆形或心形，叶正面通常无毛，叶背被灰白色短柔毛，且具黑色腺点。1～15花组成短聚伞状圆锥花序，长约3 cm，被短柔毛；花梗长3～5 mm；萼筒花瓶状，鲜红色，长9～15 mm，裂片矩圆状卵形，长约2 mm；花瓣小而薄，淡黄色，线状披针形，与花萼裂片等长；雄蕊12，突出萼外；子房矩圆形，2室，花柱细长，超过雄蕊。蒴果膜质，线状长椭圆形，长约7 mm，开裂成2果瓣。种子甚小，卵状或圆锥形，长0.7～1 mm，宽0.3～0.5 mm，棕黄色。花期春季。国内分布于广东、广西及云南，常生于山坡路旁；国外分布于越南、缅甸、印度、斯里兰卡、印度尼西亚及马达加斯加。

大花紫薇 *Lagerstroemia speciosa* (L.) Pers.

俗名：百日红、大叶紫薇

千屈菜科 Lythraceae   **紫薇属 *Lagerstroemia***

大乔木，高达 25 m；树皮灰色，平滑；小枝圆柱形，无毛或微被糠粃状毛。叶革质，长圆状椭圆形或卵状椭圆形，稀披针形，长 10～25 cm，先端钝或短尖，基部宽楔形或圆，两面无毛，侧脉 9～17 对，在叶缘弯拱连接；叶柄粗，长 0.6～1.5 cm。花淡红或紫色，径 5 cm；顶生圆锥花序长 15～25（～46）cm；花梗长 1～1.5 cm，花序轴、花梗及花萼外面均被黄褐色糠粃状密毡毛；花萼有棱 12 条，被糠粃状毛，长约 1.3 cm，6 裂，裂片三角形，反曲，内面无毛，附属体鳞片状；花瓣 6，近圆形至长圆状倒卵形，长 2.5～3.5 cm，几不皱缩，爪长约 5 mm；雄蕊 100～200，近等长；子房球形，4～6 室，无毛，花柱长 2～3 cm。蒴果球形或倒卵状长圆形，长 2～3.8 cm，径约 2 cm，褐灰色，6 裂。种子多数，长扁状，长 1～1.5 cm。花期 5—7 月，果期 10—11 月。国内分布于广东、广西及福建；国外分布于斯里兰卡、印度、马来西亚、越南及菲律宾。庭园栽培观赏树种。

紫薇 *Lagerstroemia indica* L.

俗名：千日红、无皮树、百日红、西洋水杨梅、蚊子花、紫兰花、紫金花、痒痒树、痒痒花

千屈菜科 Lythraceae　　**紫薇属 *Lagerstroemia***

落叶灌木或小乔木，高达7 m；树皮平滑，灰或灰褐色；小枝具4棱，略成翅状。叶互生或有时对生，纸质，椭圆形、宽长圆形或倒卵形，长2.5~7 cm，先端短尖或钝，有时微凹，基部宽楔形或近圆，无毛或下面沿中脉有微柔毛，侧脉3~7对；无柄或叶柄很短。花淡红、紫色或白色，常组成顶生圆锥花序；花瓣6，皱缩，具长爪，雄蕊多枚，6枚着生于花萼上，显著较长，其余着生于萼筒基部。蒴果椭圆状球形或宽椭圆形，幼时绿色至黄色，成熟时或干后呈紫黑色。种子长扁形，长0.7~1 cm。花期6—9月，果期9—12月。原产亚洲，现广植于热带地区；国内广东、广西、湖南、福建、江西、浙江、江苏、湖北、河南、河北、山东、安徽、陕西、四川、云南、贵州及吉林均有生长或栽培。

丁香蓼 *Ludwigia prostrata* Roxb.

俗名：小疗药、小石榴叶、小石榴树

柳叶菜科 Onagraceae   **丁香蓼属 *Ludwigia***

一年生直立草本，茎高 25～60 cm，下部圆柱状，上部四棱形，常淡红色，近无毛；多分枝，小枝近水平开展。叶狭椭圆形，长 3～9 cm，宽 1.2～2.8 cm，先端锐尖或稍钝，基部狭楔形，在下部骤变窄，侧脉每侧 5～11 条，至近边缘渐消失，两面近无毛或幼时脉上疏生微柔毛；叶柄长 5～18 mm，稍具翅；托叶几乎全退化。萼片 4，三角状卵形至披针形，疏被微柔毛或近无毛；花瓣黄色，匙形，长 1.2～2 mm，先端近圆形，基部楔形，雄蕊 4；花药扁圆形；花柱长约 1 mm；柱头近卵状或球状。蒴果四棱形，长 1.2～2.3 cm，粗 1.5～2 mm，淡褐色，无毛，熟时迅速不规则室背开裂；果梗长 3～5 mm。种子呈一列横卧于每室内，离生，卵状，长 0.5～0.6 mm，径约 0.3 mm，顶端稍偏斜，具小尖头，表面有横条排成的棕褐色纵横条纹，种脐狭、线形。花期 6—7 月，果期 8—9 月。海南、广西与云南（南部）有分布，常生于海拔 100～700 m 的稻田、河滩、溪谷旁湿处。

毛草龙 *Ludwigia octovalvis* (Jacq.) Raven

俗名：扫锅草、水秧草、水龙、针筒刺、水丁香、草龙、草里金钗

柳叶菜科 Onagraceae　　**丁香蓼属 *Ludwigia***

多年生直立草本，有时基部木质化，高达 2 m；多分枝，稍具纵棱，常被伸展的黄褐色粗毛。叶披针形或线状披针形，长 4～12 cm，先端渐尖或长渐尖，基部渐窄，侧脉 9～17 对，两面被黄褐色粗毛；叶柄长达 5 mm 或无柄。萼片 4，卵形，长 6～9 mm，两面被粗毛；花瓣黄色，倒卵状楔形，长 0.7～1.4 cm，先端钝圆或微凹，基部楔形，侧脉 4～5 对；雄蕊 8；花药具四合花粉；花柱与雄蕊近等长，柱头近头状，4 浅裂；子房密被粗毛。蒴果圆柱状，具 8 条棱，长 2.5～3.5 cm，被粗毛，成熟时不规则室背开裂；果柄长 0.3～1 cm。种子每室多列，离生，近球形或倒卵圆形，一侧稍内陷，径 0.6～0.7 mm，种脊明显，具横条纹。花期 6—8 月，果期 8—11 月。国内产于江西、浙江、福建、台湾、广东、香港、海南、广西、云南。生于田边、湖塘边、沟谷旁及开旷湿润处。

假柳叶菜 *Ludwigia epilobioides* Maxim.

俗名：丁香蓼、黄花水丁蓼

柳叶菜科 Onagraceae　　**丁香蓼属 *Ludwigia***

一年生粗壮直立草本，茎高 30～150 cm，四棱形，带紫红色，多分枝，无毛或被微柔毛。叶狭椭圆形至狭披针形，长 3～10 cm，宽 0.7～2 cm，先端渐尖，基部狭楔形，叶柄长 4～13 mm；托叶很小，卵状三角形。花瓣黄色，倒卵形；雄蕊与萼片同数，花丝长 0.5～1 mm；花药宽长圆状，花柱粗短，柱头球状，径 0.6～0.8 mm，顶端微凹；花盘无毛。蒴果近无梗，长 1～2.8 cm，粗 1.2～2 mm，表面瘤状隆起，熟时淡褐色，内果皮增厚变硬成木栓质，表面变平滑，使果成圆柱状，每室有 1 或 2 列稀疏嵌埋于内果皮的种子；果皮薄，熟时不规则开裂。种子卵球状，径 0.4～0.7 mm，顶端具钝突尖头，基部偏斜，淡褐色，表面具红褐色纵条纹，其间有横向的细网纹。花期 8—10 月，果期 9—11 月。分布于我国中东部各省以及西南部的四川、贵州、云南；日本、朝鲜半岛、俄罗斯（远东地区）、越南也有分布。生于湖、塘、稻田、溪边等湿润处。

10×
1 000 μm

20×
500 μm

柳叶菜 *Epilobium hirsutum* L.

俗名：鸡脚参、水朝阳花

柳叶菜科 Onagraceae　　**柳叶菜属 *Epilobium***

多年生粗壮草本，茎高 25～120（～250）cm，常在中上部多分枝，周围密被伸展长柔毛，常混生较短而直的腺毛。叶草质，对生，茎上部的互生，无柄；茎生叶披针状椭圆形至狭倒卵形或椭圆形，稀狭披针形，长 4～12（～20）cm，宽 0.3～3.5（～5）cm，先端锐尖至渐尖，基部近楔形，边缘每侧具 20～50 枚细锯齿，两面被长柔毛。总状花序直立，花蕾卵状长圆形；子房灰绿色至紫色，长 2～5 cm，密被长柔毛与短腺毛；花梗长 0.3～1.5 cm；花瓣常玫瑰红色，或粉红、紫红色，宽倒心形。蒴果长 2.5～9 cm，被毛；果梗长 0.5～2 cm。种子倒卵状，长 0.8～1.2 mm，径 0.35～0.6 mm，顶端具很短的喙，深褐色，表面具粗乳突。花期 6—8 月，果期 7—9 月。广布于欧亚大陆与非洲温带地区；在我国温带与热带省区以及四川、贵州、云南和西藏东部均有生长。生于海拔（150～）500～2 000 m 的河谷、溪流河床沙地或石砾地或沟边、湖边向阳湿处，也生于灌丛、荒坡、路旁。

桉 *Eucalyptus robusta* Smith

俗名：大叶有加利、大叶桉

桃金娘科 Myrtaceae　　**桉属 *Eucalyptus***

密荫大乔木，高 20 m；树皮宿存，深褐色，厚 2 cm，有不规则斜裂沟；幼枝有棱。幼态叶对生，叶片厚革质，长 11 cm，宽达 7 cm；成熟叶卵状披针形，厚革质，长 8～17 cm，宽 3～7 cm，侧脉多而明显，叶柄长 1.5～2.5 cm。伞形花序粗大，有 4～8 花；花梗长不及 4 mm，扁平；花蕾长 1.4～2 cm，宽 0.7～1 cm；萼筒半球形或倒圆锥形，长 7～9 mm，无棱；帽状体顶端收缩成喙；雄蕊长 1～1.2 cm，花药椭圆形，药室纵裂。蒴果卵状壶形，长 1～1.5 cm，上半部略收缩，蒴口稍扩大，果瓣 3～4，深藏于萼管内。种子小，不规则长块状，长 1 mm，宽 0.5 mm，亮黄色。花期 4—9 月。原产澳大利亚，我国西南部和南部有栽培。生于阳光充足的平原、山坡和路旁，喜温暖湿润气候。

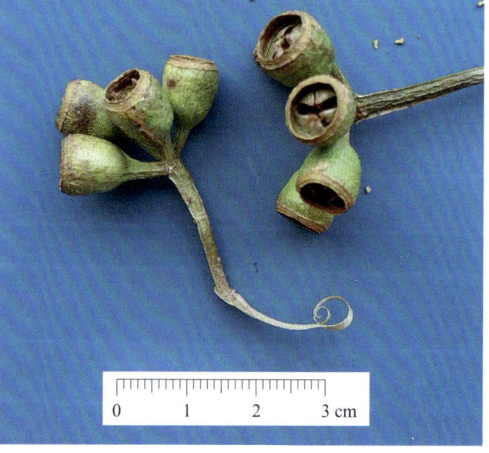

番石榴 *Psidium guajava* L.

俗名：芭乐、鸡屎果、拔子

桃金娘科 Myrtaceae　　**番石榴属 *Psidium***

灌木或小乔木，高达 10 m；树皮片状剥落；幼枝四棱形，被柔毛。叶长圆形或椭圆形，长 6～12 cm，先端急尖，基部近圆，叶背疏被毛，侧脉 12～15 对，在正面下陷，在叶背凸起，网脉明显，全缘；叶柄长 5 mm，疏被柔毛。花单生或 2～3 朵排成聚伞花序；萼筒钟形，长 6 mm，绿色，被灰色柔毛，萼帽近圆形，长 7～8 mm，不规则开裂；花瓣白色，长 1～1.4 cm；雄蕊长 6～9 mm；子房与萼筒合生，花柱与雄蕊近等长。浆果球形、卵圆形或梨形，长 3～8 cm，顶端有宿存萼片；果肉白或淡黄色，胎座肉质，淡红色。种子多数，肾形，长约 4 mm，白色或淡黄色。原产南美洲，我国华南各地栽培，常见有逸为野生种。分布在河谷、荒地或低丘陵上。果供食用；叶含挥发油及鞣质等，供药用。

红千层 *Callistemon rigidus* R. Br.

俗名：瓶刷木、金宝树、红瓶刷

桃金娘科 Myrtaceae　　**红千层属 *Callistemon***

小乔木；树皮坚硬，灰褐色；嫩枝有棱，初时有长丝毛，不久变无毛。叶片坚革质，线形，长 5～9 cm，宽 3～6 mm，先端尖锐，初时有丝毛，不久脱落，油腺点明显，干后突起，中脉在两面均突起，侧脉明显，边脉位于边上，突起；叶柄极短。穗状花序生于枝顶；萼管略被毛，萼齿半圆形，近膜质；花瓣绿色，卵形，长 6 mm，宽 4.5 mm，有油腺点；雄蕊长 2.5 cm，鲜红色，花药暗紫色，椭圆形；花柱比雄蕊稍长，先端绿色，其余红色。蒴果半球形，长 5 mm，宽 7 mm，先端平截，萼管口圆，果瓣稍下陷，3 片裂开，果爿脱落。种子小，不规则长块状，长 1 mm，宽 0.5 mm。花期 6—8 月。原产澳大利亚，我国多个地区有栽种。高级观花树、行道树、园林树、风景树。

金蒲桃 *Xanthostemon chrysanthus* (F. Muell.) Benth.

俗名：澳洲黄花树、黄金蒲桃

桃金娘科 Myrtaceae　　**金缨木属 *Xanthostemon***

常绿灌木或乔木，株高5～10 m。叶革质，宽披针形、披针形或倒披针形，对生、互生或簇生枝顶，叶色暗绿色，具光泽，全缘，新叶带有红色；搓揉后有番石榴气味。花金黄色，聚伞花序密集呈球状。蒴果，成熟时开裂。种子棕色，三角状倒卵形，径5～7 mm。原产自澳大利亚昆士兰的热带雨林中，国内分布于福建、广东等地，优良绿化景观树种。

蒲桃 *Syzygium jambos* (L.) Alston

俗名：广东葡桃

桃金娘科 Myrtaceae　　**蒲桃属 *Syzygium***

乔木，高达 10 m，主干短，多分枝。叶片革质，叶披针形或长圆形，长 12～25 cm，先端长渐尖，基部宽楔形，两面有透明腺点，侧脉 12～16 对，脉间相距 0.7～1 cm，网脉明显；叶柄长 6～8 mm。聚伞花序顶生，有花数朵，花序梗长 1～1.5 cm；花梗长 1～2 cm；花蕾梨形，顶端圆；花绿白色，径 3～4 cm；萼筒倒锥形，萼齿 4，宿存；花瓣 4，分离，长 1.4 cm；雄蕊长 2～2.8 cm，花药椭圆形，长 1.5 mm；花柱与雄蕊等长。果球形，径 3～5 cm，果皮肉质，成熟时黄色，有腺点。种子 1～2，球形，径 2～3 cm，多胚。花期 3—4 月，果期 5—6 月。国内产于台湾、福建、广东、广西、贵州、云南等地；国外分布于中南半岛、马来西亚、印度尼西亚等地。喜生河边及河谷湿地。华南常见野生，也有栽培供食用。果实可食用，为湿润热带地区良好的果树、庭园绿化树。

轮叶蒲桃 *Syzygium grijsii* (Hance) Merr. et Perry

俗名：小叶赤楠

桃金娘科 Myrtaceae　　**蒲桃属 *Syzygium***

灌木，高不及 1.5 m；嫩枝纤细，有 4 棱，干后黑褐色。叶片革质，细小，常 3 叶轮生，狭窄长圆形或狭披针形，长 1.5～2 cm，宽 5～7 mm，先端钝或略尖，基部楔形，叶正面干后暗褐色，无光泽，叶背稍浅色，多腺点，侧脉密，以 50°开角斜行，在叶背比叶正面明显，边脉极接近边缘；叶柄长 1～2 mm。聚伞花序顶生，长 1～1.5 cm，少花；花梗长 3～4 mm，花白色；萼管长 2 mm，萼齿极短；花瓣 4，分离，近圆形，长约 2 mm；雄蕊长约 5 mm；花柱与雄蕊同长。果实球形，直径 4～5 mm。种子通常 1～2 颗，球形，种皮多少与果皮黏合。花期 5—6 月。我国产于浙江、江西、福建、广东、广西。

水翁蒲桃 *Syzygium nervosum* DC.

俗名：大叶水榕树、水翁

桃金娘科 Myrtaceae　　**蒲桃属 *Syzygium***

乔木，高 15 m；树皮灰褐色，颇厚，树干多分枝；嫩枝压扁，有沟。叶片薄革质，长圆形至椭圆形，长 11～17 cm，宽 4.5～7 cm，先端急尖或渐尖，基部阔楔形或略圆，两面多透明腺点，侧脉 9～13 对，脉间相隔 8～9 mm，以 45°～65° 开角斜向上，网脉明显；叶柄长 1～2 cm。圆锥花序生于无叶的老枝上，长 6～12 cm；花无梗，2～3 朵簇生；花蕾卵形，长 5 mm，宽 3.5 mm；雄蕊长 5～8 mm；花柱长 3～5 mm。果实圆球状或梨形，长 10～12 mm，直径 10～14 mm，成熟时紫黑色，果皮光滑。种子 1～2 粒，种皮多少与果皮黏合，多胚。花期 5—6 月。国内产于广东、广西及云南等地；国外分布于中南半岛、印度、马来西亚、印度尼西亚及大洋洲等地。喜生水边。

乌墨 *Syzygium cumini* (L.) Skeels

俗名：海南蒲桃、乌楣、石棉果、十年果、羊屎果

桃金娘科 Myrtaceae　　**蒲桃属 *Syzygium***

乔木，高 15 m；嫩枝圆形，干后灰白色。叶片革质，阔椭圆形至狭椭圆形，长 6～12 cm，宽 3.5～7 cm，先端圆或钝，有一个短的尖头，基部阔楔形，稀为圆形，叶正面干后褐绿色或为黑褐色，略发亮，叶背稍浅色，两面多细小腺点，侧脉多而密，脉间相隔 1～2 mm，缓斜向边缘，离边缘 1 mm 处结合成边脉；叶柄长 1～2 cm。圆锥花序腋生或生于花枝上，偶有顶生，长可达 11 cm；有短花梗，花白色，3～5 朵簇生；萼管倒圆锥形，长 4 mm，萼齿很不明显；花瓣 4，卵形略圆，长 2.5 mm；雄蕊长 3～4 mm；花柱与雄蕊等长。果实黑蓝色，多汁，卵圆形或长椭圆形，长 1～2 cm，上部有长 1～1.5 mm 的宿存萼筒。种子 1 颗，长椭圆形，长 1～2 cm。花期 2—3 月。国内产于台湾、福建、广东、广西、云南等地；国外分布于中南半岛、马来西亚、印度、印度尼西亚、澳大利亚等地。常见于平地次生林及荒地上。果可食，优良观赏树种。

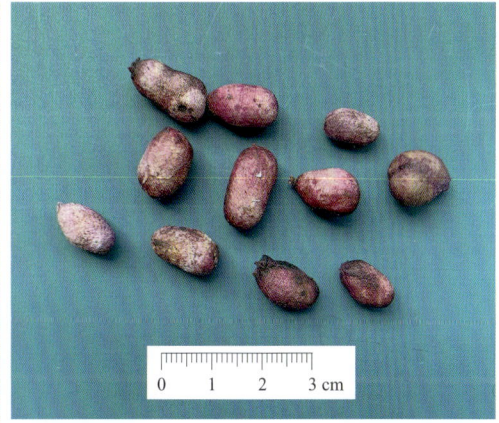

洋蒲桃 *Syzygium samarangense* (Blume) Merr. et Perry

俗名：莲雾、两雾、天桃、水蒲桃

桃金娘科 Myrtaceae　　**蒲桃属 *Syzygium***

乔木，高 12 m；嫩枝压扁。叶片薄革质，椭圆形至长圆形，长 10~22 cm，宽 5~8 cm，先端钝或稍尖，基部变狭，圆形或微心形，叶正面干后变黄褐色，叶背多细小腺点，侧脉 14~19 对，以 45°开角斜行向上，离边缘 5 mm 处互相结合成明显边脉，另在靠近边缘 1.5 mm 处有 1 条附加边脉，侧脉间相隔 6~10 mm，有明显网脉；叶柄极短，有时近于无柄。聚伞花序顶生或腋生，长 5~6 cm，有花数朵；花白色，花梗长约 5 mm；萼管倒圆锥形，长 7~8 mm，宽 6~7 mm，萼齿 4，半圆形，长 4 mm，宽加倍；雄蕊极多，长约 1.5 cm；花柱长 2.5~3 cm。果实梨形或圆锥形，肉质，洋红色，发亮，长 4~5 cm，顶部凹陷，有宿存的肉质萼片。种子 1 颗，近球形，径 0.7~1.5 cm。花期 3—4 月，果实 5—6 月成熟。原产马来西亚及印度，我国广东、台湾及广西有栽培。果可食用。

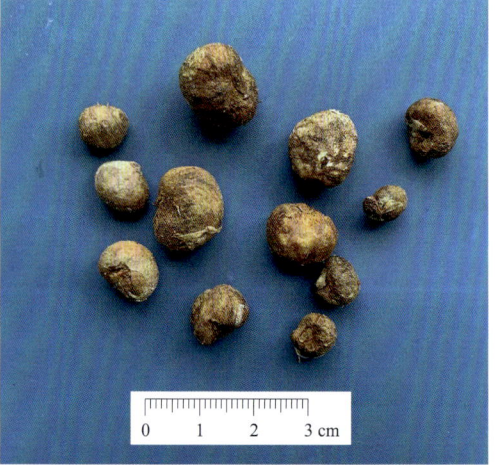

桃金娘 *Rhodomyrtus tomentosa* (Ait.) Hassk.

俗名：岗稔、山菍、多莲、当梨根、稔子树、豆稔

桃金娘科 Myrtaceae　　**桃金娘属 *Rhodomyrtus***

灌木，高达 2 m；幼枝密被柔毛。叶对生，椭圆形或倒卵形，长 3～8 cm，先端圆或钝，常微凹，基部宽楔形或楔形，叶正面无毛或仅幼时被毛，叶背被灰白色绒毛，离基 3 (～5) 出脉直达叶尖，侧脉每边 7～8；叶柄长 4～7 mm，被绒毛。花有长梗，常单生，紫红色，径 2～4 cm；萼筒倒卵形，长约 6 mm，有灰色绒毛，基部有 2 枚卵形小苞片，萼齿 5，近圆形，长 4～5 mm，宿存；花瓣 5，倒卵形，长 1.3～2 cm；外面被灰色绒毛；雄蕊红色，长 7～8 mm，花药圆形；子房下位，3 室，花柱长 1 cm，基部被绒毛，柱头头状。浆果卵状壶形，长 1.5～2 cm，熟时紫黑色，种子每室 2 列。种子扇形，长约 1.5 mm，棕黄色，具线状突起。花期 4—5 月，果实 7—8 月。国内分布于台湾、福建、广东、广西、云南、贵州及湖南最南部；国外分布于中南半岛、菲律宾、日本、印度、斯里兰卡、马来西亚及印度尼西亚等地。生长于丘陵坡地。果可食用；全株供药用。

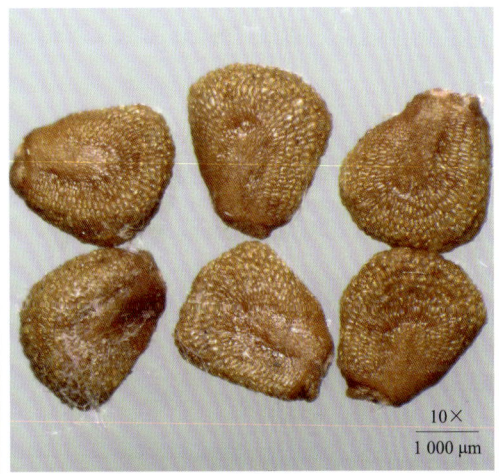

地棯 *Melastoma dodecandrum* Lour.

俗名：地棯、乌地梨、铺地锦、埔淡、地菍

野牡丹科 Melastomataceae　　**野牡丹属 *Melastoma***

匍匐小灌木，长 10～30 cm；茎匍匐上升，逐节生根，分枝多，披散，幼时疏被糙伏毛。叶卵形或椭圆形，先端急尖，基部宽楔形，长 1～4 cm，全缘或具密浅细锯齿，基出脉 3～5，上面通常仅边缘被糙伏毛，有时基出脉行间被 1～2 行疏糙伏毛，下面仅基出脉疏被糙伏毛；叶柄长 2～6（～15）mm，被糙伏毛。花萼管长约 5 mm，被糙伏毛，裂片披针形，疏被糙伏毛，具缘毛，裂片间具 1 小裂片；花瓣淡紫红或紫红色，菱状倒卵形，长 1.2～2 cm，先端有 1 束刺毛，疏被缘毛；子房顶端具刺毛。果坛状、球状，平截，近顶端略缢缩，肉质，不开裂，直径约 7 mm；宿存萼被疏糙伏毛。种子肾形，长 0.6～1 mm。花期 5—7 月，果期 7—9 月。分布于我国贵州、湖南、广西、广东、江西、浙江、福建等地。生于海拔 1 250 m 的山坡矮草丛中，为酸性土壤常见的植物。果可食；全株供药用。

16×
500 μm

印度野牡丹 *Melastoma malabathricum* L.

俗名：多花野牡丹、洋松子、麻叶花、鸡头肉、猪姑稔、肖野牡丹、展毛野牡丹、野牡丹

野牡丹科 Melastomataceae　　**野牡丹属 *Melastoma***

灌木，高 0.5～1 m；茎钝四棱形或近圆柱形，密被平展的长粗毛及短柔毛。叶卵形、椭圆形或椭圆状披针形，先端渐尖，基部圆或近心形，长 4～10.5 cm，全缘，基出脉 5，叶正面密被糙伏毛，叶背密被糙伏毛及密短柔毛；叶柄长 0.5～1 cm，密被糙伏毛。花梗长 2～5 mm，密被糙伏毛；花萼裂片披针形，与萼管等长或稍长于萼管，里面上部、外面及边缘均有鳞片状糙伏毛及短柔毛；花瓣紫红色，倒卵形，长约 2.7 cm，具缘毛；子房密被糙伏毛，顶端具 1 圈密刚毛。蒴果坛状球形，顶端平截，宿存花萼与果贴生，径 5～7 mm，密被鳞片状糙伏毛。种子镶于肉质胎座内，黄色或褐色，肾形，长 0.6～1 mm。花期春至夏初，果期秋季。国内分布于西藏、四川、福建至台湾以南各省区；国外分布在尼泊尔、印度、缅甸、马来西亚及菲律宾等地。生于海拔 150～2 800 m 的开旷山坡灌草丛中或疏林下，为酸性土壤常见植物。果可食；全草入药。

巴西野牡丹 *Tibouchina semidecandra* (Mart. et Schrank ex DC.) Cogn.

俗名：紫花野牡丹

野牡丹科 Melastomataceae　　**蒂牡花属 *Tibouchina***

　　常绿小灌木，高 0.5～1.5 m；枝条红褐色。叶对生，长椭圆形至披针形，两面具细绒毛，全缘，3～5 出脉。花顶生，大型，深紫蓝色；花萼 5，红色。蒴果杯状球形，径 5～7 mm，密被鳞片状糙伏毛。种子小，镶于肉质胎座上，黄色或褐色，肾形，长 0.4～0.7 mm。1 年可多次开花，以春夏季开花较为集中。原产巴西低海拔山区及平地，我国广东、福建、海南等地有引种。具观赏价值。

异药花 *Fordiophyton faberi* Stapf

俗名： 肥肉草、百花子、酸酒子、花肥肉草、光萼肥肉草、毛柄肥肉草、斑叶异药花

野牡丹科 Melastomataceae　　肥肉草属 *Fordiophyton*

草本或亚灌木，高 30～80 cm；茎四棱形，无毛。叶片卵状披针形，长 8～15 cm，宽 2～3.5 cm，基部浅心形，稀近楔形。不明显的聚伞花序或伞形花序，顶生；总梗长 1～3 cm，无毛；花萼长漏斗形，具 4 棱，长 1.4～1.5 cm，被腺毛及白色小腺点，具 8 脉，其中 4 脉明显，裂片长三角形或卵状三角形，长约 4.5 mm；花瓣红或紫红色，长圆形，长约 1.1 cm，外面被紧贴的疏糙伏毛及白色小腺点；雄蕊长者花丝长约 1.1 cm，花药长约 1.5 cm，弯曲；短者花丝长约 7 mm，花药长约 3 mm；子房顶端具膜质冠，冠檐具缘毛。蒴果倒圆锥形，顶孔 4 裂；宿存花萼与蒴果贴生，膜质冠伸出萼外，4 裂。种子小，镰刀状，长 0.6～0.8 mm，黄褐色。花期 8—9 月，果期约 6 月。我国分布于四川、贵州、云南等地。生于海拔 600～1 800 m 的林下、沟边或路边灌木丛中，以及岩石上潮湿的地方。全株入药，祛风除湿，活血。

无患子目 Sapindales

橄榄 *Canarium album* (Lour.) DC.

俗名：黄榄、青果、山榄、白榄、红榄

橄榄科 Burseraceae　　**橄榄属 *Canarium***

高大乔木，高达 25（～35）m；小枝径 5～6 mm，幼时被黄褐色绒毛，很快脱落；有托叶，仅芽时存在，着生于近叶柄基部的枝干上。小叶 3～6 对，纸质至革质，披针形或椭圆形（至卵形），长 6～14 cm，宽 2～5.5 cm，无毛或在背面叶脉上散生刚毛，背面有极细小疣状突起；先端渐尖至骤狭渐尖；基部楔形至圆形，偏斜，全缘；侧脉 12～16 对，中脉发达。花萼长 2.5～3 mm，雄花萼具 3 浅齿，雌花萼近平截；雄蕊 6，无毛。果序长 1.5～15 cm，具 1～6 果；果萼扁平，径 5 mm，萼齿外弯；果卵圆形或纺锤形，长 2.5～3.5 cm，无毛，黄绿色；外果皮厚，干时有皱纹；果核渐尖，梭形，长 2～2.5 cm，不育室稍退化。花期 4—5 月，果期 10—12 月。原产我国南方，福建、台湾、广东、广西、云南等地均有栽培。生于海拔 1 300 m 以下的沟谷和山坡杂木林中。果可生食或渍制；种仁可食，亦可榨油。

野漆 *Toxicodendron succedaneum* (L.) O. Kuntze

俗名：野漆树、山贼子、檫仔漆、漆木、痒漆树、山漆树、大木漆

漆树科 Anacardiaceae　　**漆树属 *Toxicodendron***

乔木；各部无毛；顶芽紫褐色，小枝粗。复叶长25～35 cm，具9～15小叶，叶轴及叶柄圆，叶柄长6～9 cm；小叶长圆状椭圆形或宽披针形，长5～16 cm，宽2～5.5 cm，先端渐尖，基部圆或宽楔形，叶背常被白粉，侧脉15～22对；小叶柄长2～5 mm。花黄绿色，径约2 mm；花梗长约2 mm；花萼裂片宽卵形，长约1 mm；花瓣长圆形，长约2 mm；雄蕊伸出，与花瓣等长。核果扁斜卵形，径0.7～1 cm，稍侧扁，不裂。国内分布于华北至长江以南各省区；国外分布于印度、中南半岛、朝鲜和日本。生于海拔（150～）300～1 500（～2 500）m的林中。

人面子 *Dracontomelon duperreanum* Pierre

俗名：银莲果、人面树

漆树科 Anacardiaceae   **人面子属 *Dracontomelon***

常绿大乔木，高达 25 m 或以上，具板根；幼枝被灰色绒毛。复叶长 30～45 cm，小叶 5～7 对，叶轴及叶柄疏被柔毛；小叶长圆形，两面沿中脉被微柔毛，叶背脉腋具髯毛，侧脉 8～9 对，侧脉及细脉两面凸起，小叶柄长 2～5 mm。花序长 10～23 cm，疏被灰色微柔毛；花白色；花梗长 2～3 mm，被微柔毛；萼片宽卵形或椭圆状卵形，长 3.5～4 mm，两面被灰黄色微柔毛；花瓣披针形或窄长圆形，长约 6 mm，具 3～5 暗褐色脉纹，花时外卷；花盘浅波状，无毛；花丝线形，无毛，长约 3.5 mm，花药长约 1.5 mm。核果黄色，扁球形，径 1.7～2.5 cm，上面盾状凹入，5 室，通常 1～2 室不育。种子 3～4 颗，表面有 5 个大小不同的眼，似人面。花期 4—5 月，果期 8 月。国内分布在广西和广东等地；国外分布于越南。生于海拔 93～350 m 的林中。庭园绿化的优良树种；果实、根皮、叶均可入药。

盐麸木 *Rhus chinensis* Mill.

俗名：盐肤木、肤连泡、盐酸白、盐肤子、肤杨树、山梧桐、五倍子

漆树科 Anacardiaceae　　**盐麸木属 *Rhus***

小乔木或灌木状；小枝被锈色柔毛。复叶具7～13小叶，叶轴具叶状宽翅，小叶椭圆形或卵状椭圆形，具粗锯齿。圆锥花序被锈色柔毛，雄花序较雌花序长；花白色，苞片披针形，花萼被微柔毛，裂片长卵形，花瓣倒卵状长圆形，外卷；雌花退化，雄蕊极短。核果红色，扁球形，径4～5 mm，被柔毛及腺毛。种子球形，径3～4 mm，褐色。花期8—9月，果期10月。我国除东北、内蒙古和新疆外，其余各省区均有分布；印度、马来西亚、印度尼西亚、日本和朝鲜亦有分布。生于海拔170～2 700 m的向阳山坡、沟谷、溪边的疏林或灌丛中。

倒地铃 *Cardiospermum halicacabum* L.

俗名：包袱草、野苦瓜、金丝苦楝藤、风船葛、鬼灯笼

无患子科 Sapindaceae　　**倒地铃属 *Cardiospermum***

草质攀援藤本，长达 5 m；茎、枝绿色，有 5 或 6 棱，棱上被皱曲柔毛。二回三出复叶，叶柄长 3～4 cm；小叶近无柄，薄纸质，顶生的斜披针形或近菱形，长 3～8 cm，宽 1.5～2.5 cm，先端渐尖，侧生的稍小，卵形或长椭圆形，疏生锯齿或羽状分裂，下面中脉和侧脉被疏柔毛。圆锥花序少花，总花梗长 4～8 cm，卷须螺旋状；萼片 4，被缘毛，外面 2 片圆卵形，长 8～10 mm，内面 2 片长椭圆形，比外面 2 片约长 1 倍；花瓣乳白色，倒卵形。蒴果梨形、陀螺状倒三角形或有时近长球形，高 1.5～3 cm，宽 2～4 cm，褐色，被柔毛。种子球形，径约 5 mm，黑色，有光泽，种脐心形，鲜时绿色，干时白色。花期夏秋，果期秋季至初冬。常分布于我国东部、南部和西南部；广布于全世界的热带和亚热带地区。常生长于田野、灌丛、路边和林缘。

栾 *Koelreuteria paniculata* Laxm.

俗名：栾树、灯笼树、摇钱树、大夫树、灯笼果、黑叶树、石栾树

无患子科 Sapindaceae　　**栾属** *Koelreuteria*

落叶乔木或灌木；树皮厚，灰褐至灰黑色，老时纵裂。一回或不完全二回或偶为二回羽状复叶，小叶（7～）11～18，无柄或柄极短，对生或互生，卵形、宽卵形或卵状披针形，长（3～）5～10 cm，先端短尖或短渐尖，基部钝或近平截，有不规则钝锯齿，齿端具小尖头，有时近基部有缺刻，或羽状深裂达中肋成二回羽状复叶，叶正面中脉散生皱曲柔毛，叶背脉腋具髯毛，有时小叶叶背被绒毛。聚伞圆锥花序长达 40 cm，密被微柔毛，分枝长而广展；苞片窄披针形，被粗毛；花淡黄色，稍芳香；花梗长 2.5～5 mm；萼裂片卵形，具腺状缘毛，呈啮蚀状；花瓣 4，花时反折，线状长圆形，长 5～9 mm，瓣爪长 1～2.5 mm，被长柔毛，瓣片基部的鳞片初黄色，花时橙红色，被疣状皱曲毛；雄蕊 8，花丝下部密被白色长柔毛；花盘偏斜，有圆钝小裂片。蒴果圆锥形，具 3 棱，长 4～6 cm，顶端渐尖，果瓣卵形，有网纹。种子球形，径 6～8 mm，黑褐色。花期 6—8 月，果期 9—10 月。国内东北自辽宁起经中部至西南部的云南均有分布；世界各地均有栽培。庭园观赏树。

10×
1 000 μm

荔枝 *Litchi chinensis* Sonn.

俗名：丹荔、丽枝、离枝、火山荔、荔支

无患子科 Sapindaceae　　**荔枝属 *Litchi***

常绿乔木，高通常不超过 10 m，有时可达 15 m 或更高，树皮灰黑色；小枝圆柱状，褐红色，密生白色皮孔。叶连柄长 10～25 cm 或过之；小叶 2 或 3 对，较少 4 对，薄革质或革质，披针形或卵状披针形，有时长椭圆状披针形，长 6～15 cm，宽 2～4 cm，顶端骤尖或尾状短渐尖，全缘，腹面深绿色，有光泽，背面粉绿色，两面无毛；侧脉常纤细，在腹面不很明显，在背面明显或稍凸起；小叶柄长 7～8 mm。花序顶生，阔大，多分枝；花梗纤细，长 2～4 mm，有时粗而短；萼被金黄色短绒毛；雄蕊 6～7，有时 8，花丝长约 4 mm；子房密覆小瘤体和硬毛。果卵圆形至近球形，长 2～3.5 cm，成熟时通常暗红色至鲜红色。种子全部被肉质假种皮包裹，卵形，长 1～1.5 cm。花期春季，果期夏季。产于我国西南部、南部和东南部，尤以广东和福建南部栽培最盛；亚洲东南部也有栽培。果肉鲜时半透明凝脂状，味香美，营养丰富，为南方著名果品之一。

无患子 *Sapindus saponaria* Linnaeus

俗名：洗手果、油罗树、目浪树、黄目树、苦患树、油患子、木患子

无患子科 Sapindaceae　　**无患子属 *Sapindus***

落叶大乔木，高可达 20 m，树皮灰褐色或黑褐色；嫩枝绿色，无毛。叶连柄长 25～45 cm 或更长，叶轴稍扁，上面两侧有直槽，无毛或被微柔毛；小叶 5～8 对，通常近对生，叶片薄纸质，长椭圆状披针形或稍呈镰形，长 7～15 cm 或更长，宽 2～5 cm，顶端短尖或短渐尖，基部楔形，稍不对称，腹面有光泽，两面无毛或背面被微柔毛；侧脉纤细而密，15～17 对，近平行；小叶柄长约 5 mm。花序顶生，圆锥形；花小，辐射对称，花梗常很短；萼片卵形或长圆状卵形，长约 2 mm，外面基部被疏柔毛；花瓣 5，披针形，有长爪，长约 2.5 mm，外面基部被长柔毛或近无毛，鳞片 2 个，小耳状；花盘碟状，无毛；雄蕊 8，伸出，花丝长约 3.5 mm，中部以下密被长柔毛；子房无毛。果的发育分果爿近球形，径 2～2.5 cm，熟时黄色或棕黄色。种子球形，径约 1 cm，黑色。花期春季，果期夏秋。我国产于东部、南部至西南部，各地寺庙、庭园和村边常见栽培；日本、朝鲜、中南半岛和印度等地常栽培。

竹叶花椒 *Zanthoxylum armatum* DC.

俗名：竹叶椒、蜀椒、秦椒、崖椒、野花椒、狗椒、山花椒、竹叶总管、土花椒、狗花椒

芸香科 Rutaceae　　**花椒属 *Zanthoxylum***

小乔木或灌木状，高达 5 m；根粗壮，外皮粗糙，有泥黄色松软的木栓层，内皮硫黄色；枝无毛，基部具宽而扁锐刺，新生嫩枝紫红色。奇数羽状复叶，叶轴、叶柄具翅，叶背有时具皮刺，无毛；小叶 3~9（~11），对生，纸质，几无柄，披针形、椭圆形或卵形，长 3~12 cm，宽 1~4.5 cm，先端渐尖，基部楔形或宽楔形，疏生浅齿，齿间或沿叶缘具油腺点，叶背基部中脉两侧具簇生柔毛，中脉常被小刺。聚伞状圆锥花序腋生或兼生于侧枝之顶，长 2~5 cm，具花约 30 朵，花枝无毛；花被片 6~8，1 轮，大小几相同，淡黄色，长约 1.5 mm；雄花具 5~6 雄蕊，雌花具 2~3 心皮。果紫红色，疏生微凸油腺点，果瓣径 4~5 mm。种子近球形，径约 3 mm，棕黑色，有光泽。花期 4—5 月，果期 8—10 月。我国产于山东以南，南至海南，东南至台湾，西南至西藏东南部；日本、朝鲜、越南、老挝、缅甸、印度、尼泊尔也有。见于低丘陵坡地至海拔 2 200 m 山地的多类生境。全株有花椒气味，用作草药。

黄皮 *Clausena lansium* (Lour.) Skeels

俗名：黄弹、黄弹子、黄段

芸香科 Rutaceae　　**黄皮属 *Clausena***

小乔木，高达 12 m；小枝、叶轴、花序轴，尤以未张开的小叶背脉上散生甚多明显凸起的细油点且密被短直毛。叶有小叶 5~11 片，小叶卵形或卵状椭圆形，常一侧偏斜，长 6~14 cm，宽 3~6 cm，基部近圆形或宽楔形，两侧不对称，边缘波浪状或具浅的圆裂齿，叶面中脉常被短细毛；小叶柄长 4~8 mm。圆锥花序顶生；花蕾圆球形，有 5 条稍凸起的纵脊棱；花萼裂片阔卵形，花瓣长圆形，长约 5 mm，两面被短毛或内面无毛；雄蕊 10 枚，长短相间，长的与花瓣等长，花丝线状，下部稍增宽，非曲膝状；子房密被直长毛，花盘细小，子房柄短。果圆形、椭圆形或阔卵形，长 1.5~3 cm，宽 1~2 cm，淡黄至暗黄色，被细毛，果肉乳白色，半透明。种子 1~4 粒；子叶深绿色。花期 4—5 月，果期 7—8 月。原产我国南部，台湾、福建、广东、海南、广西、贵州南部、云南及四川金沙江河谷均有栽培；世界热带及亚热带地区有引种。黄皮是我国南方果品之一，含丰富的维生素 C、糖、有机酸及果胶，果皮及果核皆可入药。

九里香 *Murraya exotica* L. Mant.

俗名：十里香、月橘、青木香、四季青、黄金桂、过山香、九树香、九秋香、万里香、七里香、石桂树、千里香

芸香科 Rutaceae　　九里香属 *Murraya*

小乔木，高达 8 m。奇数羽状复叶，小叶 3～5（～7），倒卵形或倒卵状椭圆形，长 1～6 cm，先端圆钝或钝尖，有时微凹，基部楔形，全缘；小叶柄甚短。花序伞房状或圆锥状聚伞花序，顶生，或兼有腋生，花白色，芳香；萼片卵形，长约 1.5 mm；花瓣 5，长椭圆形，长 1～1.5 cm，花时反折；雄蕊 10，花丝白色。果橙黄至朱红色，宽卵形或椭圆形，顶部短尖，稍歪斜，长 0.8～1.2 cm，径 0.6～1 cm，果肉含胶液。种子被短棉质毛，卵形，长约 6 mm。花期 4—8 月，果期 9—12 月。分布于我国台湾、福建、广东、海南、广西等地。常见于离海岸不远的平地、缓坡、小丘的灌木丛中。花、叶、果均含精油；叶可作调味香料。

调料九里香 *Murraya koenigii* (L.) Spreng.

俗名：咖喱、哥埋养榴、麻绞叶

芸香科 Rutaceae　　**九里香属 *Murraya***

灌木或小乔木，高达 4 m；嫩枝有短柔毛。叶有小叶 17～31 片，小叶斜卵形或斜卵状披针形，基部钝或圆，一侧偏斜，叶轴及小叶两面中脉均被短柔毛，全缘或叶缘有细钝裂齿，油点干后变黑色。伞房状聚伞花序，通常顶生，花甚多；花蕾椭圆形；花序轴及花梗均被短柔毛；花瓣 5 片，倒披针形或长圆形，白色，长 5～7 mm，有油点；雄蕊 10 枚，长的约与花瓣等长，另 5 枚短的约与花柱同高。果实成熟时长椭圆形，或间有圆球形，长 1～1.5 cm，蓝黑色。种子 1～2 粒，近球形，长 0.8～1.2 cm，熟时黑褐色，种皮薄膜质。花期 3—4 月，果期 7—8 月。我国产于海南南部（三亚、东方、昌江等）离海岸不远的砂土灌木丛中、云南南部；越南、老挝、缅甸、印度等也有分布。常见于海拔 500～1 600 m 较湿润的阔叶林中，河谷沿岸也有生长。鲜叶有芳香气味，印度、斯里兰卡居民用其叶作咖喱调料。

楝 *Melia azedarach* L.

俗名：苦楝树、金铃子、川楝子、森树、紫花树、楝树、苦楝、川楝

楝科 Meliaceae　　**楝属 *Melia***

落叶乔木，高达 30 m，胸径 1 m。二至三回奇数羽状复叶，长 20~40 cm；小叶卵形、椭圆形或披针形，长 3~7 cm，宽 2~3 cm，先端渐尖，基部楔形或圆，具钝齿，幼时被星状毛，后脱落，侧脉 12~16 对。花芳香；花萼 5 深裂，裂片卵形或长圆状卵形；花瓣淡紫色，倒卵状匙形，长约 1 cm，两面均被毛；花丝筒紫色，长 7~8 mm，具 10 窄裂片，每裂片 2~3 齿裂，花药 10，着生于裂片内侧。核果球形或椭圆形，长 1~2 cm，径 0.8~1.5 cm，内果皮木质，4~5 室，每室有种子 1 颗；种子椭圆形。花期 4—5 月，果期 10—11 月。我国常分布于黄河以南；国外广布于亚洲热带和亚热带地区。生于低海拔旷野、路旁或疏林中。

麻楝 *Chukrasia tabularis* A. Juss.

俗名：白椿、毛麻楝

楝科 Meliaceae　　**麻楝属 *Chukrasia***

大乔木，高达 25 m；芽鳞被粗毛；小枝红褐色。偶数羽状复叶，长 30～50 cm，小叶 5～8 对，互生，纸质，卵形或长圆状披针形，长 7～12 cm，宽 3～5 cm，先端稍尾尖，基部圆或楔形，两面无毛或近无毛，侧脉 10～15 对；小叶柄长 4～8 mm。圆锥花序顶生，长 15～25 cm，花序轴及分枝无毛或近无毛；苞片线形，早落；花萼浅杯状，4～5 齿裂，被毛；花瓣 4～5，离生，旋转排列，黄色或稍带紫色，长圆形，长 1.2～1.5 cm；雄蕊花丝筒圆筒形，顶端近平截或具 10 钝齿，花药 10，着生花丝筒口内缘，突出，花盘不发育；子房具短柄，3～5 室，被毛。蒴果木质，近球形或椭圆形，长 4.5 cm，径 3.5～4 cm，灰黄至褐色，具淡褐色小疣点，3～4 瓣裂。种子多数，扁平，椭圆形，径 0.5 cm，下部具长翅，连翅长 1.2～2 cm。花期 4—5 月，果期 7 月至翌年 1 月。国内分布于广东、广西、贵州和云南等地；国外印度、斯里兰卡也有分布。

锦葵目 Malvales

翻白叶树 *Pterospermum heterophyllum* Hance

俗名：异叶翅子木、半枫荷、翅子树

锦葵科 Malvaceae　　翅子树属 *Pterospermum*

乔木，高达20 m；树皮灰色或灰褐色；小枝被黄褐色短柔毛。叶2型，生于幼树或萌蘖枝上的叶盾形，径约15 cm，掌状3～5裂；叶柄长12 cm，被毛；生于成长树上的叶矩圆形至卵状矩圆形，长7～15 cm，宽3～10 cm，顶端钝、急尖或渐尖，基部钝、截形或斜心形，下面密被黄褐色短柔毛；叶柄长1～2 cm，被毛。花单生或2～4朵组成腋生的聚伞花序；花梗长5～15 mm；花青白色；萼片5枚，条形，两面均被柔毛；花瓣5片，倒披针形，与萼片等长；雌雄蕊柄长2.5 mm；雄蕊15枚，退化雄蕊5枚，线状；子房卵圆形，5室，被长柔毛，花柱无毛。蒴果木质，矩圆状卵形，长约6 cm，宽2～2.5 cm，被黄褐色绒毛，顶端钝，基部渐狭，果柄粗壮，长1～1.5 cm。种子卵形，具膜质翅，连翅长3～4 cm。花期秋季。产于我国广东、福建、广西。根可供药用，是治疗风湿性关节炎的药材。

刺蒴麻 *Triumfetta rhomboidea* Jacq.

俗名：细种苍耳子、细叶痴头猛、黄花虱麻头、细号虱母头、黄花虱母头

锦葵科 Malvaceae　　**刺蒴麻属 *Triumfetta***

亚灌木，高约 1 m；多分枝。叶纸质，茎下部叶宽卵圆形，0~8 cm，先端 3 裂，基部圆；茎上部叶长圆形，叶背被柔毛，基出脉 3~5，两侧脉直达裂片尖端，边缘有不规则粗锯齿；叶柄长 1~5 cm。聚伞花序数枝腋生，花序梗及花梗均极短；萼片窄长圆形，长 5 mm，先端有角；花瓣短于萼片，黄色；雄蕊 10；子房有刺毛。蒴果球形，不裂，具钩刺，刺长 2 mm；有 2~6 种子。种子瓜子形，长约 2 mm。花期夏秋。国内分布于云南、广西、广东、福建、台湾等地；国外分布于热带亚洲及非洲。

地桃花 *Urena lobata* L.

俗名：野棉花、肖梵天花

锦葵科 Malvaceae　　**梵天花属 *Urena***

直立亚灌木。茎下部的叶近圆形，先端浅 3 裂，基部圆形或近心形，边缘具锯齿，中部叶卵形，上部的叶长圆形至披针形。小枝被星状绒毛。花单生或近簇生叶腋；花梗长 2~3 mm，被绵毛；小苞片 5，长 4~6 mm，基部 1/3 合生，被星状柔毛；花萼杯状，5 裂，较小苞片略短，被星状柔毛；花冠淡红色，径约 1.5 cm，花瓣 5，倒卵形，长约 1.5 cm，被星状柔毛；雄蕊柱长约 1.5 cm，无毛；花柱分枝 10，疏被长硬毛。分果扁球形，径 0.5~1 cm，被星状柔毛和锚状刺。种子肾形，长约 3 mm，无毛。花期 7—10 月。国内分布于长江以南；国外分布于中南半岛、印度和日本。

尖叶非洲芙蓉 *Dombeya acutangula* Cav.

俗名：吊芙蓉、百铃花、粉红球、热带绣球花

锦葵科 Malvaceae　　**非洲芙蓉属 *Dombeya***

　　常绿中型灌木或小乔木，高可达 15 m；树冠圆形，枝叶密集；树枝棕色。叶面质感粗糙，单叶互生，具托叶，叶片心形，较粗糙。叶缘钝锯齿，掌状脉 7～9 条，枝及叶均被柔毛。伞形花序，花粉红色，从叶腋间长出，由 20 余朵小花构成悬垂花球，一个花球可包含 20 多朵粉红色的小花，每朵小花有瓣 5 块，约 2.5 cm，有一白色星顶状雄蕊及多枝雌蕊围绕，花色艳丽。果实杯状，被毛。种子卵形，长 0.5～1 mm，浅褐色。花期为 12 月至翌年 3 月。原产非洲大陆东部至靠近南非洲的马达加斯加岛，现广泛栽培于热带地区的公园或庭院内。

  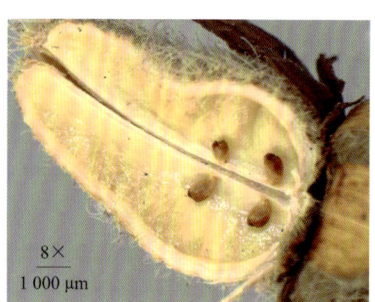

光瓜栗 *Pachira glabra* Pasq.

俗名：马拉巴栗、发财树

锦葵科 Malvaceae　　**瓜栗属 *Pachira***

　　小乔木，株高 4～5 m；树冠较松散，幼枝栗褐色，无毛。小叶 5～11，长圆形至倒卵状长圆形，渐尖，基部楔形，全缘；叶柄长 11～15 cm。花单生枝顶叶腋，花梗粗壮，长 2 cm，被黄色星状绒毛，脱落；花瓣淡黄绿色，狭披针形至线形，长达 15 cm，上半部反卷；雄蕊管较短，分裂为多数雄蕊束，每束再分裂为 7～10 枚细长的花丝，花药狭线形，弧曲，长 2～3 mm，横生；花柱长于雄蕊，深红色，柱头小，5 浅裂。蒴果近梨形，长 9～10 cm，径 4～6 cm，果皮厚，木质，几黄褐色，外面无毛，内面密被长绵毛，开裂，每室种子多数。种子大，不规则梯状楔形，长 2～2.5 cm，宽 1～1.5 cm，表皮暗褐色，有白色螺纹，内含多胚。花期 5—11 月，果先后成熟，种子落地后自然萌发。原产中美洲墨西哥至哥斯达黎加，我国广东、云南西双版纳等地有栽培，为园林、行道树种。

白背黄花棯 *Sida rhombifolia* L.

俗名：白背黄花稔、黄花母雾

锦葵科 Malvaceae　　**黄花棯属 *Sida***

直立亚灌木，高达 1 m，分枝多；全株有星状毡毛或柔毛。叶菱形或矩圆状披针形，基部楔形，边缘有锯齿，托叶刺毛状。花腋生，中部以上有节；无小苞片；萼杯状，5 裂，裂片三角形；花黄色，花瓣倒卵形。蒴果盘状，分果爿 8～10，顶端具 2 短芒。种子黑褐色，顶端具短毛，心形，长约 1.5 mm。花果期 5—12 月。产于我国台湾、福建、广东、广西、贵州、云南、四川和湖北等地。常生于山坡灌丛间、旷野和沟谷两岸。全草入药。

拔毒散 *Sida szechuensis* Matsuda

俗名：黄花棯、小粘药、尼马庄棵、王不留行

锦葵科 Malvaceae　　**黄花棯属 *Sida***

直立亚灌木，高约 1 m，全株被星状柔毛。叶异形，茎下部叶宽菱形或扇形，长宽均 2.5～5 cm，先端尖或圆，基部楔形，边缘具 2 齿，茎上部叶长圆状椭圆形或长圆形，长 2～3 cm，两端钝或圆，叶柄长 0.5～1.5 cm，托叶钻形，短于叶柄。花单生叶腋或簇生枝端；花梗长约 1 cm；花冠黄色，径约 1 cm，花瓣 5，倒卵形，长约 8 mm；雄蕊柱短于花瓣，被长硬毛；花柱分枝 8 或 9。分果近球形，径约 6 mm，果柄长达 2 cm；疏被星状柔毛，具 2 短芒。种子心形，径 1 mm，黑褐色，平滑。花期 5—11 月。分布于我国四川、贵州、云南和广西等地。常生于荒坡灌丛、松林边、路旁和沟谷边。枝叶可入药。

黄麻 *Corchorus capsularis* L.

俗名：火麻、绿麻、络麻、野洋麻

锦葵科 Malvaceae　　**黄麻属 *Corchorus***

直立木质草本，高 1~2 m，无毛。叶卵状披针形或窄披针形，长 5~12 cm，先端渐尖，基部圆，3 出脉的两侧脉上行不过半，边缘有细锯齿；叶柄长 2 cm，托叶丝形，脱落。花单生或数朵排成腋生聚伞花序，有短的花序梗及花梗；萼片 4~5，长 3~4 mm；花瓣黄色，倒卵形，与萼片等长；雄蕊 18~22，离生；子房无毛，柱头浅裂。蒴果球形，径大于 1 cm，顶端无角，有纵棱及瘤状突起，5 月裂。种子为不规则块状，棕褐色，长约 2 mm。夏季开花，果期秋后。原产亚洲热带，分布于我国长江以南各地。茎皮富含纤维，可作绳索及织制麻布及地毯；嫩叶供食用。

甜麻 *Corchorus aestuans* L.

俗名：假黄麻、针筒草

锦葵科 Malvaceae　　**黄麻属 *Corchorus***

一年生草本，高约1 m。叶卵形，长4.5～6.5 cm，先端尖，基部圆，两面疏被长毛，边缘有锯齿，基部有1对线状小裂片，基出脉5～7条；叶柄长1～1.5 cm。花单生或数朵组成聚伞花序，生叶腋，花序梗及花梗均极短；萼片5，窄长圆形，长5 mm；上部凹陷呈角状，先端有角，外面紫红色；花瓣5，与萼片等长，倒卵形，黄色；雄蕊多数，长3 mm，黄色；子房长圆柱形，花柱圆棒状，柱头喙状，5裂。蒴果长筒形，长2.5 cm，径5 mm，具纵棱6条，3～4条呈翅状，顶端有3～4长角，角2分叉，成熟时3—4月裂，果爿有横隔，具多数种子。种子不规则块状，长约1.5 mm，棕褐色。花期夏季。产于我国长江以南各地。生于路旁、草地、旷地、山坡、林边、田埂。全草可入药。

马松子 *Melochia corchorifolia* L.

俗名： 野路葵

锦葵科 Malvaceae　　**马松子属 *Melochia***

亚灌木状草本，高不及 1 m；枝黄褐色，略被星状柔毛。叶薄纸质，卵形、长圆状卵形或披针形，稀不明显 3 浅裂，长 2.5～7 cm，宽 1～1.3 cm，先端尖或钝，基部圆或心形，有锯齿；叶正面近无毛，叶背略被星状柔毛，基生脉 5；叶柄长 0.5～2.5 cm。花萼钟状，5 浅裂，长约 2.5 mm，外面被长柔毛和刚毛，内面无毛，裂片三角形；花瓣 5，白色，后淡红色，长圆形，长约 6 mm，基部收缩；雄蕊 5，下部连合成筒，与花瓣对生；子房无柄，5 室，密被柔毛，花柱 5，线状。蒴果球形，有 5 棱，径 5～6 mm，被长柔毛，每室 1～2 种子。种子三角卵形，棕褐色，长 2～3 mm，表面粗糙。分布于我国长江以南各地和四川内江地区等。生于海拔 500 m 以下的田野间或低丘陵地原野间。

8×
1 000 μm

16×
1 000 μm

玫瑰茄 *Hibiscus sabdariffa* L.

俗名：山茄子、洛神花

锦葵科 Malvaceae　　**木槿属 *Hibiscus***

一年生直立草本，高达 2 m；茎淡紫色，无毛。叶异型，下部的叶卵形，不分裂，上部的叶掌状 3 深裂，裂片披针形，长 2～8 cm，宽 5～15 mm，具锯齿，先端钝或渐尖，基部圆形至宽楔形，无毛，主脉 3～5 条，背面中肋具腺；叶柄长 2～8 cm，疏被长柔毛；托叶线形，长约 1 cm，疏被长柔毛。花单生于叶腋，近无梗；小苞片 8～12，红色，肉质，披针形，长 5～10 mm，宽 2～3 mm，疏被长硬毛，近顶端具刺状附属物，基部与萼合生；花萼杯状，淡紫色，直径约 1 cm，疏被刺和粗毛，基部 1/3 处合生，裂片 5，三角状渐尖形，长 1～2 cm；花黄色，内面基部深红色，直径 6～7 cm。蒴果卵球形，直径约 1.5 cm，密被粗毛，果爿 5。种子肾形，无毛，长约 5 mm，褐色。花期 7—10 月。原产于东半球热带地区，全世界热带地区均有栽培；我国台湾、福建、广东和云南（南部）等地引入栽培。观赏植物，花供药用。

木芙蓉 *Hibiscus mutabilis* L.

俗名：酒醉芙蓉、芙蓉花、重瓣木芙蓉

锦葵科 Malvaceae　　**木槿属 *Hibiscus***

落叶灌木或小乔木，高达 5 m；小枝、叶柄、花梗和花萼均密被星状毛与直毛相混的细绒毛。叶卵状心形，径 10~15 cm，常 5~7 裂，裂片三角形，先端渐尖，具钝圆锯齿，掌状脉 5~11；叶柄长 5~20 cm，托叶披针形，长 5~8 mm，常早落。花单生枝端叶腋，花系重瓣；花梗长 5~8 cm；小苞片 8，线形，长 1~1.6 cm，基部合生；花萼钟形，长约 3 cm，裂片 5，卵形，先端渐尖；花冠初白或淡红色，后深红色，径约 8 cm，花瓣 5，近圆形，基部具髯毛；雄蕊柱长 2~3 cm，无毛；花柱分枝 5，疏被柔毛，柱头头状。蒴果扁球形，径 2.5 cm，被淡黄色刚毛和绵毛，果爿 5。种子肾形，背面被长柔毛，长 1.8~2 mm。花期 8—10 月。原产于我国湖南，现除青藏高原外，各地均有栽培；日本和东南亚各国有栽培。

木槿 *Hibiscus syriacus* L.

俗名：荆条、喇叭花、朝天暮落花、木棉、朝开暮落花、白花木槿

锦葵科 Malvaceae　　**木槿属 *Hibiscus***

落叶灌木，小枝密被黄色星状绒毛。叶菱形或三角状卵形，基部楔形，具不整齐缺齿，基脉 3。花单生枝端叶腋，花萼钟形，裂片 5，三角形，花冠钟形，淡紫色，花瓣 5，雄蕊柱长约 3 cm，花柱分枝 5。蒴果卵圆形，径约 1.2 cm，密被黄色星状绒毛，具短喙。种子肾形，背部被黄白色长柔毛，长约 2 mm。花期 7—11 月。原产于我国中部地区，现今各地均有栽培。

木棉 *Bombax ceiba* Linnaeus

俗名：红棉、英雄树、攀枝花、斑芝树

锦葵科 Malvaceae　　**木棉属 Bombax**

落叶大乔木，高可达 25 m；树皮灰白色，幼树的树干通常有圆锥状的粗刺；分枝平展。掌状复叶，小叶 5～7 片，长圆形至长圆状披针形，长 10～16 cm，宽 3.5～5.5 cm；叶柄长 10～20 cm。花单生枝顶叶腋，通常红色，有时橙红色，直径约 10 cm；萼杯状，长 2～3 cm，外面无毛，内面密被淡黄色短绢毛，萼齿 3～5，半圆形，高 1.5 cm，宽 2.3 cm，花瓣肉质，倒卵状长圆形，长 8～10 cm，宽 3～4 cm，两面被星状柔毛；雄蕊管短，花丝较粗，基部粗，向上渐细，内轮部分花丝上部分 2 叉，中间 10 枚雄蕊较短，不分叉，外轮雄蕊多数，集成 5 束，每束花丝 10 枚以上，较长；花柱长于雄蕊。蒴果长圆形，钝，长 10～15 cm，粗 4.5～5 cm，密被灰白色长柔毛和星状柔毛。种子多数，倒卵状近球形，长 3～4 mm，棕黑色，光滑。花期 3—4 月，花先叶开放，果夏季成熟。国内分布于云南、四川、贵州、广西、江西、广东、福建、台湾等地；国外印度、斯里兰卡、马来西亚、印度尼西亚至菲律宾及澳大利亚北部均有分布。庭园观赏树和行道树。

假苹婆 *Sterculia lanceolata* Cav.

俗名： 赛苹婆、鸡冠木、山羊角

锦葵科 Malvaceae　　**苹婆属 *Sterculia***

乔木，幼枝被毛。叶椭圆形、披针形或椭圆状披针形，长9～20 cm，先端骤尖，基部钝或近圆，叶正面无毛，叶背几无毛，侧脉7～9对；叶柄长2.5～3.5 cm。圆锥花序腋生，长4～10 cm，密集多分枝；花淡红色；萼片5，基部连合，外展如星状，长圆状披针形或长圆形，先端钝或略有小短尖突，长4～6 mm，被柔毛，边缘有缘毛；雄花的雌雄蕊柄长2～3 mm，弯曲，花药约10；雌花子房球形，被毛，花柱弯曲，柱头不明显5裂。蓇葖果鲜红色，长卵圆形或长椭圆形，长5～7 cm，顶端有喙，基部渐窄，密被柔毛。每果内有种子2～5颗，种子卵状椭圆形，黑褐色，径1 cm。花期4—6月。国内分布于广东、广西、云南、贵州和四川南部等地；国外缅甸、泰国、越南、老挝也有分布。我国常见于华南山野间，喜山谷溪旁。

苹婆 *Sterculia monosperma* Ventenat

俗名：枇杷果、七姐果、凤眼果

锦葵科 Malvaceae　　**苹婆属 *Sterculia***

乔木，树皮褐黑色，小枝幼时略有星状毛。叶薄革质，矩圆形或椭圆形，长 8～25 cm，宽 5～15 cm，顶端急尖或钝，基部浑圆或钝，两面均无毛；叶柄长 2～3.5 cm，托叶早落。圆锥花序顶生或腋生，柔弱且披散，长达 20 cm，有短柔毛；萼初时乳白色，后转为淡红色，钟状，外面有短柔毛，长约 10 mm，5 裂，裂片条状披针形，先端渐尖且向内曲，在顶端互相黏合，与钟状萼筒等长；雄花较多，雌雄蕊柄弯曲，无毛，花药黄色；雌花较少，略大，子房圆球形，有 5 条沟纹，密被毛，花柱弯曲，柱头 5 浅裂。蓇葖果鲜红色，厚革质，矩圆状卵形，长约 5 cm，宽 2～3 cm，顶端有喙；每果内有种子 1～4 颗。种子椭圆形或矩圆形，黑褐色，直径约 1.5 cm。花期 4—5 月。国内产于广东、广西（南部）、福建（东南部）、云南（南部）和台湾，广州附近和珠江三角洲多有栽培；国外印度、越南、印度尼西亚也有分布，多为人工栽培。优良行道树；种子可食用。

苘麻 *Abutilon theophrasti* Medicus

俗名： 苘、车轮草、磨盘草、桐麻、白麻、青麻、孔麻、塘麻、椿麻

锦葵科 Malvaceae　　苘麻属 *Abutilon*

一年生亚灌木状直立草本；茎枝被柔毛。叶互生，圆心形，长 3~12 cm，先端长渐尖，基部心形，具细圆锯齿，两面密被星状柔毛；叶柄长 3~12 cm，被星状柔毛；托叶披针形，早落。花单生叶腋；花梗长 0.5~3 cm，被柔毛，近顶端具节；花萼杯状，密被绒毛，裂片 5，卵状披针形，长约 6 mm；花冠黄色，花瓣 5，倒卵形，长约 1 cm；雄蕊柱无毛；心皮 15~20，顶端平截，轮状排列，密被软毛。分果半球形，径约 2 cm，长约 1.2 cm，分果爿 15~20，被粗毛，顶端具 2 长芒，芒长 3 mm 以上。种子肾形，黑褐色，被星状柔毛，长约 2 mm。花期 6—10 月。我国除青藏高原外各地均有分布；国外分布于越南、印度、日本及欧洲、北美洲等地。常生于路旁、荒地和田野间。

黄蜀葵 *Abelmoschus manihot* (L.) Medicus

俗名：追风药、疽疮药、鸡爪莲、黄花莲、黄芙蓉、野芙蓉、假阳桃、棉花葵、秋葵

锦葵科 Malvaceae　　**秋葵属 *Abelmoschus***

一年生或多年生草本，高 1～2 m；全株疏被长硬毛。叶近圆形，掌状 5～9 深裂，径 10～30 cm，裂片长圆状披针形，长 8～18 cm，宽 1～6 cm，先端渐尖，具粗钝锯齿；叶柄长 6～20 cm，托叶披针形，长 0.8～1.5 cm。花单生枝端叶腋；花梗长 1～3 cm；小苞片 4～5，卵状披针形，长 1.2～2.5 cm，宽 0.4～1 cm；花萼佛焰苞状，近全缘，顶端具 5 齿，较小苞片略长，被柔毛，果时脱落；花冠漏斗状，淡黄色，内面基部紫色，径 7～12 cm，花瓣 5，宽倒卵形；雄蕊柱长 1.2～2 cm，无毛，基部着生花药，花药近无柄；子房被毛，5 室，每室具多颗胚珠，花柱分枝 5，柱头紫黑色，匙状盘形。蒴果卵状椭圆形，长 4～6 cm，径 2～3 cm，被硬毛；果柄长 8 cm。种子多数，肾形，被多条由短柔毛组成的纵条纹，长约 2 mm。花期 7—10 月。产于我国河北、山东、河南、陕西、湖北、湖南、四川、贵州、云南、广西、广东和福建等地。栽培供园林观赏。

箭叶秋葵 *Abelmoschus sagittifolius* (Kurz) Merr.

俗名：梓桐花、岩酸、小红芙蓉、五指山参、铜皮

锦葵科 Malvaceae　　**秋葵属 *Abelmoschus***

多年生草本，高达 1 m；具萝卜状肉质根。茎下部叶卵形，茎中部以上叶卵状戟形、箭形或掌状 3～5 浅裂或深裂，裂片宽卵形或宽披针形，基部心形或戟形，具锯齿或缺刻，叶正面疏被刺毛，叶背被长硬毛；叶柄长 4～8 cm，疏被长硬毛，托叶线形，长 0.4～1.5 cm，被毛。小枝被糙硬长毛。花单生叶腋；花梗长 4～7 cm，密被糙硬毛；小苞片 6～12，线形，长 1～1.5 cm，疏被长硬毛；花萼佛焰苞状，长约 1 cm，顶端具 5 齿，密被细绒毛；花冠红或黄色，径 4～5 cm，花瓣 5，倒卵状长圆形，长 3～4 cm；雄蕊柱长约 2 cm，无毛；花柱分枝 5，柱头扁平。蒴果椭圆形，长 3～4 cm，被刺毛，顶端具短喙。种子肾形，褐色，长约 2 mm，具由腺点排成的纵条纹。花期 5—9 月。国内分布于广东、广西、贵州、云南等地；国外分布于越南、老挝、柬埔寨、泰国、缅甸、印度、马来西亚及澳大利亚等国。常生于低丘、草坡、旷地、稀疏松林下或干燥的瘠地。叶形变化丰富，观赏性强；根可入药。

咖啡黄葵 *Abelmoschus esculentus* (L.) Moench

俗名：黄秋葵、补肾菜、秋葵、糊麻、羊角豆、越南芝麻、洋辣椒

锦葵科 Malvaceae　　秋葵属 *Abelmoschus*

一年生草本，高 1～2 m；茎圆柱形，疏生散刺。叶掌状 3～7 裂，直径 10～30 cm，裂片阔至狭，边缘具粗齿及凹缺，两面均被疏硬毛；叶柄长 7～15 cm，被长硬毛；托叶线形，长 7～10 mm，被疏硬毛。花单生于叶腋间，花梗长 1～2 cm，疏被糙硬毛；小苞片 8～10，线形，长约 1.5 cm，疏被硬毛；花萼钟形，较长于小苞片，密被星状短绒毛；花黄色，内面基部紫色，直径 5～7 cm，花瓣倒卵形，长 4～5 cm。蒴果筒状尖塔形，长 10～25 cm，直径 1.5～2 cm，顶端具长喙，疏被糙硬毛。种子球形外皮粗，被细毛，径 4～5 mm。花期 5—9 月。原产于印度，现广泛栽培于热带和亚热带地区及我国湖北、湖南、广东。嫩果可作蔬食用。

赛葵 *Malvastrum coromandelianum* (L.) Garcke

俗名：黄花棉、黄花草

锦葵科 Malvaceae　　赛葵属 *Malvastrum*

亚灌木状草本，高达 1 m，疏被星状粗毛。叶卵形或卵状披针形，长 2～6 cm，先端钝尖，基部宽楔形或圆，具粗齿，叶正面疏被长毛，叶背疏被长毛和星状长毛；叶柄长 0.5～3 cm，密被长毛，托叶披针形，长约 5 mm。花单生叶腋；花梗长约 5 mm，被长毛；小苞片 3，线形，长约 5 mm，疏被长毛；花萼浅杯状，长约 8 mm，5 裂，裂片卵形，基部合生，疏被星状长毛和单长毛；花冠黄色，径约 1.5 cm，花瓣 5，倒卵形，长约 8 mm；雄蕊柱长约 6 mm，无毛；花柱分枝 8～15，柱头头状。分果扁球形，径约 6 mm；分果爿 8～15，肾形，近顶端具芒刺 1 条，背部被毛，具芒刺 2 条。种子肾形，褐色，光滑，长约 2 mm。原产美洲，现分布于我国台湾、福建、广东、广西和云南等地。全草可入药。

山芝麻 *Helicteres angustifolia* L.

俗名：坡油麻、山油麻、狭叶山芝麻、山脂麻

锦葵科 Malvaceae　　**山芝麻属 *Helicteres***

小灌木；小枝被灰绿色柔毛。叶窄长圆形或线状披针形，长3.5～5 cm，基部圆，全缘，叶正面几无毛，叶背被灰白色或淡黄色星状绒毛，混生刚毛；叶柄长5～7 mm。聚伞花序有花2至数朵；花梗常有锥尖小苞片4；花萼管状，长6 mm，被星状柔毛，5裂，裂片三角形；花瓣5，不等大，淡红或紫红色，稍长于花萼，基部有2个耳状附属体；雄蕊10，退化雄蕊5，线形；子房每室约10胚珠。蒴果卵状长圆形，长1.2～2 cm，顶端尖，密被星状毛及混生长绒毛。种子不规则块状，褐色，长1～1.5 mm。花期几全年。产于我国湖南、江西（南部）、广东、广西（中部和南部）、云南（南部）、福建（南部）和台湾，为我国南部山地和丘陵地常见的小灌木，常生于草坡上。根或全株可入药。

10×
1 000 μm

了哥王 *Wikstroemia indica* (L.) C. A. Mey.

俗名：南岭荛花、九信菜、九信草、山雁皮

瑞香科 Thymelaeaceae　　**荛花属 *Wikstroemia***

灌木，高达 2 m；枝红褐色。叶对生，纸质或近革质，倒卵形、长圆形或披针形，长 2～5 cm，宽 0.5～1.5 cm，先端钝或尖，基部宽楔形或楔形，侧脉细密，与中脉的夹角小于 45°。顶生短总状花序；花数朵，黄绿色，花序梗长 0.5～1 cm；花梗长 1～2 cm；萼筒筒状，长 6～8 mm，几无毛，裂片 4，宽卵形或长圆形，长约 3 mm；雄蕊 8，2 轮，着生于萼筒中部以上；花盘常深裂成 2 或 4 鳞片；子房倒卵形或长椭圆形，无毛或顶端被淡黄色绒毛，花柱极短，柱头头状。果椭圆形，长 7～8 mm，成熟时暗紫黑或鲜红色。种子橄榄状椭圆形，长约 6 mm。花果期夏秋。国内分布于广东、海南、广西、福建、台湾、湖南、四川、贵州、云南、浙江等地；国外在越南、印度、菲律宾有分布。生于海拔 1 500 m 的开旷林下或石山上。全株有毒，也可药用。

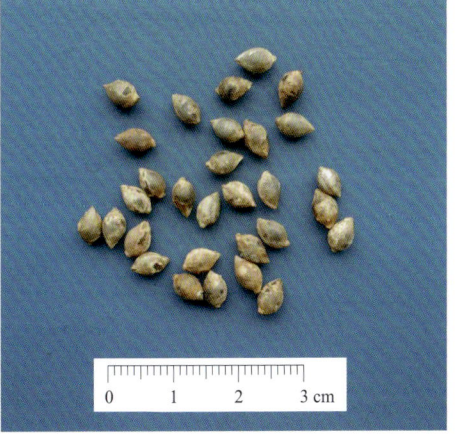

十字花目 Brassicales

辣木 *Moringa oleifera* Lam.

俗名：鼓槌树

辣木科 Moringaceae　　**辣木属 *Moringa***

乔木，高 3～12 m；树皮软木质；枝有明显的皮孔及叶痕，小枝有短柔毛；根有辛辣味。叶通常为三回羽状复叶，长 25～60 cm，在羽片的基部具线形或棍棒状稍弯的腺体；腺体多数脱落，叶柄柔弱，基部鞘状；羽片 4～6 对；小叶 3～9 片，薄纸质，卵形、椭圆形或长圆形，长 1～2 cm，宽 0.5～1.2 cm，通常顶端的 1 片较大，叶背苍白色，无毛；叶脉不明显；小叶柄纤弱，长 1～2 mm，基部的腺体线状，有毛。花序广展，长 10～30 cm；苞片小，线形；花具梗，白色，芳香，径约 2 cm，萼片线状披针形，有短柔毛；花瓣匙形；雄蕊和退化雄蕊基部有毛；子房有毛。蒴果细长，长 20～50 cm，径 1～3 cm，下垂，3 瓣裂，每瓣有肋纹 3 条。种子近球形，径 0.8～1 cm，有 3 棱，每棱有膜质翅。花期全年，果期 6—12 月。原产印度，现广植于热带地区；我国广东（广州）、海南（儋州）、台湾等地有栽培供观赏。根、叶和嫩果有时亦作食用。

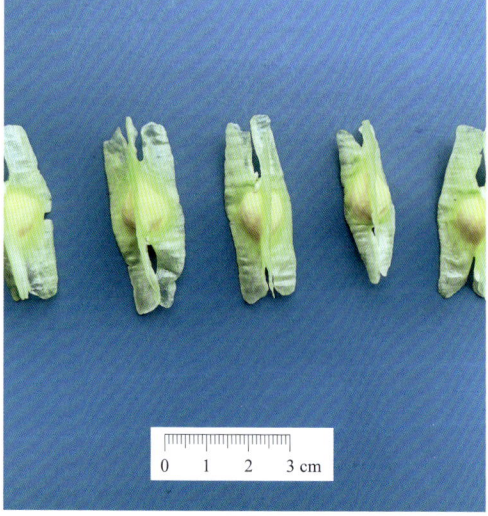

番木瓜 *Carica papaya* L.

俗名：木瓜、树冬瓜、满山抛、番瓜、万寿果

番木瓜科 Caricaceae　　**番木瓜属 *Carica***

常绿软木质小乔木，高达 8～10 m，具乳汁；茎不分枝或有时于损伤处分枝，具螺旋状排列的托叶痕。叶大，聚生于茎顶端，近盾形，直径可达 60 cm，通常 5～9 深裂，每裂片再为羽状分裂；叶柄长 60～100 cm。花单性或两性，雄花排列成圆锥花序，长达 1 m，下垂；花无梗；花冠乳黄色，冠管细管状，长 1.6～2.5 cm，花冠裂片 5，披针形，长约 1.8 cm，宽 4.5 mm；雄蕊 10，5 长 5 短。雌花单生或由数朵排列成伞房花序，着生叶腋内，具短梗或近无梗；花冠裂片 5，分离，乳黄色或黄白色，长圆形或披针形，长 5～6.2 cm，宽 1.2～2 cm。浆果肉质，成熟时橙黄色或黄色，长圆球形、倒卵状长圆球形、梨形或近圆球形，长 10～30 cm 或更长，果肉柔软多汁，味香甜。种子多数，卵球形，长 0.6～0.9 cm，成熟时黑色，外种皮肉质，内种皮木质，具皱褶。花果期全年。原产热带美洲，现广植于世界热带和较温暖的亚热带地区；我国福建（南部）、台湾、广东、广西、云南（南部）等地广泛栽培。果实成熟可作水果，种子可榨油；果和叶均可药用。

8×
1 000 μm

黄花草 *Arivela viscosa* (Linnaeus) Rafinesque

俗名：臭矢菜、野油菜、黄花菜

白花菜科 Cleomaceae　　**黄花草属 *Arivela***

一年生直立草本，高 30~100 cm；茎被黏质腺毛，有异味。掌状复叶，小叶 3~7，薄草质，倒卵形或倒卵状长圆形。总状花序顶生，具 3 裂的叶状苞片。花梗长 1~2 cm，被毛；花瓣黄色，窄倒卵形或匙形；雄蕊 10~30，着生花盘上；花柱长 2~6 mm，子房圆柱形，密被腺毛，着生花盘上。果圆柱形，长 4~10 cm，有纵网纹，被黏质腺毛，顶端喙长 6~9 mm。种子圆盘状，径约 1 mm，褐色，有皱纹。花果期几全年，通常 3 月出苗，7 月果熟。我国分布于云南、福建、广东、湖南、安徽、江西、浙江、广西、海南等地；国外分布于热带、亚热带地区。生长于海拔 240~500 m 的荒地或田野间。全草可入药。

醉蝶花 *Tarenaya hassleriana* (Chodat) Iltis

俗名：蝴蝶梅、醉蝴蝶

白花菜科 Cleomaceae　　**醉蝶花属 *Tarenaya***

一年生粗壮草本；株高 1~1.5 m。掌状复叶，小叶 5~7，草质，椭圆状披针形或倒披针形，先端渐窄，基部楔形，侧脉 10~15 对；托叶刺状，叶柄长 2~10 cm，常有淡黄色皮刺。总状花序顶生，长达 40 cm；苞片叶状，单生，无柄；花梗长 2~3.5 cm；萼片长约 5 mm；花瓣红、淡红或白色，爪长 0.5~2 cm，无毛，瓣片倒卵状匙形，长 1~1.5 cm，雄蕊 6，花丝长 3.5~4 cm。果长 5~6.5 cm，中部径约 4 mm，密布网状纹。种子褐色，径约 2 mm，平滑或粗糙。花果期 3—8 月。原产热带美洲，全球热带至温带栽培以供观赏，优良蜜源植物。

独行菜 *Lepidium apetalum* Willd.

俗名：腺茎独行菜、辣辣菜、拉拉罐、拉拉罐子、昌古、辣辣根、羊拉拉

十字花科 Brassicaceae　　**独行菜属 *Lepidium***

一年生或二年生草本，高达 30 cm；茎直立，有分枝，被头状腺毛。基生叶窄匙形，一回羽状浅裂或深裂，长 3～5 cm，叶柄长 1～2 cm；茎生叶向上渐由窄披针形至线形，有疏齿或全缘，疏被头状腺毛；无柄。总状花序；萼片卵形，长约 0.8 mm，早落；花瓣无或退化成丝状，短于萼片；雄蕊 2 或 4。短角果近圆形或宽椭圆形，长 2～3 mm，顶端微凹，有窄翅；果柄弧形，长约 3 mm，被头状腺毛。种子椭圆形，长约 1 mm，黄褐色。花期 4—8 月，果期 5—9 月。国内分布于东北、华北、江苏、浙江、安徽、西北、西南；国外俄罗斯欧洲部分、亚洲东部及中部、喜马拉雅地区均分布。生长于 400～2 000 m 的山坡、山沟、路旁及村庄附近。嫩叶作野菜食用；全草及种子供药用。

荠 *Capsella bursa-pastoris* (L.) Medik.

俗名：地米菜、芥、荠菜

十字花科 Brassicaceae　　**荠属 *Capsella***

一年生或二年生草本。基生叶丛生呈莲座状，大头羽状分裂，顶裂片卵形至长圆形，侧裂片长圆形至卵形；茎生叶窄披针形或披针形，基部箭形，抱茎，边缘有缺刻或锯齿。总状花序顶生及腋生，萼片长圆形，花瓣白色，卵形，有短爪。短角果倒三角形或倒心状三角形，扁平，顶端微凹。种子 2 行，长椭圆形，黄褐色，长 0.7～1 mm。花果期 4—6 月。分布几遍全国，全世界温带地区均广布。生于海拔 800 m 以下的山坡、田边及路旁。全草可入药；茎叶作蔬菜食用。

芥菜 *Brassica juncea* (L.) Czern.

俗名：紫夜雪里蕻、盖菜、苦芥、大叶芥菜、皱叶芥菜、多裂叶芥、油芥菜、雪里蕻

十字花科 Brassicaceae　　**芸薹属 *Brassica***

一年生或二年生草本，高达 1.5 m；茎直立，多分枝。基生叶宽卵形或倒卵形，长 15～35 cm，不裂或大头羽裂，有重锯齿或缺刻，叶柄长 3～9 cm，有小裂片；茎生叶较小，不抱茎：茎上部叶窄披针形，长 2.5～5 cm，疏生不明显锯齿或全缘。总状花序；萼片长圆状椭圆形，长 4～5 mm，直立开展；花瓣亮黄色，倒卵形，长 0.8～1 cm，基部爪长 4～5 mm。长角果线形，长 3～5.5 cm；果瓣中脉突出，喙长 0.6～1.2 cm。种子球形，径 1 mm，褐色。花期 3—5 月，果期 5—6 月。我国各地栽培。叶供食用；种子及全草供药用。

10×
1 000 μm

16×
1 000 μm

石竹目 Caryophyllales

白花丹 *Plumbago zeylanica* L.

俗名：白皂药、白花九股牛、乌面马、白花藤

白花丹科 Plumbaginaceae　　**白花丹属 *Plumbago***

常绿亚灌木，茎直立，高达 3 m，多分枝，蔓状。叶卵形，长（3～）5～8（～13）cm，先端渐尖，基部楔形，有时耳状。穗形总状花序具 25～78 花，花序梗长 0.5～1.5 cm，被头状腺体，无毛，花序轴长 3～8（～15）cm，无毛，被头状腺体；萼长 1.1～1.2 cm，几全长被腺体；花冠白或微带蓝色；花冠筒长 1.8～2.2 cm，冠檐径 1.6～1.8 cm，裂片倒卵形，长约 7 mm，宽约 4 mm，先端具短尖；雄蕊与花冠近等长，花药蓝色，长约 2 mm；子房椭圆形，具 5 棱，花柱无毛。蒴果长椭圆形，黄褐色，具棘突。种子长梭形，先端尖，红褐色，长约 7 mm。花期 10 月至翌年 3 月，果期 12 月至翌年 4 月。分布于我国，以及南亚和东南亚各国。生于污秽阴湿处或半遮阳的地方。全草可入药。

何首乌 *Pleuropterus multiflorus* (Thunb.) Nakai

俗名：夜交藤、紫乌藤、多花蓼、桃柳藤、九真藤

蓼科 Polygonaceae　　**何首乌属 *Pleuropterus***

多年生缠绕藤本植物，块根肥厚，长椭圆形，黑褐色。茎基部心形或近心形，两面粗糙，边缘全缘。叶卵形或长卵形。花序圆锥状，苞片三角状卵形，具小突起，顶端尖，每苞内具2~4花；花被5深裂，白色或淡绿色，椭圆形。瘦果卵形，具3棱，长2.5~3 mm，黑褐色，有光泽，包于宿存花被内。花期8—9月，果期9—10月。生山谷灌丛、山坡林下、沟边石隙。产于我国陕西（南部）、甘肃（南部）、华东、华中、华南、四川、云南及贵州。块根可入药，列入《广东省岭南中药材保护条例》首批保护中药材品种。

10×
1 000 μm

红蓼 *Persicaria orientalis* (L.) Spach

俗名：东方蓼、荭草、阔叶蓼、大红蓼、水红花、水红花子、荭蓼

蓼科 Polygonaceae　　**蓼属 *Persicaria***

一年生草本，茎直立，粗壮，高 1～2 m，上部多分枝，密被开展的长柔毛。叶宽卵形、宽椭圆形或卵状披针形，长 10～20 cm，宽 5～12 cm，顶端渐尖，基部圆形或近心形，微下延，边缘全缘。花紧密，微下垂，通常数个再组成圆锥状。瘦果近圆形，扁平，双凹，径 3～3.5 mm，黑褐色，有光泽。花期 6—9 月，果期 8—10 月。我国除西藏外，广布于各地；朝鲜、日本、俄罗斯、菲律宾、印度、欧洲和大洋洲也有分布。常生于海拔 30～2 700 m 的沟边湿地、村边路旁。

火炭母 *Persicaria chinensis* (L.) H. Gross

俗名：翅地利、火炭星、火炭藤、白饭藤

蓼科 Polygonaceae　　**蓼属 *Persicaria***

多年生草本，高达 1 m；茎直立，无毛，多分枝。叶卵形或长卵形，长 4～10 cm，宽 2～4 cm，先端渐尖，基部平截或宽心形，无毛，叶背有时沿叶脉疏被柔毛；下部叶叶柄长 1～2 cm，基部常具叶耳，上部叶近无柄或抱茎，托叶鞘膜质，无毛，长 1.5～2.5 cm，偏斜，无缘毛。头状花序常数个组成圆锥状，花序梗被腺毛；苞片宽卵形；花被 5 深裂，白或淡红色，花被片卵形，果时增大；雄蕊 8；花柱 3，中下部连合。瘦果宽卵形，具 3 棱，长 3～4 mm，包于肉质蓝黑色宿存花被内。国内分布于浙江、江西、福建、台湾、湖北、湖南、广东、海南、广西、四川、贵州、云南、西藏等地；国外日本、菲律宾、马来西亚、印度、喜马拉雅山有分布。生于海拔 30～2 400 m 的山谷湿地、山坡草地。根状茎供药用。

金线草 *Persicaria filiformis* (Thunb.) Nakai

俗名： 九龙盘、鸡心七、蓼子七、红花铁菱角、铁拳头、山蓼、毛蓼

蓼科 Polygonaceae　　**蓼属 *Persicaria***

多年生直立草本；根茎横走，粗壮，扭曲，茎节膨大。叶互生，有短柄；托叶鞘筒状，抱茎，膜质；叶片椭圆形或长圆形。花小，红色；苞片有睫毛。瘦果卵形，双凸镜状，褐色，有光泽，长 1.5～2.5 mm。国内分布于陕西南部、甘肃南部、华东、华中、华南及西南地区；国外朝鲜、日本、越南也有。生于海拔 100～2 500 m 的山地林缘、路旁阴湿地和山谷路旁。

扛板归 *Persicaria perfoliata* (L.) H. Gross

俗名： 河白草、贯叶蓼、扛板归

蓼科 Polygonaceae　　**蓼属 *Persicaria***

一年生攀援草本，茎略呈方柱形，有棱角，多分枝，径可达 0.2 cm；表面紫红色或紫棕色，棱角上有倒生钩刺。叶互生，有长柄，盾状着生；叶片多皱缩，展平后呈近等边三角形，灰绿色至红棕色。短穗状花序顶生或生于上部叶腋，苞片圆形；花小，多萎缩或脱落。瘦果球形，径 3～4 mm，黑色，有光泽，包于宿存花被内。国内产于山东、江苏、浙江、福建、江西、广东、广西、四川、湖南、贵州。常生于山谷、灌木丛中或水沟旁。全草入药。

水蓼 *Persicaria hydropiper* (L.) Spach

俗名：辣柳菜、辣蓼

蓼科 Polygonaceae　　**蓼属 *Persicaria***

一年生草本，高 40～70 cm；茎直立，多分枝，无毛。叶披针形或椭圆状披针形，先端渐尖，基部楔形，具辛辣叶，叶腋具闭花受精花，托叶鞘具缘毛。穗状花序下垂，花稀疏，花被 5 深裂，稀 4 裂，绿色，上部白色或淡红色，椭圆形；雄蕊较花被短，花柱 2～3。瘦果卵形，长约 2 mm，褐色，有光泽。花期 5—9 月，果期 6—10 月。分布于我国南北各地；东亚其他国家、印度尼西亚、印度、欧洲及北美洲也有。生于 50～3 500 m 的河滩、水沟边、山谷湿地。

8×
1 000 μm

酸模叶蓼 *Persicaria lapathifolia* (L.) Delarbre

俗名： 大马蓼

蓼科 Polygonaceae　　**蓼属 *Persicaria***

一年生草本，高达 90 cm；茎直立，分枝，节部膨大。叶披针形或宽披针形，先端渐尖或尖，基部楔形，上面常具黑褐色新月形斑点，托叶鞘顶端平截。数个穗状花序组成圆锥状，花序梗被腺体，花被 4 深裂，稀 5 裂，淡红或白色，花被片椭圆形，顶端分叉，外弯；雄蕊 6，花柱 2。瘦果宽卵形，扁平，双凹，长 2～3 mm，黑褐色，包于宿存花被内。花期 6—8 月，果期 7—9 月。广布于我国南北各地；东亚其他国家、菲律宾、南亚及欧洲也有。生于田边、路旁、水边、荒地或沟边湿地。

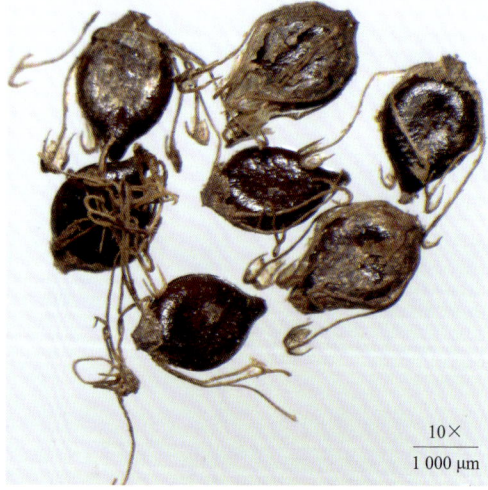

10×
1 000 μm

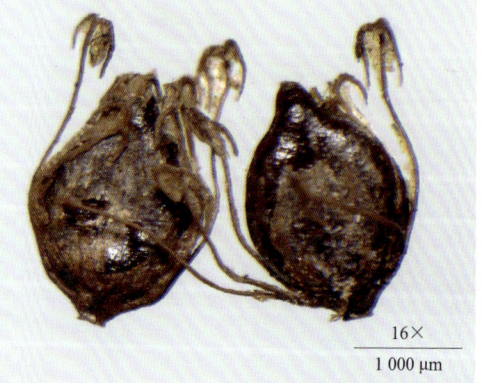

16×
1 000 μm

细叶蓼 *Persicaria taquetii* (H. Lév.) Koidz.

俗名：穗下蓼、红细蓼

蓼科 Polygonaceae　　**蓼属 *Persicaria***

一年生草本，茎细弱，无毛，高30～50 cm，基部近平卧或上升，下部多分枝，节部生根。叶狭披针形或线状披针形，长2～4 cm，宽3～6 mm，顶端急尖，基部狭楔形，两面疏被短柔毛或近无毛，边缘全缘；叶柄极短或近无柄；托叶鞘筒状，膜质，长5～6 mm，疏生柔毛，顶端截形，缘毛长3～5 mm。总状花序呈穗状，顶生或腋生，长3～10 cm，细弱，间断，下垂，长3～10 cm，通常数个再组成圆锥状；苞片漏斗状，长约2 mm，绿色，边缘具长缘毛，每苞内生3～4花，花梗细长，比苞片长；花被5深裂，淡红色，花被片椭圆形，长1.5～1.7 mm；雄蕊7，比花被短；花柱2～3，中下部合生。瘦果卵形，双凸镜状或具3棱，长1.2～1.5 mm，褐色，有光泽，包于宿存花被内。国内分布于江苏、浙江、安徽、江西、湖南、湖北、福建、广东等地；国外分布于朝鲜、日本。常生长于山谷湿地、沟边、水边。

10×
1 000 μm

20×
500 μm

荞麦 *Fagopyrum esculentum* Moench

俗名：甜荞

蓼科 Polygonaceae　　**荞麦属** *Fagopyrum*

一年生草本，高达 90 cm；茎直立，上部分枝，绿或红色，具纵棱，无毛或一侧具乳头状突起。叶三角形或卵状三角形，先端渐尖，基部心形，两面沿叶脉具乳头状突起，膜质托叶鞘偏斜，短筒状。花序总状或伞房状，顶生或腋生，花被 5 深裂，椭圆形，红或白色；雄蕊 8，较花被短，花柱 3。瘦果卵形，长约 5 mm，具 3 锐棱，突出于宿存花被之外。花期 5—9 月，果期 6—10 月。我国各地有栽培，或逸为野生；亚欧有栽培。生于荒地、路边。供蜜源；种子可食；全草入药。

珊瑚藤 *Antigonon leptopus* Hook. & Arn.

俗名：紫苞藤、朝日藤

蓼科 Polygonaceae　　**珊瑚藤属 *Antigonon***

多年生攀援落叶藤本，长可达 10 m，蔓长 1～5 m；茎基部稍木质，由肥厚的块根发出。叶互生，卵形至长圆状卵形，长 6～14 cm，先端渐尖，基部深心脏形，有明显的网脉。花序总状，顶生或腋生，花淡红色。瘦果尖卵形，上部三棱形，长约 10 mm，褐色，通常包于宿存的花被内。花期 3—12 月。原产墨西哥，现我国台湾、海南及广州、厦门常见栽培；在热带或亚热带南部也有分布。

齿果酸模 *Rumex dentatus* L.

俗名：羊蹄、牛舌草

蓼科 Polygonaceae　　**酸模属 *Rumex***

一年生草本，高达 70 cm。茎下部叶长圆形或长椭圆形，长 4～12 cm，基部圆或近心形，边缘浅波状；茎生叶较小，叶柄长 1.5～5 cm；小瘤长 1.5～2 mm，每侧具 2～4 刺状齿，齿长 1.5～2 mm。花两性，黄绿色；花簇轮生，花序总状，顶生及腋生，数个组成圆锥状，花梗中下部具关节；外花被片椭圆形，长约 2 mm，内花被片果时增大，三角状卵形，长 3.5～4 mm，宽 2～2.5 mm，基部近圆，具小瘤。瘦果卵形，具 3 锐棱，长 2～2.5 mm。产于我国华北、西北、华东、华中、四川、贵州及云南；尼泊尔、印度、阿富汗、哈萨克斯坦及欧洲东南部也有。生于海拔 30～2 500 m 的沟边湿地、山坡路旁。

长刺酸模 *Rumex trisetifer* Stokes

俗名： 海滨酸模、假菠菜、三刺酸模

蓼科 Polygonaceae　　**酸模属 *Rumex***

一年生草本；根粗壮，红褐色；茎直立，高30～80 cm，褐色或红褐色，具沟槽，分枝开展。茎下部叶长圆形或披针状长圆形，长8～20 cm，宽2～5 cm，顶端急尖，基部楔形，边缘波状，茎上部的叶较小，狭披针形；叶柄长1～5 cm；托叶鞘膜质，早落。花序总状，顶生和腋生，具叶，再组成大型圆锥状花序。花两性，多花轮生，上部较紧密，下部稀疏，间断；花被片6，2轮，黄绿色，外花被片披针形，较小内花被片果时增大，狭三角状卵形，顶端狭窄，急尖，基部截形，全部具小瘤，边缘每侧具1个针刺，针刺长3～4 mm，直伸或微弯。瘦果卵形，具3锐棱，两端尖，长1.5～2 mm，黄褐色，有光泽。花期5—6月，果期6—7月。产于我国陕西、江苏、浙江、安徽、江西、湖南、湖北、四川、台湾、福建、广东、海南、广西、贵州、云南；越南、老挝、泰国、孟加拉国、印度也有分布。生于海拔30～1 300 m 的田边湿地、水边、山坡草地。

巴天酸模 *Rumex patientia* L.

俗名：洋铁叶、洋铁酸模、牛舌头棵

蓼科 Polygonaceae　　**酸模属 *Rumex***

多年生草本，高达 80 cm；根为须根。基生叶及茎下部叶箭形，长 3～12 cm，先端尖或圆钝，基部裂片尖，全缘或微波状，叶柄长 5～12 cm；茎上部叶较小，具短柄或近无柄。花单性，雌雄异株；窄圆锥状花序顶生，花梗中部具关节；雄花外花被片椭圆形，内花被片宽椭圆形，长 2.5～3 mm；雌花外花被片椭圆形，果时反折，内花被片果时增大，近圆形，径达 4 mm，基部心形，网脉明显，基部具小瘤。瘦果卵形，具 3 锐棱，顶端渐尖，褐色，有光泽，长 2.5～3 mm。国内产于南北各地；国外分布于朝鲜、日本、高加索地区、哈萨克斯坦、欧洲及美洲。生于山坡、林缘、沟边、路旁。

皱叶酸模 *Rumex crispus* L.

俗名：土大黄

蓼科 Polygonaceae　　**酸模属 *Rumex***

多年生草本，茎直立，高50~120 cm；茎常不分枝，无毛。基生叶披针形或窄披针形，长10~25 cm，宽2~5 cm，先端尖，基部楔形，边缘皱波状；茎生叶窄披针形。花梗细，中下部具关节：外花被片椭圆形，长约1 mm；内花被片果时增大，宽卵形，长4~5 mm，基部近平截，近全缘，全部具小瘤，稀1片具小瘤，小瘤卵形，长1.5~2 mm。瘦果卵形，具3锐棱，长2 mm。国内产于东北、华北、西北、山东、河南、湖北、四川、贵州及云南；国外分布于高加索地区、哈萨克斯坦、蒙古国、朝鲜、日本、欧洲及北美。生于河滩、沟边湿地。

疏花篱蓼 *Fallopia dumetorum* var. *pauciflora* (Maximowicz) A. J. Li

俗名：疏花蓼、疏花篱首乌

蓼科 Polygonaceae　　**藤蓼属 *Fallopia***

一年生草本，茎缠绕，长 70～150 cm，具纵棱，沿棱具小突起；无毛，多分枝。叶卵状心形，长 3～6 cm，宽 1.5～4 cm，顶端渐尖，基部心形或箭形，两面无毛，沿叶脉具小突起，边缘全缘；叶柄长 1～3 cm；托叶鞘短，膜质，偏斜，长 2～3 mm，顶端尖。花序总状，常腋生，稀疏；苞片膜质，长 1.5～2 mm，每苞内具 2～5 花；花梗中部具关节，花排列稀疏；花被 5 深裂，淡绿色，花被片椭圆形，外面 3 片背部具翅，果时增大，翅近膜质，全缘，基部微下延；花被果时外形呈圆形，直径 4～5 mm；雄蕊 8；花柱 3，柱头头状。瘦果卵形，具 3 棱，长 3～4 mm，黑色，平滑有光泽，包于宿存花被内。花期 6—8 月，果期 8—9 月。我国产于东北、内蒙古、河北、山东、江苏（北部）及新疆。生于海拔 80～1 900 m 的山坡草地、山谷灌丛。

8×
1 000 μm

多花繁缕 *Stellaria nipponica* Ohwi

俗名：白花蛇舌草

石竹科 Caryophyllaceae　　**繁缕属 *Stellaria***

多年生草本，高（5～）10～20 cm；茎近丛生，纤细，直立，有四棱，节间通常短于叶，除叶缘基部有疏短缘毛外，余均无毛。叶片线形，长 2～3（～4.5）cm，宽 1～2 mm，顶端尖，基部稍狭，两面无毛，中脉明显，上面稍凹陷，下面凸起。聚伞花序 1～8 花，顶生，疏散；花梗直立，长 1.5～4（～6）cm；苞片披针形，长约 5 mm，边缘膜质；萼片 5，披针形至长圆状披针形，长 4～5.5 mm，锐尖，稍 3 脉；花瓣 5，白色，长于萼片 1.5～2 倍，2 深裂；雄蕊 10，花丝细长；花柱 3，长 2～3 mm。蒴果椭圆形至卵圆形，黄色，与宿存萼等长或微短。种子扁平，圆肾形，长约 0.3 mm，褐色；脊有疣状凸起。花期 5—6 月，果期 6—8 月。国内产于湖北西部（巴东、宜昌）。生长于海拔约 1 800 m 的山地岩石上。全草入药。

石竹 *Dianthus chinensis* L.

俗名：长萼石竹、丝叶石竹、蒙古石竹、北石竹

石竹科 Caryophyllaceae　　**石竹属 *Dianthus***

多年生草本，高30～50 cm；茎疏丛生。叶线状披针形，长3～5 cm，宽2～4 cm，先端渐尖，基部稍窄，全缘或具微齿。花单生或成聚伞花序；花梗长1～3 cm；苞片4，卵形，长渐尖，长达花萼1/2以上；花萼筒形，长1.5～2.5 cm，径4～5 mm，具纵纹，萼齿披针形，长约5 mm，先端尖；花瓣长1.6～1.8 cm，瓣片倒卵状三角形，长1.3～1.5 cm，紫红、粉红、鲜红或白色，先端不整齐齿裂，喉部具斑纹，疏生髯毛；雄蕊筒形，包于宿萼内，顶端4裂。蒴果圆筒形，包于宿存萼内。种子黑色扁圆形，长2～3 mm。花期5—6月，果期7—9月。我国南北各地普遍栽培。耐寒、耐干旱，不耐酷暑。

莲子草 *Alternanthera sessilis* (L.) DC.

俗名：水牛膝、白花仔、虾钳菜、满天星、水花生

苋科 Amaranthaceae　　**莲子草属 *Alternanthera***

多年生草本，高达 45 cm。叶条状披针形、长圆形、倒卵形，长 1～8 cm，先端尖或圆钝，基部渐窄，全缘或具不明显锯齿，两面无毛或疏被柔毛；叶柄长 1～4 mm。头状花序 1～4 个，腋生，无花序梗，初球形，果序圆柱形，径 3～6 mm；花序轴密被白色柔毛；苞片卵状披针形，长约 1 mm；花被片卵形，长 2～3 mm，无毛，具 1 脉；雄蕊 3，花丝长约 0.7 mm，基部连成杯状，花药长圆形；退化雄蕊三角状钻形；花柱极短。胞果倒心形，侧扁，长 2～2.5 mm，深褐色，包于宿存花被片内。种子卵球形，两面微凸，径 0.6～1 mm，浅褐色，有光泽。花期 5～7 月，果期 7—9 月。国内分布于安徽、江苏、浙江、江西、湖南、湖北、四川、云南、贵州、福建、台湾、广东、广西；国外分布于印度、缅甸、越南、马来西亚、菲律宾等。生于旷野路边、水边、田边潮湿处。全草入药；嫩叶可食用或作饲料。

牛膝 *Achyranthes bidentata* Blume

俗名：牛磕膝、倒扣草、怀牛膝

苋科 Amaranthaceae　　牛膝属 *Achyranthes*

多年生草本，高达 1.2 m；茎有棱角或四方形，绿色或带紫色，有白色贴生或开展柔毛或几无毛，节部膝状膨大，分枝对生。叶片椭圆形或椭圆披针形，长 4.5～12 cm，宽 2～7.5 cm，顶端尾尖，基部楔形或宽楔形，两面有贴生或开展柔毛。穗状花序顶生及腋生，长 3～5 cm，花期后反折；总花梗长 1～2 cm，有白色柔毛；花多数，密生，长 5 mm；苞片宽卵形，长 2～3 mm，顶端长渐尖；小苞片刺状，长 2.5～3 mm；花被片披针形，长 3～5 mm，光亮，顶端急尖，有 1 中脉；雄蕊长 2～2.5 mm。胞果矩圆形，长 2～3 mm，黄褐色，光滑。花期 7—9 月，果期 9—10 月。我国除东北外各地广布；朝鲜、俄罗斯、印度、越南、菲律宾、马来西亚、非洲均有分布。生于海拔 200～1 750 m 的山坡林下。

土牛膝 *Achyranthes aspera* L.

俗名：倒梗草、倒钩草、倒扣草

苋科 Amaranthaceae　　**牛膝属 *Achyranthes***

多年生草本，高达 1.2 m；茎四棱形，被柔毛，节部稍膨大，分枝对生。叶椭圆形或长圆形，长 1.5～7 cm，先端渐尖，基部楔形，全缘或波状，两面被柔毛，或近无毛；叶柄长 0.5～1.5 cm，密被柔毛或近无毛。穗状花序顶生，直立，长 10～30 cm，花在花后反折，花序梗密被白色柔毛；苞片披针形，长 3～4 mm，小苞片 2，刺状，基部两侧具膜质裂片；花被片披针形，长 3.5～5 mm，花后硬化锐尖，具 1 脉；雄蕊长 2.5～3.5 mm；退化雄蕊顶端平截，流苏状长缘毛。胞果矩圆形，长 2.5～3 mm，褐色。种子长卵形，不扁压，长约 2 mm，褐色。花期 6—8 月，果期 10 月。我国产于湖南、江西、福建、台湾、广东、广西、四川、云南、贵州；印度、越南、菲律宾、马来西亚等地有分布。根药用，有清热解毒、利尿功效。生于海拔 800～2 300 m 的山坡疏林或村庄附近空旷地。

千日红 *Gomphrena globosa* L.

俗名：火球花、百日红

苋科 Amaranthaceae　　**千日红属 *Gomphrena***

一年生直立草本，高 20～60 cm；茎粗壮，有分枝，枝略成四棱形。叶片纸质，长椭圆形或矩圆状倒卵形，长 3.5～13 cm，宽 1.5～5 cm，顶端急尖或圆钝，叶柄长 1～1.5 cm，有灰色长柔毛。花多数，密生，成顶生球形或矩圆形头状花序，单一或 2～3 个，直径 2～2.5 cm，常紫红色，有时淡紫色或白色；总苞具 2 绿色对生叶状苞片，卵形或心形；苞片卵形，长 3～5 mm，白色，顶端紫红色；小苞片三角状披针形，长 1～1.2 cm，紫红色，内面凹陷，顶端渐尖，背棱有细锯齿缘；花被片披针形，长 5～6 mm，顶端渐尖，外面密生白色绵毛。胞果近球形，直径 2～2.5 mm。种子肾形，棕色，光亮，径约 1.5 mm。花果期 6—9 月。原产美洲热带，我国南北各地均有栽培。头状花序经久不变，供观赏。

银花苋 *Gomphrena celosioides* Mart.

俗名：鸡冠千日红、假千日红

苋科 Amaranthaceae　　**千日红属 *Gomphrena***

一年生草本，高达 60 cm，茎有贴生白色长柔毛。叶长圆状倒卵形，长约 3.5 cm，先端尖。花序银白色，顶生，长圆形头状花序，花被片花期后变硬。胞果近球形，径 2~2.5 mm。种子肾形，褐色，长约 2 mm。花果期 2—6 月。原产美洲热带，现分布于世界各热带地区；我国广东、台湾也有分布。喜潮湿环境，生长于路旁草地。

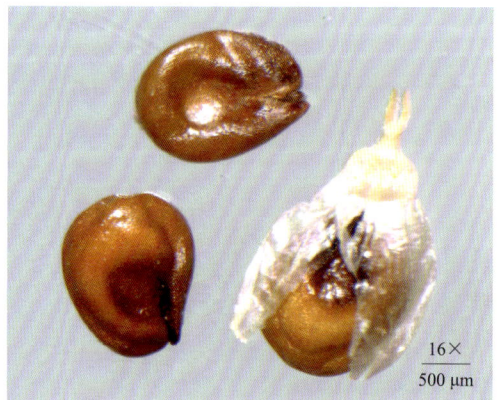

鸡冠花 *Celosia cristata* L.

俗名：鸡髻花、老来红、芦花鸡冠、笔鸡冠、小头鸡冠、凤尾鸡冠

苋科 Amaranthaceae　　**青葙属 *Celosia***

一年生直立草本，高 30~80 cm；全株无毛，粗壮；分枝少，近上部扁平，绿色或带红色，有棱纹突起。单叶互生，叶片卵形、卵状披针形或披针形，宽 2~6 cm。花多数，极密生；穗状花序多分枝呈鸡冠状、卷冠状或羽毛状，苞片、小苞片和花被片干膜质，宿存。胞果卵形，长约 3 mm，熟时盖裂，包于宿存花被内。种子肾形或近球形，长约 1 mm，黑色，有光泽。广布于温暖地区，我国南北各地均有栽培。

青葙 *Celosia argentea* L.

俗名：狗尾草、百日红、鸡冠花、野鸡冠花、指天笔、海南青葙

苋科 Amaranthaceae　　青葙属 *Celosia*

一年生草本，高达 1 m，全株无毛。叶长圆状披针形、披针形或披针状条形，长 5～8 cm，宽 1～3 cm，绿色常带红色，先端尖或渐尖，具小芒尖，基部渐窄；叶柄长 0.2～1.5 cm，或无叶柄。塔状或圆柱状穗状花序不分枝，长 3～10 cm；苞片及小苞片披针形，白色，先端渐尖成细芒，具中脉；花被片长圆状披针形，长 0.6～1 cm，花初为白色顶端带红色，或全部粉红色，后白色；花丝长 2.5～3 mm，花药紫色；花柱紫色，长 3～5 mm。胞果卵形，长 3～3.5 mm，包在宿存花被片内。种子肾形，扁平，双凸，径约 1 mm。花期 5—8 月，果期 6—10 月。我国分布几遍全国；朝鲜、日本、俄罗斯、印度、越南、缅甸、泰国、菲律宾、马来西亚及非洲热带地区有分布。生于海拔 20～1 500 m 以下的平原、田边、丘陵、山坡。种子药用；嫩茎叶作蔬菜食用。

凹头苋 *Amaranthus blitum* Linnaeus

俗名：野苋

苋科 Amaranthaceae　　苋属 *Amaranthus*

一年生草本，高达 30 cm；茎伏卧上升，基部分枝。叶卵形或菱状卵形，长 1.5～4.5 cm，先端凹缺，具芒尖，或不明显，基部宽楔形，全缘或稍波状；叶柄长 1～3.5 cm。花簇腋生，生于茎端及枝端者成直立穗状或圆锥花序；苞片长圆形，长不及 1 mm；花被片长圆形或披针形，长 1.2～1.5 mm，淡绿色，背部具隆起中脉；雄蕊较花被片稍短；柱头 3 或 2。果扁卵形，长 3 mm，不裂，近平滑，露出宿存花被片。种子圆形，径约 1 mm，黑或黑褐色，具环状边。花期 7—8 月，果期 8—9 月。国内除内蒙古、宁夏、青海、西藏外，全国广泛分布；国外分布于日本、欧洲、非洲北部及南美洲。生于田野或杂草地上。

刺苋 *Amaranthus spinosus* L.

俗名：勒苋菜、笋苋菜

苋科 Amaranthaceae　　**苋属 *Amaranthus***

一年生草本，高30～100 cm；茎直立，圆柱形或钝棱形，多分枝，有纵条纹，绿色或带紫色，无毛或稍有柔毛。叶片菱状卵形或卵状披针形，长3～12 cm，宽1～5.5 cm，顶端圆钝，具微凸头，基部楔形，全缘；叶柄长1～8 cm，在其旁有2刺，刺长5～10 mm。圆锥花序腋生及顶生，长3～25 cm，下部顶生花穗常全部为雄花；苞片在腋生花簇及顶生花穗的基部者变成尖锐直刺，长5～15 mm，在顶生花穗的上部者狭披针形，长1.5 mm，顶端急尖，具凸尖，中脉绿色；花被片绿色，顶端急尖，具凸尖，边缘透明，中脉绿色或带紫色；雄蕊花丝略和花被片等长或较短；柱头3，有时2。胞果矩圆形，长1～1.2 mm，在中部以下不规则横裂，包裹在宿存花被片内。种子近球形，径约1 mm，黑色或棕黑色。花果期7—11月。国内产于陕西、河南、安徽、江苏、浙江、江西、湖南、湖北、四川、云南、贵州、广西、广东、福建、台湾；国外分布于日本、印度、马来西亚、菲律宾、美洲等。生在旷地或园圃杂草地。

10×
500 μm

反枝苋 *Amaranthus retroflexus* L.

俗名： 西风谷、苋菜

苋科 Amaranthaceae   **苋属 *Amaranthus***

一年生草本，高达 1 m；茎密被柔毛。叶菱状卵形或椭圆状卵形，长 5~12 cm，先端锐尖或尖凹，具小凸尖，基部楔形，全缘或波状，两面及边缘被柔毛，叶背毛较密；叶柄长 1.5~5.5 cm，被柔毛。穗状圆锥花序，径 2~4 cm，顶生花穗较侧生者长；苞片钻形，长 4~6 mm；花被片长圆形或长圆状倒卵形，长 2~2.5 mm，薄膜质，中脉淡绿色，具凸尖；雄蕊较花被片稍长；柱头 3 或 2。胞果扁卵形，长约 1.5 mm，环状横裂，包在宿存花被片内。种子近球形，径 1 mm。花期 7—8 月，果期 8—9 月。原产墨西哥，世界广泛分布；我国分布于黑龙江、吉林、辽宁、内蒙古、河北、山东、山西、河南、陕西、甘肃、宁夏、新疆。生在田园内、农地旁、园圃杂草地。嫩茎叶为野菜；全草药用。

老鸦谷 *Amaranthus cruentus* Linnaeus

俗名：鸦谷、天雪米、繁穗苋

苋科 Amaranthaceae　　**苋属 *Amaranthus***

一年生草本，高达 2 m；茎直立、单一或分枝，具钝棱，近无毛。叶卵状长圆形或卵状披针形，长 4～13 cm，先端尖或圆钝，具芒尖，基部楔形。花单性或杂性，穗状圆锥花序直立，后下垂；苞片和小苞片钻形，绿色或紫色，背部中脉突出顶端成长芒；花被片膜质，绿或紫色，顶端具短芒；雄蕊较花被片稍长。胞果卵形，盖裂，和宿存花被等长。种子近球形，双凸，径 1 mm，棕黑色，有光泽。花期 6—7 月，果期 9—10 月。我国各地栽培或野生；全世界广泛分布。

10×
1 000 μm

苋 *Amaranthus tricolor* L.

俗名：三色苋、老来少、老少年、雁来红

苋科 Amaranthaceae　　**苋属 *Amaranthus***

一年生草本，高达 1.5 m；茎粗壮，绿或红色，常分枝。叶卵形、菱状卵形或披针形，长 4～10 cm，绿色或带红、紫或黄色；叶柄长 2～6 cm。花成簇腋生，组成下垂穗状花序，花簇球形，径 0.5～1.5 cm，雄花和雌花混生；苞片卵状披针形，长 2.5～3 mm，顶端具长芒尖；花被片长圆形，长 3～4 mm，绿或黄绿色，顶端具长芒尖，背面具绿或紫色中脉。胞果卵状长圆形，长 2～2.5 mm，环状横裂，包在宿存花被片内。种子近球形或倒卵形，径约 1 mm，黑色或黑褐色，边缘钝。原产印度，亚洲南部、中亚、日本等地有分布；我国各地均有栽培，有时逸为半野生。

10×
1 000 μm

皱果苋 *Amaranthus viridis* L.

俗名：绿苋

苋科 Amaranthaceae　　**苋属 *Amaranthus***

一年生草本，高 40～80 cm，全体无毛；茎直立，有不明显棱角，稍有分枝，绿色或带紫色。叶片卵形、卵状矩圆形或卵状椭圆形，长 3～9 cm，宽 2.5～6 cm，顶端尖凹或凹缺，少数圆钝，有 1 芒尖，基部宽楔形或近截形，全缘或微呈波状缘；叶柄长 3～6 cm，绿色或带紫红色。圆锥花序顶生，长 6～12 cm，宽 1.5～3 cm，有分枝，由穗状花序形成，圆柱形，细长，直立，顶生花穗比侧生者长；总花梗长 2～2.5 cm；苞片及小苞片披针形，长不及 1 mm，顶端具凸尖；花被片矩圆形或宽倒披针形，长 1.2～1.5 mm，内曲，顶端急尖，背部有 1 绿色隆起中脉；雄蕊比花被片短；柱头 3 或 2。胞果扁球形，直径约 2 mm，绿色，不裂，极皱缩，超出花被片。种子近球形，直径约 1 mm，黑色或黑褐色，具薄且锐的环状边缘。花期 6—8 月，果期 8—10 月。原产热带非洲，广泛分布在两半球的温带、亚热带和热带地区；我国产于东北、华北、陕西、华东、华南。生于旷野、荒地、河岸、山坡，为田园杂草。

10×
1 000 μm

土荆芥 *Dysphania ambrosioides* (Linnaeus) Mosyakin & Clemants

俗名：杀虫芥、臭草、鹅脚草

苋科 Amaranthaceae　　**腺毛藜属 *Dysphania***

一年生或多年生草本，被椭圆形腺体，有香味；茎高达 80 cm，多分枝，枝常细瘦，被柔毛及具节长柔毛。叶长圆状披针形或披针形，长达 15 cm，宽达 5 cm，先端尖或渐尖，具小整齐大锯齿，基部渐窄，具短柄。花两性及雌性，常 3~5 个团集，生于上部叶腋，组成穗状或圆锥状花序；花被常 5 裂，淡绿色，果时常闭合；雄蕊 5，花药长 0.5 mm；花柱不明显，柱头 3~4，丝形。胞果扁球形。种子横生或斜生，黑或暗红色，平滑，有光泽，周边钝，径约 0.7 mm。原产于热带美洲，广布于世界热带及温带地区；我国广西、广东、福建、台湾、江苏、浙江、江西、湖南、四川等地有野生。喜生于村旁、路边、河岸等处。全草入药。

垂序商陆 *Phytolacca americana* L.

俗名: 美洲商陆、美国商陆、洋商陆、见肿消、红籽

商陆科 Phytolaccaceae   **商陆属 *Phytolacca***

多年生草本,高达 2 m;茎圆柱形,有时带紫红色。叶椭圆状卵形或卵状披针形,先端尖,基部楔形。总状花序顶生或与叶对生,纤细,花较稀少;花白色,微带红晕,花被片 5,雄蕊、心皮及花柱均为 10,心皮连合。果序下垂,浆果扁球形,多汁液,熟时紫黑色。种子肾圆形,长 2~3 mm。花期 6—8 月,果期 8—10 月。原产于北美,现世界各地引种和归化;我国河北、陕西、山东、江苏、浙江、江西、福建、河南、湖北、广东、四川、云南栽培或逸生。全株有毒,根及果实毒性最强。

紫茉莉 *Mirabilis jalapa* L.

俗名：地雷花、白花紫茉莉、晚饭花、野丁香、苦丁香、状元花、夜饭花、粉豆花、胭脂花

紫茉莉科 Nyctaginaceae　　**紫茉莉属 *Mirabilis***

一年生草本，高达 1 m；茎多分枝，节稍肿大。叶卵形或卵状三角形，先端渐尖，基部平截或心形，全缘。花常数朵簇生枝顶，总苞钟形，5 裂，花被紫红、黄或杂色，花被筒高脚碟状，檐部 5 浅裂，午后开放，有香气，次日午前凋萎；雄蕊 5。瘦果球形，黑色，革质，具皱纹。种子卵形，长 6～8 mm，胚乳白粉质。花期 6—10 月，果期 8—11 月。原产热带美洲；我国南北各地常栽培，有时逸为野生。

落葵 *Basella alba* L.

俗名：蒿芭菜、胭脂菜、紫葵、豆腐菜、潺菜、木耳菜

落葵科 Basellaceae　　**落葵属 *Basella***

一年生缠绕草本，长达 4 m；无毛，肉质，绿或稍紫红色。叶卵形或近圆形，长 3～9 cm，先端短尾尖，基部微心形或圆，全缘；叶柄长 1～3 cm。穗状花序腋生，长 3～15（～20）cm；苞片极小，早落，小苞片 2，萼状，长圆形，宿存；花被片淡红或淡紫色，卵状长圆形，全缘，顶端内折，下部白色，连合成筒，雄蕊着生花被筒口，花丝短，基部宽扁，白色，花药淡黄色柱头椭圆形。果球形，径 5～6 mm，红、深红至黑色，多汁液，外包宿存小苞片及花被。种子近球形，径 3～3.5 mm，深褐色。花期 5—9 月，果期 7—10 月。原产亚洲热带地区；我国南北各地多有种植，南方或逸为野生。全草供药用。

土人参 *Talinum paniculatum* (Jacq.) Gaertn.

俗名：波世兰、力参、煮饭花、紫人参、红参、土高丽参、参草、假人参

土人参科 Talinaceae　　**土人参属 *Talinum***

一年生或多年生草本，全株无毛，高达 30～100 cm。主根粗壮，圆锥形，有少数分枝，皮黑褐色，断面乳白色。茎直立，肉质，基部近木质，多少分枝，圆柱形，有时具槽。叶互生或近对生，具短柄或近无柄，叶片稍肉质，倒卵形或倒卵状长椭圆形，长 5～10 cm，宽 2.5～5 cm，顶端急尖，基部狭楔形，全缘。圆锥花序顶生或腋生，常二叉状分枝，具长花序梗；花小，直径约 6 mm；总苞片绿色或近红色，圆形，顶端圆钝；萼片卵形，紫红色，早落；花瓣粉红色或淡紫红色，长椭圆形、倒卵形或椭圆形，长 6～12 mm，顶端圆钝；雄蕊（10～）15～20；花柱线形，基部具关节；柱头 3 裂；子房卵球形，长约 2 mm。蒴果近球形，直径约 4 mm，3 瓣裂，坚纸质。种子多数，扁圆心形，直径约 1 mm，被细粉粒状突起，黑褐色或黑色，有光泽。花期 6—8 月，果期 9—11 月。原产热带美洲；我国中南部栽植或逸生。根入药；根、叶均可食用。

10×
500 μm

16×
500 μm

大花马齿苋 *Portulaca grandiflora* Hook.

俗名： 太阳花、午时花、洋马齿苋、龙须牡丹、金丝杜鹃、松叶牡丹、半支莲

马齿苋科 Portulacaceae　　**马齿苋属 *Portulaca***

一年生草本，高达 30 cm；茎平卧或斜升，紫红色，多分枝，节有簇生毛。叶密集枝顶，较下不规则互生，叶细圆柱形，叶腋常簇生白色长柔毛。花单生或数朵簇生枝顶，径 2.5～4 cm，日开夜闭；叶状总苞 8～9 片，轮生，被白色长柔毛；花瓣 5 或重瓣，倒卵形，先端微凹，长 1.2～3 cm，红、紫、黄或白色；雄蕊多数，长 5～8 mm，花丝紫色，基部连合；花柱长 5～8 mm，柱头 5～9，线形。蒴果近椭圆形，盖裂。种子细小，多数，圆肾形，径不及 1 mm，深灰、灰褐或灰黑色，有光泽，具小疣状突起。花期 6—9 月，果期 8—11 月。原产南美洲的巴西、阿根廷、乌拉圭等地；我国各地均有栽培。

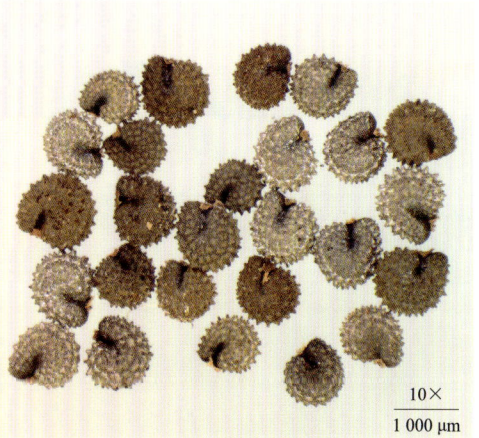

马齿苋 *Portulaca oleracea* L.

俗名：胖娃娃菜、猪肥菜、五行菜、马齿菜、蚂蚱菜、马苋菜、马齿草、麻绳菜、瓜子菜、五方草、长命菜、五行草、马苋、马耳菜

马齿苋科 **Portulacaceae**　　马齿苋属 ***Portulaca***

一年生草本，全株无毛；茎平卧或斜倚，铺散，多分枝，圆柱形，长 10～15 cm，淡绿色或带暗红色。叶互生或近对生，扁平肥厚，倒卵形，长 1～3 cm，先端钝圆或平截，有时微凹，基部楔形，全缘，叶正面暗绿色，叶背淡绿色或带暗红色，中脉微隆起；叶柄粗短。花无梗，径 4～5 mm，常 3～5 簇生枝顶，午时盛开；叶状膜质苞片 2～6，近轮生；萼片 2，对生，绿色，盔形，长约 4 mm，背部龙骨状凸起，基部连合；花瓣 5，稀 4，黄色，长 3～5 mm，基部连合；雄蕊 8 或更多，长约 1.2 cm，花药黄色，子房无毛，花柱较雄蕊稍长。蒴果卵球形，长约 5 mm，盖裂。种子细小，多数偏斜球形，黑褐色，有光泽，直径不及 1 mm，具小疣状突起。花期 5—8 月，果期 6—9 月。我国南北各地均有分布；广布于全世界温带和热带地区。生于菜园、农田、路旁。全草供药用；嫩茎叶可作蔬菜。

10×
500 μm

20×
500 μm

量天尺 *Selenicereus undatus* (Haw.) D. R. Hunt

俗名：火龙果、三棱箭、三角柱、霸王鞭、龙骨花、霸王花

仙人掌科 Cactaceae　　**蛇鞭柱属** *Selenicereus*

攀援肉质灌木，长3～15 m，具气根；分枝多数，延伸，具3角或棱，棱常翅状，边缘波状或圆齿状，深绿色至淡蓝绿色，无毛，老枝边缘常胼胝状，淡褐色，骨质；小窠沿棱排列，每小窠具1～3根开展的硬刺；刺锥形，灰褐色至黑色。花漏斗状，长25～30 cm，直径15～25 cm，于夜间开放；花托及花托筒密被淡绿色或黄绿色鳞片；萼状花被片黄绿色，线形至线状披针形；瓣状花被片白色，长圆状倒披针形，长12～15 cm，宽4～5.5 cm，先端急尖，具1芒尖，边缘全缘或啮蚀状，开展；花丝黄白色，长5～7.5 cm；花柱黄白色，长17.5～20 cm，径6～7.5 mm；柱头20～24，线形。浆果红色，长球形，长7～12 cm，径5～10 cm，果脐小，果肉白色或红色。种子倒卵形，长2 mm，宽1 mm，厚0.8 mm，黑色。花期7—12月。原产于美洲热带和亚热带地区，其他热带和亚热带地区多有栽培；我国广东、广西、福建、海南等地有天然分布。浆果可食；花、茎可入药。

杜鹃花目 Ericales

凤仙花 *Impatiens balsamina* L.

俗名：指甲花、急性子、凤仙透骨草

凤仙花科 Balsaminaceae　　**凤仙花属 *Impatiens***

一年生草本，高 60～100 cm；茎粗壮，肉质，直立，不分枝或有分枝，无毛或幼时被疏柔毛，基部直径可达 8 mm，具多数纤维状根，下部节常膨大。叶互生，最下部叶有时对生；叶片披针形、狭椭圆形或倒披针形，长 4～12 cm，宽 1.5～3 cm，先端尖或渐尖，基部楔形，边缘有锐锯齿，向基部常有数对无柄的黑色腺体，两面无毛或被疏柔毛，侧脉 4～7 对；叶柄长 1～3 cm，叶正面有浅沟，两侧具数对具柄的腺体。花单生或 2～3 朵簇生于叶腋，无总花梗，白色、粉红色或紫色，单瓣或重瓣；花梗长 2～2.5 cm，密被柔毛。蒴果宽纺锤形，长 10～20 mm；两端尖，密被柔毛。种子多数，圆球形，径约 3 mm，黑褐色，具黄色小斑。花期 7—10 月。我国各地庭园广泛栽培，为习见的观赏花卉。民间常用其花及叶染指甲。

玉蕊 *Barringtonia racemosa* (L.) Spreng.

俗名：水茄苳、穗花棋盘脚

玉蕊科 Lecythidaceae　　**玉蕊属 *Barringtonia***

常绿乔木，高达 20 m，稀灌木状。叶常丛生枝顶，纸质，倒卵形、倒卵状椭圆形或倒卵状长圆形，长 12～30 cm 或更长，先端短尖或渐尖，基部钝，常微心形，有圆齿状小锯齿；侧脉 10～15 对，稍粗大，两面凸起，网脉清晰；有短柄。总状花序顶生，稀在老枝上侧生，下垂，长达 70 cm 或更长；花疏生；花梗长 0.5～1.5（～1.8）cm；苞片小而早落；花萼撕裂为 2～4 片，裂片等大或不等大，椭圆形或近圆形，长 0.7～1.3 cm；花瓣 4，椭圆形或卵状披针形，长 1.5～2.5 cm；雄蕊通常 6 轮，最内轮不育，发育雄蕊花丝长 3～4.5 cm；子房常 3～4 室，隔膜完全，每室 2～3 胚珠。果卵圆形，长 5～7 cm，径 2～4.5 cm，微具 4 钝棱，果皮厚 0.3～1.2 cm，稍肉质，内含网状交织纤维束。种子卵圆形，长 2～4 cm。花期几全年。广布于非洲、亚洲和大洋洲的热带、亚热带地区。生于滨海地区林中。其花常于傍晚开放，至凌晨飘落，是优良的园林景观树种。

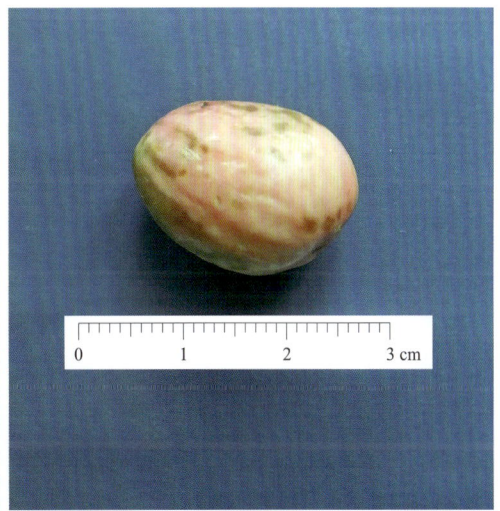

格药柃 *Eurya muricata* Dunn

俗名：刺柃、硬壳紫

五列木科 Pentaphylacaceae　　**柃属 *Eurya***

小乔木或灌木状，全株无毛；幼枝圆。叶革质，长圆状椭圆形或椭圆形，长 3.5～11.5 cm，先端渐尖，基部楔形或宽楔形，具细钝齿，叶正面中脉凹下，叶背干后淡绿色，侧脉 9～11 对；叶柄长 4～5 mm。花 1～5 朵簇生叶腋；花梗长 1～1.5 mm；雄花花瓣 5，白色，长圆形或长圆状倒卵形，长 4～5 mm；雄蕊 15～20，花药具多分格；雌花花瓣白色，卵状披针形，长约 3 mm，子房 3 室。果球形，径 4～5 mm，深红色。种子肾形、心形或不规则状，长约 1.5 mm，棕褐色，光亮，表面具密网纹。花期 9—11 月，果期翌年 6—8 月。分布于我国江苏（南部）、安徽（南部）、浙江、江西、福建、广东（中部和北部及南部）、香港、湖北（东南部）、湖南（东部和南部）、四川（中部）及贵州（西北部）等地；多生于海拔 350～1 300 m 的山坡林中或林缘灌丛中。观花、观果园林植物。

杨桐 *Adinandra millettii* (Hook. et Arn.) Benth. et Hook. f. ex Hance

俗名：黄瑞木

五列木科 Pentaphylacaceae　　**杨桐属 *Adinandra***

小乔木或灌木状；幼枝初被灰褐色平伏柔毛，后脱落无毛，顶芽被灰褐色平伏柔毛。叶长圆状椭圆形，长4.5~9 cm，先端短渐尖或近钝，基部楔形，全缘，稀上部疏生细齿，叶背初疏被平伏柔毛，旋脱落无毛或近无毛，侧脉10~12对，叶柄疏被柔毛或近无毛。单花腋生；花梗纤细，长约2 cm，疏被柔毛或近无毛；萼片5，卵状披针形或卵状三角形；花瓣5，白色，卵状长圆形至长圆形，无毛；雄蕊约25，花药被丝毛；子房3室，花柱单一。果球形，疏被柔毛，径约1 cm，宿存花柱长约8 mm。种子呈不规则状，长1~1.5 mm，棕褐色，光亮。花期5—7月，果期8—10月。我国分布于安徽（南部）、浙江（南部和西部）、江西、福建、湖南、广东、广西、贵州等地。常见于山坡路旁灌丛、山地阳坡的疏林中或密林中，以及海拔100~1 800 m的林缘沟谷地或溪、河路边。

蛋黄果 *Pouteria campechiana* (Kunth) Baehni

俗名：狮头果、蛋果、鸡蛋果、桃榄、仙桃

山榄科 Sapotaceae　　**桃榄属 *Pouteria***

小乔木，高约 6 m；小枝嫩枝被褐色短绒毛。叶坚纸质，窄椭圆形，长 10～15（～20）cm，先端渐尖，基部楔形，两面无毛，侧脉 13～16 对，斜上升至叶缘弧曲上升；叶柄长 1～2 cm。花 1 或 2 朵生于叶腋，花梗圆柱形，长 1.2～1.7 cm，被褐色细绒毛；花萼裂片通常 5，稀 6～7，卵形或宽卵形，长约 7 mm，外面被黄白色细绒毛，内面无毛；花冠长约 1 cm，外面被黄白色细绒毛，内面无毛，花冠裂片 6，稀 4，窄卵形；能育雄蕊通常 5，花丝钻形，被白色极细绒毛；子房圆形，被黄褐色绒毛，5 室，花柱无毛。果倒卵圆形，长约 8 cm，绿色转蛋黄色，外果皮极薄，中果皮肉质，肥厚，蛋黄色，可食，味如鸡蛋黄，故名蛋黄果。种子 2～4，椭圆形，压扁，长 4～5 cm，黄褐色，具光泽；疤痕侧生，长圆形，几与种子等长。花期春季，果期秋季。原产古巴和北美洲热带，我国广东、广西、海南、云南（西双版纳）有少量栽培。果可生食，或制果酱、饮料和果酒。

人心果 *Manilkara zapota* (L.) van Royen

俗名： 吴凤柿、赤铁果、奇果

山榄科 Sapotaceae　　**铁线子属 *Manilkara***

乔木，高达 20 m；小枝叶痕明显。叶互生，密聚枝顶，革质，长圆形或卵状椭圆形，长 6～19 cm，先端尖或钝，基部楔形，全缘或微波状，叶正面中脉凹下，侧脉纤细，平行，网脉细密；叶柄长 1.5～3 cm。花 1～2 生于枝顶叶腋，花梗长 2～2.5 cm，密被毛；花萼裂片外轮 3 枚长 6～7 mm，内轮 3 枚稍短，背卤密被毛；花冠白色，长 6～8 mm，花冠裂片先端具不规则细齿，背面两侧具 2 枚花瓣状附属物，能育雄蕊着生花冠筒喉部，退化雄蕊花瓣状；子房圆锥状，长约 4 mm，密被毛。浆果纺锤形、卵圆形或球形，长 4 cm 以上，褐色，果肉黄褐色。种子长扁状，长约 1.5 cm，径 0.6 cm，黑色，质地硬，有光泽。花期 4—9 月，果期 11 月至翌年 5 月。原产美洲热带地区，我国广东、广西、云南（西双版纳）有栽培。果可生食。

罗浮柿 *Diospyros morrisiana* Hance

俗名：山柿、山红柿、乌蛇木、牛古柿、山稗树

柿科 Ebenaceae　　**柿属** *Diospyros*

乔木或小乔木，高达 20 m，胸径可达 30 cm；嫩枝疏被柔毛；冬芽被短柔毛。叶薄革质，长椭圆形或卵形，长 5~10 cm，先端短渐尖或钝，基部楔形，边缘微背卷，叶正面有光泽，深绿色，叶背绿色，中脉在上面平，侧脉 4~6 对；叶柄长约 1 cm，上端有窄翅。雄花序短小，腋生，下弯，成聚伞花序，被锈色绒毛。果球形，直径约 1.8 cm，黄色，有光泽，4 室，每室有 1 种子。种子近长圆形，栗色，侧扁，长约 1.2 cm，宽约 0.6 cm，背较厚。花期 5—6 月，果期 11 月。国内分布于广东、广西、福建、台湾、浙江、江西、湖南（南部）、贵州（东南部）、云南（东南部）、四川盆地等地；国外分布于越南北部。生于海拔 1 100~1 450 m 的山坡、山谷疏林或密林中，或灌丛中，或近溪畔、水边。

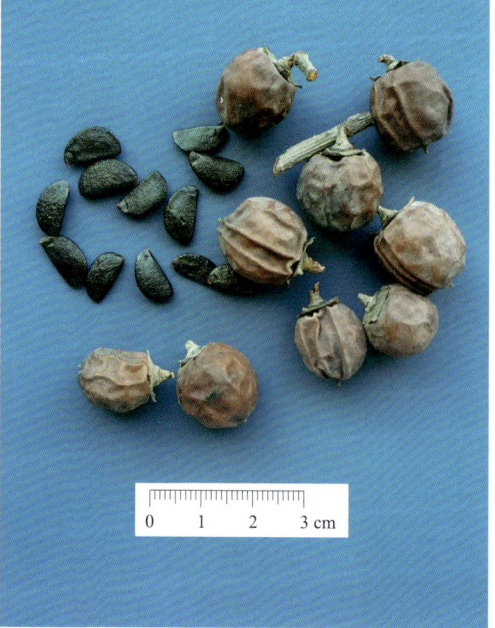

柿 *Diospyros kaki* Thunb.

俗名：柿子

柿科 Ebenaceae　　**柿属 *Diospyros***

落叶高大乔木，株高达 14（～27）m。叶纸质，卵状椭圆形、倒卵形或近圆形，新叶疏被柔毛，老叶正面深绿色，有光泽，无毛，叶背绿色，有柔毛或无毛，中脉在上面凹下，有微柔毛。花雌雄异株，聚伞花序腋生；雄花序长 1～1.5 cm，弯垂，被柔毛或绒毛，有 3（～5）花；花序梗长约 5 mm，有微小苞片；雄花长 0.5～1 cm，花梗长约 3 mm。果实球形、扁球形略呈方形，嫩时绿色，果肉较脆硬，老熟时果肉变成柔软多汁，呈橙红色或大红色，有种子数颗。种子椭圆状，侧扁，长约 1.5 cm，褐色。花期 5—6 月，果期 9—10 月。我国特有；朝鲜、日本、东南亚、大洋洲、北非的阿尔及利亚、法国、俄罗斯、美国等有栽培。

杜茎山 *Maesa japonica* (Thunb.) Moritzi. ex Zoll.

俗名：金砂根、白茅茶、白花茶

报春花科 Primulaceae　　**杜茎山属 *Maesa***

灌木，小枝无毛。叶革质，椭圆形、披针状椭圆形、倒卵形或披针形，长（5～）10（～15）cm，宽（2～）3（～5）cm，两面无毛，侧脉5～8对，叶柄无毛，总状或圆锥花序，无毛；苞片卵形。花梗长2～3 mm；小苞片紧贴花萼基部；花萼长2 mm；花冠白色，长钟形，花冠筒具脉状腺纹，裂片卵形或肾形，略具细齿；雄蕊生于冠筒中部，内藏，花丝与花药等长；柱头分裂。果球形，径4～6 mm，肉质，具脉状腺纹，宿萼包果顶端，花柱宿存部分。种子锥形，黑色，长约0.5 mm。花期1—3月，果期10月或5月。我国分布于西南、中南及东南沿海各省区；日本及越南（北部）亦有。生于海拔300～2 000 m的山坡或石灰山杂木林下阳处。

16×
500 μm

酸藤子 *Embelia laeta* (L.) Mez

俗名：驳子、酸果藤、咸酸果、挖不尽、鸡母酸、甜酸叶、信筒子

报春花科 Primulaceae　　酸藤子属 *Embelia*

攀援灌木或藤本，幼枝无毛。叶倒卵形或长圆状倒卵形，先端圆钝或微凹，长3~4（~7）cm，叶背常被白粉；叶柄长5~8 mm。总状花序，腋生或侧生，生于前年无叶枝上，长3~8 mm，基部具1~2轮苞片；花梗长约1.5 mm；花4数，花萼基部连合1/2或1/3，萼片卵形或长圆形；花瓣白色或带黄色；雄蕊在雄花中略超出花瓣；雌蕊在雌花中较花瓣略长，柱头扁平或近盾状。果径5 mm，腺点不明显。花期12月至翌年3月，果期4—6月。我国产于云南、广西、广东、江西、福建、台湾等地；越南、老挝、泰国、柬埔寨均有。生于海拔100~1 500（~1 850）m的山坡疏、密林下或疏林缘或开阔的草坡、灌木丛中。

矮紫金牛 *Ardisia humilis* Vahl

俗名：黑玉莓

报春花科 Primulaceae　　**紫金牛属 *Ardisia***

灌木，高1～2 m，有时达3（～5）m；茎粗壮，无毛，有皱纹，除侧生特殊花枝外不分枝。叶片革质，倒卵形或椭圆状倒卵形，稀倒披针形，长15～18 cm，宽5～7 cm，全缘，两面无毛，中脉明显，侧脉约12对或更多；叶柄长5～10 mm，粗壮。由多数亚伞形花序或伞房花序组成的金字塔形的圆锥花序，着生于粗壮的侧生特殊花枝顶端，长8～17 cm或更长，花枝长13 cm或达30 cm，仅中部以上具少数叶；花梗长6～10 mm，果时常达15 mm；花长5～6 mm，花萼基部连合达1/3，无毛，萼片广卵形，顶端急尖，全缘；花瓣粉红色或红紫色，广卵形或卵形，顶端急尖，长5～6 mm，无毛；雄蕊与花瓣近等长，花丝长为花药的1/2，花药长圆状披针形，顶端渐尖，背部具腺点；雌蕊与花瓣等长，子房球形，具腺点，无毛；胚珠多数，3轮。果球形，直径约6 mm，暗红色至紫黑色，具腺点。种子球形，褐色，径约0.5 cm。花期3—4月，果期11—12月。产于我国广东、海南。生于海拔40～1 100 m的山间，坡地疏、密林下，开阔的坡地。

密鳞紫金牛 *Ardisia densilepidotula* Merr.

俗名：大叶紫金牛、仙人血树、黑度、山马皮、罗芒树

报春花科 Primulaceae　　**紫金牛属 *Ardisia***

小乔木，高6~8（~15）m；小枝粗壮，皮粗糙，幼时被锈色鳞片。叶片革质，倒卵形或广倒披针形，顶端钝急尖或广急尖，基部楔形，下延，长11~17 cm，宽4~6 cm，有时长达23 cm，宽8.5 cm，全缘，常反折，叶面平整，侧脉微隆起，中脉微凹，背面密被鳞片；叶柄长约1 cm，具狭翅和沟。由多回亚伞形花序组成的圆锥花序，顶生或近顶生，长10~14 cm，被鳞片；花梗长3~8 mm，被鳞片；花长约3 mm，花萼基部连合，萼片狭三角状卵形或披针形，顶端急尖，长1~1.5 mm，具缘毛；花瓣粉红色至紫红色，卵形，顶端钝，长约3 mm，无腺点，无毛；雄蕊与花瓣几等长，花药卵形，顶端细尖，无腺点；雌蕊与花瓣等长或略长，子房卵珠形，无毛；胚珠约14枚，1轮。果球形，直径约6 mm，紫红色至紫黑色，无腺点。种子球形，褐色，径约0.5 cm。花期6—7（—8）月，有时达2月。我国产于广东、海南。生于海拔250~2 000 m的山谷、山坡密林中。

朱砂根 *Ardisia crenata* Sims

俗名：大罗伞、硃砂根矮婆子、八角金龙、八爪金、金玉满堂、红凉伞、郎伞木

报春花科 Primulaceae　　**紫金牛属 *Ardisia***

灌木，高1~2 m，稀达3 m；茎粗壮，无毛，无分枝。叶片革质或坚纸质，椭圆形、椭圆状披针形至倒披针形，顶端急尖或渐尖，基部楔形，长7~15 cm，宽2~4 cm，边缘具皱波状或波状齿，具明显的边缘腺点，两面无毛；叶柄长约1 cm。伞形花序或聚伞花序，着生于侧生特殊花枝顶端；花枝近顶端常具2~3片叶或更多，或无叶，长4~16 cm；花梗长7~10 mm，几无毛；花长4~6 mm，花萼仅基部连合，萼片长圆状卵形，顶端圆形或钝，长1.5 mm或略短，稀达2.5 mm，全缘，两面无毛，具腺点；花瓣白色，稀略带粉红色，盛开时反卷，卵形，顶端急尖，具腺点，外面无毛，里面有时近基部具乳头状突起；雄蕊较花瓣短，花药三角状披针形，背面常具腺点；雌蕊与花瓣近等长或略长，子房卵珠形；胚珠5枚，1轮。果球形，直径6~8 mm，鲜红色，具腺点。种子球形，径约5 mm。花期5—6月，果期10—12月，有时2—4月。产于我国西藏（东南部）至台湾、湖北至海南等地；印度、缅甸经马来半岛、印度尼西亚至日本均有。生于海拔90~2 400 m的疏、密林下阴湿的灌木丛中。

狼尾花 *Lysimachia barystachys* Bunge

俗名：珍珠菜、虎尾草

报春花科 Primulaceae　　**珍珠菜属 *Lysimachia***

多年生草本，高 0.3～1 m，全株密被卷曲柔毛；具横走根茎。叶互生或近对生，近无柄；叶长圆状披针形、倒披针形或线形，长 4～10 cm，基部楔形。总状花序顶生，长 4～6 cm，果时长达 30 cm；花密集，常转向一侧；苞片线状钻形，稍长于花梗；花梗长 4～6 mm；花萼裂片长圆形，长 3～4 mm，先端圆；花冠白色，长 0.7～1 cm，筒部长约 2 mm，裂片舌状长圆形，长 5～8 mm，常有暗紫色短腺条；雄蕊内藏，花丝长约 4.5 mm，下部约 1.5 mm，贴生花冠基部，花药椭圆形，纵裂。蒴果径 2.5～4 mm。种子卵形，长 0.3～0.5 mm。花期 5—8 月，果期 8—10 月。国内产于华北、华东至西南各省区；国外分布于俄罗斯、朝鲜、日本。生于草甸、山坡路旁灌丛间，垂直分布上限可达海拔 2 000 m。

木荷 *Schima superba* Gardner & Champ.

俗名：荷树、荷木、信宜木荷

山茶科 Theaceae　　**木荷属 *Schima***

乔木，高达 30 m，胸径 1.2 m；幼枝无毛。叶革质，椭圆形，长 7～12 cm，先端尖，或稍钝，基部楔形，两面无毛，侧脉 7～9 对，具钝齿；叶柄长 1～2 cm。花白色，径 3 cm，生枝顶叶腋，常多花成总状花序；花梗长 1～2.5 cm，无毛；苞片 2，贴近萼片，长 4～6 mm，早落；萼片半圆形，长 2～3 mm，无毛，内面被绢毛；花瓣长 1～1.5 cm，最外 1 片风帽状，边缘稍被毛；子房 5 室，被毛。蒴果扁球形，径 1.5～2 cm，成熟开裂。种子扁，肾形，长约 1 cm。花期 6—8 月。我国分布于浙江、福建、台湾、江西、湖南、广东、海南、广西、贵州。生于海拔 1 100 m 的次生林中。

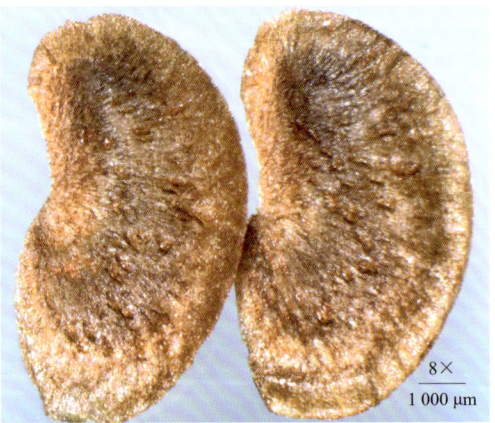

茶 *Camellia sinensis* (L.) O. Ktze.

俗名：茶树、茗、大树茶

山茶科 Theaceae　　**山茶属 *Camellia***

小乔木或灌木状，高 5 m，胸径 38 cm；嫩枝无毛或有稀疏微毛，幼枝被毛或无毛。叶长圆形或椭圆形，基部楔形，具锯齿。花 1～3 朵腋生，白色，萼片 5，卵形或圆形，宿存，花瓣 5～6，宽卵形，基部稍连合；雄蕊花丝基部连合，花柱顶端 3 裂。蒴果 3，球形，高 1.5 cm，每室 1～2 种子。种子径约 1 cm。花期 10 月至翌年 2 月，果期翌年 10 月。野生种遍见于我国长江以南各省区的山区，现广泛栽培。生于海拔 1 000～2 000 m 的山地疏林。

南山茶 *Camellia semiserrata* C. W. Chi

俗名： 广宁油茶、广宁红花油茶、毛籽红山茶

山茶科 **Theaceae**　　山茶属 *Camellia*

乔木，株高达 8~12 m，胸径 50 cm；幼枝无毛。叶革质，椭圆形或长圆形，长 9~15 cm，先端稍骤尖，基部宽楔形，两面无毛，侧脉 7~9 对，网脉不明显，中上部具齿；叶柄粗，长 1~1.7 cm，无毛。花顶生，红色，径 7~9 cm；花无梗；苞片或萼片 11，半圆形或圆形，长 0.3~2 cm，被短绢毛，花后脱落；花瓣 6~7，倒卵圆形，长 4~5 cm，基部连合 7~8 mm；雄蕊 5 轮，长 2.5~3 cm，外轮花丝下部 2/3 连成花丝筒，无毛；子房被毛，花柱长 4 cm，顶端 3~5 裂，无毛。蒴果卵球形，径 4~8 cm，红色，平滑，3~5 室，每室 1~3 粒种子；果皮厚木质，厚 1~2 cm。种子三角卵状，长 2.5~4 cm。产于我国广东西江一带及广西的东南部。生长在海拔 200~350 m 的山地。我国传统园林花木。

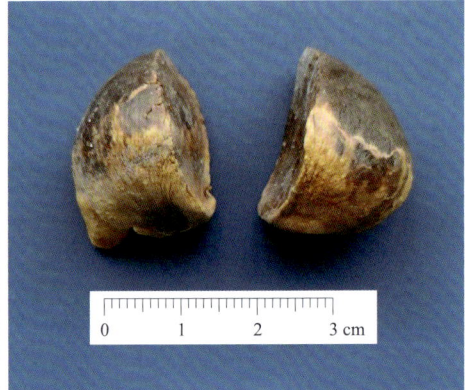

中华猕猴桃 *Actinidia chinensis* Planch.

俗名：猕猴桃、藤梨、羊桃藤、羊桃、阳桃、奇异果、几维果、井冈山猕猴桃

猕猴桃科 Actinidiaceae　　**猕猴桃属 *Actinidia***

落叶藤本，幼枝被灰白色绒毛、褐色长硬毛或锈色硬刺毛，后脱落无毛；髓心白至淡褐色，片层状；芽鳞密被褐色绒毛。叶纸质，营养枝之叶宽卵圆形或椭圆形，先端短渐尖或骤尖；花枝之叶近圆形，先端钝圆、微凹或平截；叶长6～17 cm，宽7～15 cm，基部楔状稍圆、平截至浅心形，具睫状细齿，叶正面无毛或中脉及侧脉疏被毛，叶背密被灰白或淡褐色星状绒毛。聚伞花序1～3花，花序梗长0.7～1.5 cm；苞片卵形或钻形，被灰白或黄褐色绒毛；花初白色，后橙黄，径1.8～3.5 cm；花梗长0.9～1.5 cm；萼片宽卵形或卵状长圆形，密被平伏黄褐色绒毛；花瓣（3～）5（～7），宽倒卵形，具短矩，长1～2 cm；花药长1.5～2 mm；子房密被黄色绒毛或糙毛。果黄褐色，近球形，长4～6 cm，被灰白色细小绒毛，易脱落，具淡褐色斑点，宿萼反折。种子椭圆形，长1.5～2 mm，褐色，被鱼鳞状纹。我国中部及南部各省区常见栽培，后遍及热带亚洲、非洲和大洋洲，有时逸为野生。果实营养丰富，可鲜食；枝叶可入药。

茶茱萸目 Icacinales

马比木 *Nothapodytes pittosporoides* (Oliv.) Sleum.

俗名：公黄珠子、追风伞

茶茱萸科 Icacinaceae　假柴龙树属 *Nothapodytes*

矮灌木，高 1.5～5（～10）m，茎褐色。叶片长圆形或倒披针形，长（7～）10～15（～24）cm，宽 2～4.5（～6）cm，先端长渐尖，基部楔形，薄革质，表面暗绿色，具光泽，背面淡绿发亮，干时通常反曲，黑色，侧脉 6～8 对，弧曲上升。聚伞花序顶生，花序轴通常平扁，被长硬毛。花萼绿色，钟形，长约 2 mm，膜质，5 裂齿，裂齿三角形，外面疏被糙伏毛，边缘具缘毛；花瓣黄色，条形，先端反折，肉质，外面被糙伏毛，里面被长柔毛；花丝长 4～5 mm，花药卵形；子房近球形，密被长硬毛，花柱绿色，长 1.5～2 mm，柱头头状。核果椭圆形至长圆状卵形，稍扁，幼果绿色，转黄色，熟时为红色，长 1～2 cm，径 0.6～0.8 cm，先端明显具鳞脐。种子长圆状卵形，扁，长 1～1.5 cm，淡黄偏白色，有网纹。花期 4—6 月，果期 6—8 月。主要分布于我国甘肃、湖北、湖南、广东、广西、四川、贵州，华南和西南部分地区有少量种植。生于海拔 450～1 600 m 的林中。根可入药，有祛风除湿、理气散寒的功效。

龙胆目 Gentianales

六月雪 *Serissa japonica* (Thunb.) Thunb.

俗名：满天星、白马骨、碎叶冬青

茜草科 Rubiaceae　　**白马骨属 *Serissa***

小灌木，高达 90 cm。叶革质，卵形或倒披针形，长 0.6～2.2 cm，宽 3～6 mm，先端短尖或长尖，全缘，无毛；叶柄短。花单生或数朵簇生小枝顶部或腋生；苞片被毛，边缘浅波状；花萼裂片锥形，被毛；花冠淡红或白色，长 0.6～1.2 cm，花冠筒比萼裂片长，花冠裂片扩展，先端 3 裂；雄蕊伸出冠筒喉部；花柱长，伸出，柱头 2，直，略分开。种子长卵形，长 2～3 mm，径 0.5～0.7 mm，被斑纹。花期 5—7 月。国内分布于江苏、安徽、江西、浙江、福建、广东、香港、广西、四川、云南等地；国外分布于日本、越南。生于河溪边或丘陵的杂木林内。

耳草 *Hedyotis auricularia* L.

俗名：鲫鱼胆草、细叶亚婆巢、节节花

茜草科 Rubiaceae　　**耳草属 *Hedyotis***

多年生、近直立或平卧草本，高达 1 m；小枝被硬毛，稀无毛。叶对生，近革质，披针形或椭圆形，长 3～8 cm，宽 1～2.5 cm，先端短尖或渐尖，基部楔形，叶背常被粉状柔毛，侧脉 4～6 对；叶柄长 2～7 mm，托叶膜质，合成短鞘，顶部 5～7 裂，裂片线形或刚毛状。花萼长约 2 mm，常被毛；花冠白色，长约 3 mm；雄蕊生于冠筒喉部，花药伸出；花柱长 1 mm，被毛，柱头 2 裂、被毛。蒴果球形，径 1.2～1.5 mm，疏被硬毛，顶冠以宿萼裂片，不裂；每室 2～6 种子。种子极小，卵形，褐色，长 0.3～0.5 mm。花期 3—8 月。产于我国南部和西南部地区；国外分布于印度、斯里兰卡、尼泊尔、越南、缅甸、泰国、马来西亚、菲律宾和澳大利亚。生于林缘、灌丛中和草地上。

剑叶耳草 *Hedyotis caudatifolia* Merr. et Metcalf

俗名：长尾耳草、少年红、千年茶

茜草科 Rubiaceae　　**耳草属 *Hedyotis***

　　直立灌木，高 30～90 cm；全株无毛，老枝干后灰色或灰白色，茎圆柱形。叶对生，革质，披针形，长 4～13 cm，宽 1.5～3 cm，先端尾尖，基部楔形，侧脉 4 对，不明显；叶柄长 1～1.5 cm，托叶卵状三角形，长 2～3 mm，全缘或具腺齿。聚伞圆锥花序，顶生和腋生；苞片披针形；花 4 数，具短梗；苞筒陀螺状，长 3 mm，萼裂片卵状三角形，与萼筒等长；花冠白或粉红色，漏斗状，长 0.6～1 cm，内面被长柔毛，花冠裂片披针形，长 2～2.5 mm；雄蕊伸出；花柱无毛。蒴果椭圆形，长 4 mm，无毛。种子极小，不规则块状，褐色，长 0.3～0.5 mm。花期 5—6 月。国内分布于广东、广西、福建、江西、浙江（南部）、湖南等地。常见于丛林下比较干旱的砂质土壤上或见于悬崖石壁上，有时亦见于黏质土壤的草地上。

20×
500 μm

郎德木 *Rondeletia odorata* Jacq.

俗名：无

茜草科 Rubiaceae　　**郎德木属 *Rondeletia***

灌木，高可达 2 m；枝被柔毛或无毛，嫩枝被棕黄色硬毛。叶对生，革质，具短柄，粗糙，卵形、椭圆形或长圆形，长 2～5 cm，宽 1～3.5 cm，顶端钝或短尖，基部钝或近心形，边缘背卷，叶两面常皱，叶背被疏柔毛，叶正面布满小凸点，常在小凸点上有短硬毛；侧脉 3～6 对，在下面凸起，上面凹下；叶柄长 1～2 mm；托叶三角形，长 4～5 mm，有柔毛，顶端尖。聚伞花序顶生，有花数朵至多朵，长约 3 cm，宽 3～4.5 cm，被棕黄色柔毛；花直径约 1 cm，有花梗；萼管近球形，长约 6.5 mm，密被硬毛，裂片 5，线形，长 4～5 mm，有疏柔毛；花冠鲜红色，喉部带黄色，外面有短柔毛，冠管柔弱，长约 1 cm，裂片近圆形，长约 3.5 mm，宽约 4 mm；花药长约 2.75 mm。蒴果球形，密被柔毛，直径 3～4 mm。种子极小，不规则菱形或方形，长约 0.5 mm，黄褐色。花期 7—9 月。原产于古巴、巴拿马、墨西哥等地，我国广州和香港有栽培。庭园观赏植物。

墨苜蓿 *Richardia scabra* L.

俗名：白蚁草、四叶草、白金花

茜草科 Rubiaceae　　**墨苜蓿属 *Richardia***

一年生匍匐或近直立草本，长达 80 cm；茎近圆柱形，被硬毛，分枝疏。叶厚纸质，卵形、椭圆形或披针形，长 1~5 cm，宽 0.5~2.5 cm，先端短尖或钝，基部渐窄，两面粗糙，有缘毛；叶柄长 0.5~1 cm，托叶鞘状，顶部平截，边缘有数条长 2~5 mm 的刚毛。头状花序多花，顶生，几无花序梗；花 6 或 5 数；花萼长 2.5~3.5 mm，萼筒顶部缢缩，裂片披针形，长为萼筒的 2 倍，被缘毛；花冠白色，漏斗状或高脚碟状，冠筒长 2~8 mm，内面基部有一环白色长毛，裂片 6，花时星状展开；雄蕊 6；柱头 3 裂。分果瓣 3~6，长 2~3.5 mm，长圆形或倒卵形，背面密被小乳突和糙伏毛，腹面有窄沟槽，基部微凹。花期春夏间。原产热带美洲，见于我国华南各地。

丰花草 *Spermacoce pusilla* Wallich

俗名：长叶鸭舌癀、波利亚草

茜草科 Rubiaceae　　**钮扣草属 *Spermacoce***

直立、纤细草本，高 15～60 cm；茎单生，很少分枝，四棱柱形，粗糙，节间延长。叶近无柄，革质，线状长圆形，长 2.5～5 cm，宽 2.5～6 mm，顶端渐尖，基部渐狭，两面粗糙，干时边缘背卷，鲜时深绿色；侧脉极不明显；托叶近无毛，顶部有数条浅红色长于花序的刺毛。花多朵丛生成球状生于托叶鞘内，无梗；小苞片线形，透明，长于花萼；花冠近漏斗形，长 2.5 mm，白色，顶端略红，冠管极狭，柔弱，长约 1 mm，无毛，顶部 4 裂，裂片线状披针形，长 1.5 mm，外面无毛；花丝长 1～1.5 mm，花药长圆形，花柱纤细，长 2.5 mm，柱头扁球形，粗糙。蒴果长圆形或近倒卵形，长 2 mm，直径 1～1.5 mm，成熟时从顶部开裂至基部，隔膜脱落。种子狭长圆形，一端具小尖头，一端钝，长 1.3 mm，直径 0.5 mm，腹面有窄沟槽，干后褐色，具光泽并具横纹。花果期 10—12 月。产于我国安徽、浙江、江西、台湾、广东、香港、海南、广西、四川、贵州、云南；分布于热带非洲和亚洲。生于低海拔的草地和草坡。

阔叶丰花草 *Spermacoce alata* Aublet

俗名：四方骨草

茜草科 Rubiaceae　　**钮扣草属 *Spermacoce***

披散、粗壮草本，被毛；茎和枝均为明显的四棱柱形，棱上具狭翅。叶椭圆形或卵状长圆形，长 2～7.5 cm，宽 1～4 cm，顶端锐尖或钝，基部阔楔形而下延，边缘波浪形，叶面平滑，侧脉每边 5～6 条；叶柄长 4～10 mm，扁平；托叶膜质，被粗毛，顶部有数条长于鞘的刺毛。花数朵丛生于托叶鞘内，无梗；小苞片略长于花萼；花冠漏斗形，浅紫色，罕有白色，长 3～6 mm，里面被疏散柔毛，基部具 1 毛环，顶部 4 裂，裂片外面被毛或无毛；花柱长 5～7 mm，柱头 2，裂片线形。蒴果椭圆形，长约 3 mm，径约 2 mm，被毛，成熟时从顶部纵裂至基部，隔膜不脱落或 1 个分果爿的隔膜脱落。种子近椭圆形，两端钝，长约 2 mm，直径约 1 mm，干后浅褐色或黑褐色，腹面具沟，无光泽，有小颗粒。花果期 5—7 月。原产南美洲，生长快，现已逸为野生。我国广东（南部）、海南、香港、台湾和福建（南部）都有分布。多见于废墟和荒地上。

白花苦灯笼 *Tarenna mollissima* (Hook. et Arn.) Robins.

俗名： 密毛蒿香、白青乌心、黑虎、鸡公辣、乌木、青作树、小肠枫、密毛乌口树、乌口树

茜草科 Rubiaceae　　**乌口树属 Tarenna**

灌木或小乔木；全株密被灰或褐色柔毛或绒毛，老枝毛渐脱落。叶纸质，披针形、长圆状披针形或卵状椭圆形，长 4.5～25 cm，宽 1～10 cm，先端渐尖或长渐尖，基部楔形或圆，两面被毛，侧脉 8～12 对；叶柄长 0.4～2.5 cm，托叶长 5～8 mm，卵状三角形。花序长 4～8 cm，多花；苞片和小苞片线形；花梗长 3～6 mm；萼筒近钟形，长约 2 mm，萼裂片 5；花冠白色，长约 1.2 cm，冠筒喉部密被长柔毛，裂片 4～5，长圆形，与冠筒近等长或稍长，花时外反，柱头伸出；每室胚珠多颗。果近球形，径 5～7 mm，被柔毛，黑色。种子 7～30 颗，不规则块状，径 1～1.5 mm，黑色，有光泽，表面粗糙，像煤块。花期 5—7 月，果期 5 月至翌年 2 月。国内分布于浙江、江西、福建、湖南、广东、香港、广西、海南、贵州、云南等地；国外分布于越南。常见于 200～1 100 m 山地、丘陵的林中或灌丛中。根可入药。

大叶白纸扇 *Mussaenda shikokiana* Makino

俗名： 贵州玉叶金花、异形玉叶金花、黐花

茜草科 Rubiaceae　　**玉叶金花属 *Mussaenda***

攀援灌木，高1~3 m；嫩枝密被短柔毛，小枝疏被贴伏柔毛，后无毛。叶对生，薄纸质，卵圆形或椭圆状卵形，长13~17 cm，宽7.5~11.5 cm，先端渐尖，基部短尖，两面被疏柔毛，侧脉8~10对；叶柄长2~2.5 cm，略被柔毛，托叶早落。多歧聚伞花序顶生，有多朵，具略贴伏柔毛；苞片早落，小苞片披针形，长达1 cm，有柔毛，脱落；花梗长2~3 mm；萼筒长圆形，长约5 mm，有贴伏长硬毛，萼裂片5，全为花瓣状花叶，花叶卵状椭圆形，长2~4 cm，有纵脉5条，边缘及脉上被柔毛，柄长1.5~2.5 cm；花冠筒长约1.2 cm，密被贴伏柔毛，内面上部密被黄色棒状毛，裂片5，卵形，长约3 mm，外面有柔毛，内面有黄色小疣突；花柱内藏。浆果近球形，直径约1 cm。种子卵状椭圆形，长约0.5 mm，黑色，粗糙具颗粒，有亮点。花期5—7月，果期7—10月。产于我国广东、广西、江西、贵州、湖南、湖北、四川、安徽、福建和浙江。生于海拔约400 m的山地疏林下或路边。

16×
500 μm

玉叶金花 *Mussaenda pubescens* W. T. Aiton

俗名：白蝴蝶、白叶子、百花茶、大凉藤

茜草科 Rubiaceae　　**玉叶金花属 *Mussaenda***

攀援灌木；小枝被柔毛。叶对生或轮生，卵状长圆形或卵状披针形，长 5~8 cm，先端渐尖，基部楔形，上面近无毛或疏被柔毛，下面密被柔毛，侧脉 5~7 对；叶柄长 3~8 mm，被柔毛，托叶三角形，长 5~7 mm，2 深裂，裂片线状。聚伞花序顶生，密花；花梗极短或无梗；花萼被柔毛，萼筒陀螺形，长 3~4 mm，萼裂片线形，比萼筒长 2 倍以上，花叶宽椭圆形，长 2.5~5 cm，柄长 1~2.8 cm，两面被柔毛；花冠黄色，冠筒长约 2 cm，被贴伏柔毛，喉部密被毛，裂片长约 4 mm；花柱内藏。浆果近球形，径 6~7.5 mm，疏被柔毛，干后黑色。种子不规则卵块状，长 0.5~0.8 mm，黑色，粗糙具颗粒，有亮点。花期 6—7 月。国内分布于广东等地，常见于路旁灌木丛中。具观赏、药用、生态等价值。

16×
500 μm

栀子 *Gardenia jasminoides* J. Ellis

俗名：野栀子、黄栀子、栀子花、小叶栀子、山栀子

茜草科 Rubiaceae　　**栀子属 *Gardenia***

灌木，高达 3 m。叶对生或 3 枚轮生，长圆状披针形、倒卵状长圆形、倒卵形或椭圆形，长 3～25 cm，宽 1.5～8 cm，先端渐尖或短尖，基部楔形，两面无毛，侧脉 8～15 对；叶柄长 0.2～1 cm；托叶膜质，基部合生成鞘。花芳香，单朵生于枝顶，萼筒宿存；花冠白或乳黄色，高脚碟状。果卵形、近球形、椭圆形或长圆形，黄或橙红色，长 1.5～7 cm，径 1.2～2 cm，有翅状纵棱 5～9，宿存萼裂片长达 4 cm，宽 6 mm。种子多数，近圆形稍有棱角，径约 3 mm，橙红色。花期 3—7 月，果期 5 月至翌年 2 月干燥成熟。国内产于山东、河南、江苏、安徽、浙江、江西、福建、台湾、湖北、湖南、广东、香港、广西、海南、四川、贵州和云南，河北、陕西和甘肃有栽培。常见于旷野、丘陵、山谷、山坡、溪边的灌丛或林中。果实供药用。

8×
1 000 μm

鸡骨常山 *Alstonia yunnanensis* Diels

俗名：三台高、四角枫、永固生、红花岩托(云南)、白虎木

夹竹桃科 Apocynaceae　　**鸡骨常山属 *Alstonia***

直立灌木，高 1～3 m，多分枝，具乳汁；枝条皮孔明显，幼时被微柔毛，嫩枝被柔毛。叶 3～5 片轮生，薄纸质，倒卵状披针形或长圆状披针形，顶部渐尖，基部窄楔形，全缘，长 6～18.5 cm，宽 1.3～4.8 cm，叶两面被短柔毛，叶背较密；侧脉每边 15～32 条，与中脉成 45°角。花紫红色，芳香，多朵组成顶生或近顶生的聚伞花序，被柔毛；花冠高脚碟状，花冠筒中部膨大，内面被柔毛；雄蕊着生在花冠筒中部；子房高 1.5 mm，无毛，花柱长 6 mm，基部密被短柔毛，顶端 2 裂。蓇葖果 2，线形，顶端具尖头，长 3～5 cm，直径约 4 mm，无毛；种子多颗呈镶嵌式排列，两端被短缘毛。花期 3—6 月，果期 7—11 月。我国特有种，产于云南、贵州和广西。生于海拔 1 100～2 400 m 的山坡或沟谷地带灌木丛中。根供药用；叶有小毒。

糖胶树 *Alstonia scholaris* (L.) R. Br.

俗名：灯架树、黑板树、乳木、魔神树、面条树、盆架子

夹竹桃科 Apocynaceae　　**鸡骨常山属 *Alstonia***

乔木，高达 20 m，直径约 60 cm；枝轮生，具乳汁，无毛。叶 3~8 片轮生，倒卵状长圆形、倒披针形或匙形，稀椭圆形或长圆形，长 7~28 cm，宽 2~11 cm，无毛，顶端圆形，钝或微凹，稀急尖或渐尖，基部楔形；侧脉每边 25~50 条，密生而平行，近水平横出至叶缘联结；叶柄长 1~2.5 cm。花白色，多朵组成稠密的聚伞花序，顶生，被柔毛；总花梗长 4~7 cm；花梗长约 1 mm；花冠高脚碟状，花冠筒长 6~10 mm，中部以上膨大，内面被柔毛，裂片在花蕾时或裂片基部向左覆盖，长圆形或卵状长圆形；雄蕊长圆形，着生在花冠筒膨大处，内藏；子房由 2 枚离生心皮组成，密被柔毛，花柱丝状，长 4.5 mm，柱头顶端 2 深裂；花盘环状。蓇葖果 2，细长，线形，长 20~57 cm，外果皮近革质。种子长扁圆形，长约 0.8 cm，红棕色，两端被红棕色长缘毛，缘毛长 1.5~2 cm。原产于高温多湿的南亚，全株乳汁丰富，可提取口香糖原料，故名"糖胶树"。我国广西（南部和西部）、云南（南部）野生，生于海拔 650 m 以下的低丘陵山地疏林中、路旁或水沟边，广东、湖南和台湾有栽培。

夹竹桃 *Nerium oleander* L.

俗名：红花夹竹桃、欧洲夹竹桃

夹竹桃科 Apocynaceae　　**夹竹桃属 *Nerium***

常绿直立大灌木，高达 6 m；枝条灰绿色，含水液；嫩枝条具棱，被微毛，老时毛脱落。叶 3 片轮生，稀对生，革质，窄椭圆状披针形，长 5～21 cm，宽 1～3.5 cm，先端渐尖或尖，基部楔形或下延，侧脉达 120 对，平行；叶柄长 5～8 mm。聚伞花序组成伞房状顶生；花芳香，花萼裂片窄三角形或窄卵形，长 0.3～1 cm；花冠漏斗状，裂片向右覆盖，紫红、粉红、橙红、黄或白色，单瓣或重瓣，花冠筒长 1.2～2.2 cm，喉部宽大；副花冠裂片 5，花瓣状，流苏状撕裂；雄蕊着生花冠筒顶部，花药箭头状，附着柱头，基部耳状，药隔丝状，被长柔毛；无花盘；心皮 2，离生。蓇葖果 2，离生，圆柱形，长 12～23 cm，径 0.6～1 cm。种子长圆形，长约 5 mm，基部较窄，顶端钝、褐色，种皮被锈色短柔毛。原产地中海，现欧洲、美洲、亚洲热带和亚热带地区有栽植；国内分布于云南等地，南方省份有栽培或归化。

羊角拗 *Strophanthus divaricatus* (Lour.) Hook. et Arn.

俗名：羊角扭、羊角藕、羊角树、羊角果

夹竹桃科 Apocynaceae　　**羊角拗属 *Strophanthus***

藤本或灌木状，具长匍匐茎，长达 4.5 m；除花冠外余无毛，乳汁清或淡黄色；小枝密被皮孔。叶窄椭圆形或倒卵状长圆形，长 3~10 cm，先端短尖，基部楔形，侧脉约 6 对；叶柄长 1 cm。花萼裂片窄三角形，聚伞花序具花 3~15 朵，花序梗长达 1.5 cm，花梗长 0.4~1.1 cm；花冠黄色，花冠筒长 0.9~1.6 cm，两面被微柔毛或内面无毛，花冠裂片卵形，先端长尾带状，长达 10 cm，基部内面具红色斑点；花冠裂片 10 枚，黄绿色，三角形或锥形，长 0.9~3 mm；花药内藏，药隔长尾尖；子房无毛。蓇葖果水平叉开，木质，椭圆状长圆形，长 9~15 cm。种子纺锤形、扁平，长 1.3~2 cm，喙长 1.2~3.4 cm；种毛长 3.5~5.5 cm，白色具光泽。花期 5—7 月，果期 6—12 月。

在我国分布于贵州、云南、广西、广东和福建等地；国外分布于越南、老挝。野生于丘陵山地、路旁疏林中或山坡灌木丛中。全株有毒，或供药用。

茄目 Solanales

心萼薯 *Ipomoea biflora* (L.) Pers.

俗名：毛牵牛、老虎豆、簕番薯、华陀花、亚灯堂、黑面藤

旋花科 Convolvulaceae　　**番薯属 *Ipomoea***

攀援或缠绕草本，茎细长，径 1.5～4 mm，有细棱，被灰白色倒向硬毛。叶心形或心状三角形，长 4～9.5 cm，宽 3～7 cm，顶端渐尖，基部心形；叶柄长 1.5～8 cm，毛被同茎。花序腋生，花序梗长 3～15 mm，通常着生 2 朵花，有时 1 或 3；花梗纤细，长 8～15 mm；萼片 5；花冠白色，狭钟状，长 1.2～1.5（～1.9）cm，冠檐浅裂，裂片圆；瓣中带被短柔毛；雄蕊 5，内藏，长 3 mm，花丝向基部渐扩大，花药卵状三角形；子房圆锥状，花柱棒状，柱头头状，2 浅裂。蒴果近球形，径约 9 mm，果瓣内面光亮。种子 4，卵状三棱形，长约 4 mm，毛被不尽相同，被微毛或被短绒毛。产于我国台湾、福建、江西、湖南、广东及其沿海岛屿、广西、贵州、云南等地；越南也有分布。生于海拔 150～1 800 m 的山坡、山谷、路旁或林下，常见于较干燥处。

茑萝 *Ipomoea quamoclit* L.

俗名：茑萝松、羽叶茑萝、五角星花、金丝线

旋花科 Convolvulaceae　　**番薯属 *Ipomoea***

一年生柔弱缠绕草本，无毛。叶卵形或长圆形，长 2~10 cm，宽 1~6 cm，羽状深裂至中脉，具 10~18 对线形至丝状的平展的细裂片，裂片先端锐尖；叶柄长 8~40 mm，基部常具假托叶。花序腋生，由少数花组成聚伞花序；总花梗大多超过叶，长 1.5~10 cm，花直立，花柄较花萼长，长 9~20 mm，在果时增厚成棒状；萼片绿色，稍不等长，椭圆形至长圆状匙形，外面 1 个稍短，长约 5 mm，先端钝而具小凸尖；花冠高脚碟状，长约 2.5 cm 以上，深红色，无毛，管柔弱，上部稍膨大，冠檐开展，直径 1.7~2 cm，5 浅裂；雄蕊及花柱伸出；花丝基部具毛；子房无毛。蒴果卵形，长 7~8 mm，4 室，4 瓣裂，隔膜宿存，透明。种子 4，卵状长圆形，长 5~6 mm，黑褐色。原产于热带美洲，现广布于全球温带及热带地区；我国广泛栽培。庭园观赏植物。

牵牛 *Ipomoea nil* (Linnaeus) Roth

俗名：裂叶牵牛、大牵牛花、筋角拉子、喇叭花、牵牛花

旋花科 Convolvulaceae　　**番薯属 *Ipomoea***

一年生草本，长 2～5 m；茎缠绕。叶宽卵形或近圆形，长 4～15 cm，3（～5）裂，先端渐尖，基部心形；叶柄长 2～15 cm。花序腋生，具 1 至少花，花序梗长 1.5～18.5 cm；苞片线形或丝状，小苞片线形；花梗长 2～7 mm；萼片披针状线形，长 2～2.5 cm，内 2 片较窄，密被开展刚毛；花冠蓝紫或紫红色，筒部色淡，长 5～8（～10）cm，无毛；雄蕊及花柱内藏；子房 3 室。蒴果近球形，径 0.8～1.3 cm。种子卵状三棱形，黑褐色或米黄色，长 5～6 mm，被微柔毛。原产于热带美洲，现已广植于热带和亚热带地区。常见于 100～1 600 m 山坡灌丛、干燥河谷路边、园边宅旁、山地路边，或为栽培。

三裂叶薯 *Ipomoea triloba* L.

俗名：小花假番薯、红花野牵牛

旋花科 Convolvulaceae　　**番薯属 *Ipomoea***

一年生草本，茎缠绕或平卧，无毛或茎节疏被柔毛。叶宽卵形或卵圆形，长 2.5～7 cm，基部心形，全缘，具粗齿或 3 裂，无毛或疏被柔毛；叶柄长 2.5～6 cm。伞形聚伞花序，具 1 至数花，花序梗长 2.5～5.5 cm，无毛；花梗长 5～7 mm，无毛，被小瘤；苞片小；萼片长 5～8 mm，长圆形，具小尖头，疏被柔毛，具缘毛；花冠淡红或淡紫色，漏斗状，长约 1.5 cm，无毛；雄蕊内藏；子房被毛。蒴果近球形，径 5～6 mm，被细刚毛，2 室，4 瓣裂。种子 4 或较少，长 3.5 mm，无毛。原产热带美洲，现已成为热带地区的杂草；我国分布于广东及其沿海岛屿、台湾高雄。生于丘陵路旁、荒草地或田野。

蕹菜 *Ipomoea aquatica* Forsskal

俗名：空心菜、藤藤菜、通菜、藤藤花、蕹菜、通菜蕹、通心菜

旋花科 Convolvulaceae　　**番薯属 *Ipomoea***

一年生草本，蔓生或漂浮于水；茎圆柱形，节间中空，节上生根，无毛。叶片形状、大小有变化，卵形、长卵形、长卵状披针形或披针形，长 3.5～17 cm，宽 0.9～8.5 cm，顶端锐尖或渐尖，基部心形、戟形或箭形，偶尔截形，全缘或波状，或有时基部有少数粗齿，两面近无毛或偶有稀疏柔毛；叶柄长 3～14 cm。聚伞花序腋生，花序梗长 1.5～9 cm，基部被柔毛，向上无毛，具 1～3（～5）朵花；花梗长 1.5～5 cm，无毛；萼片近于等长，卵形，顶端钝，具小短尖头，外面无毛；花冠白色、淡红色或紫红色，漏斗状，长 3.5～5 cm；雄蕊不等长，花丝基部被毛；子房圆锥状，无毛。蒴果卵球形至球形，径约 1 cm，无毛。种子密被短柔毛或有时无毛，三角卵状，长约 5 mm，深褐色。原产我国，现已作为一种蔬菜广泛栽培，有时逸为野生状态；分布遍及热带亚洲、非洲和大洋洲。

五爪金龙 *Ipomoea cairica* (L.) Sweet

俗名：槭叶牵牛、番仔藤、台湾牵牛花、掌叶牵牛

旋花科 Convolvulaceae　　**番薯属 *Ipomoea***

多年生缠绕草本，茎细长，有细棱。叶掌状5深裂或全裂，裂片卵状披针形、卵形或椭圆形，中裂片较大，长4～5 cm，宽2～2.5 cm，两侧裂片稍小，顶端渐尖或稍钝，具小短尖头，基部楔形渐狭，全缘或不规则微波状；叶柄长2～8 cm，基部具小的掌状5裂的假托叶。聚伞花序腋生，花序梗长2～8 cm，具1～3花；花梗长0.5～2 cm，有时具小疣状突起；萼片稍不等长，外方2片较短，外面有时有小疣状突起，内萼片稍宽，长7～9 mm，萼片边缘干膜质，顶端钝圆或具不明显的小短尖头；花冠紫红色、紫色或淡红色，偶有白色，漏斗状，长5～7 cm；雄蕊不等长，花丝基部稍扩大下延贴生于花冠管基部以上，被毛；子房无毛，花柱纤细，长于雄蕊，柱头2球形。蒴果近球形，径约1 cm，2室，4瓣裂。种子近球形，径约5 mm，黑褐色，边缘被褐色柔毛。原产热带亚洲或非洲，现已广泛栽培或归化于全热带；我国分布于台湾、福建、广东及其沿海岛屿、广西、云南。

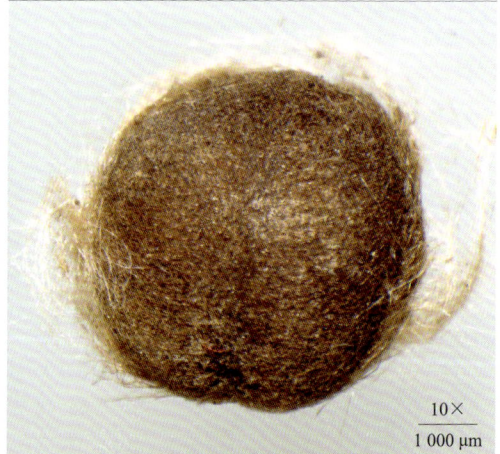

篱栏网 *Merremia hederacea* (Burm. f.) Hallier f.

俗名：鱼黄草、金花茉栾藤、小花山猪菜、茉栾藤、蛤仔花前月下、篱网藤、广西百仔

旋花科 Convolvulaceae　　**鱼黄草属 *Merremia***

缠绕或匍匐草本，匍匐时下部茎上生须根；茎细长，无毛或疏被长硬毛。叶心状卵形，长 1.5～7.5 cm，宽 1～5 cm，顶端钝，渐尖或长渐尖，具小短尖头，基部心形或深凹，全缘或通常具不规则的粗齿或锐裂齿，有时为深或浅 3 裂，两面近于无毛或疏生微柔毛；叶柄细长，长 1～5 cm，无毛或被短柔毛，具小疣状突起。聚伞花序腋生，具 3～5 花或更多，稀单花，花序梗长达 5 cm；花梗长 2～5 mm，与花序梗均被小疣；小苞片早落；萼片宽倒卵状匙形或近长方形，外萼片长约 3.5 mm，内萼片长约 5 mm，无毛，先端平截，具外倾凸尖；花冠黄色，钟状，长 8 mm；雄蕊与花冠近等长，花丝疏被长柔毛。蒴果扁球形或宽圆锥形，4 瓣裂，果瓣有皱纹。种子 4 粒，三角状卵形，长 3.5 mm，表面被锈色短柔毛，种脐处毛簇生。国内分布于台湾、广东、广西、江西、云南；国外分布于热带非洲、马斯克林群岛、热带亚洲、加罗林群岛以及澳大利亚。常见于 130～760 m 灌丛或路旁草丛。全草入药。

菟丝子 *Cuscuta chinensis* Lam.

俗名：吐丝子、菟丝实、无娘藤、无根藤、菟藤、菟缕、野狐丝、豆寄生、黄藤子、萝丝子

旋花科 Convolvulaceae　　菟丝子属 *Cuscuta*

一年生寄生草本，全株无毛；茎黄色，纤细，径约 1 mm。无叶。花序侧生，少花至多花密集成聚伞状伞团花序，苞片及小苞片鳞片状；花萼杯状，5 裂，长约 1.5 mm，花冠白色，壶形，长约 3 mm，裂片三角状卵形，先端反折；雄蕊生于花冠喉部，鳞片长圆形，伸至雄蕊基部，边缘流苏状；花柱 2，等长或不等长，柱头球形。蒴果球形，径约 3 mm，为宿存花冠全包，周裂。种子 2～4，卵圆形，淡褐色，长 1 mm，被短柔毛。国内主要分布在山东、河北、山西、陕西、江苏、黑龙江、吉林等地；国外分布于伊朗、阿富汗向东至日本、朝鲜、南至斯里兰卡、马达加斯加、澳大利亚。生于田边、荒地及灌丛中，常寄生于豆科植物上。种子可供药用。

矮牵牛 *Petunia × atkinsiana* D. Don ex Loudon

俗名：僼子花、灵芝牡丹、碧冬茄

茄科 Solanaceae　　矮牵牛属 *Petunia*

一年生草本，高达 60 cm，全株生腺毛。叶卵形，长 3~8 cm，先端渐尖，基部宽楔形或楔形，全缘，侧脉 5~7 对。花单生于叶腋；花梗长 3~5 cm；花萼 5 深裂，裂片线形，长 1~1.5 cm，先端钝，果时宿存；花冠白色或紫堇色，具各式条纹，漏斗状，长 5~7 cm，冠筒向上渐宽，冠檐开展，具折襞，5 浅裂；雄蕊 4 长 1 短；花柱稍长于雄蕊。蒴果圆锥状，长约 1 cm，2 瓣裂，裂瓣顶端 2 浅裂。种子极小，近球形，直径约 0.5 mm，褐色。世界各国普遍栽培。

龙珠 *Tubocapsicum anomalum* (Franchet et Savatier) Makino

俗名：赤珠、红珠草

茄科 Solanaceae　　龙珠属 *Tubocapsicum*

多年生草本，高达 1.5 m，植株无毛；茎二歧分枝开展。叶互生，卵形、椭圆形或卵状披针形，长 5~18 cm，先端渐尖，全缘或浅波状，侧脉 5~8 对；叶柄长 0.8~3 cm。花单生或 2~6 簇生叶腋或枝腋；花梗长 1~2 cm，俯垂；花萼短，皿状，径约 3 mm，顶端平截，果时稍增大，宿存；花冠黄色，宽钟状，径 6~8 mm，5 裂，雄蕊 5，生于花冠中部，稍伸出，花丝钻状，花药卵圆形，纵裂；花盘稍波状；子房 2 室，花柱与雄蕊等长，胚珠多数。浆果俯垂，球形，多汁，径 0.8~1.2 cm，红色，果皮薄。种子近扁圆形，长 1~1.5 mm，淡黄色，胚弯曲。花果期 8—10 月。国内分布于浙江、江西、福建、台湾、广东、广西、贵州和云南等地；国外分布于朝鲜、日本。常见于山谷、水旁或山坡密林中。

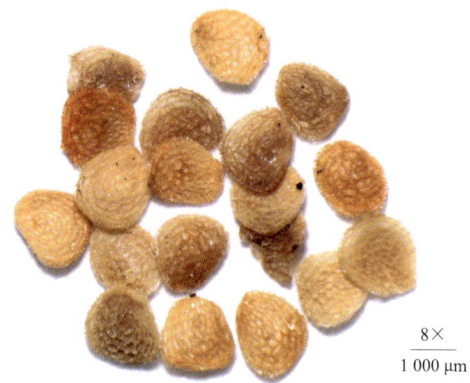

刺天茄 *Solanum violaceum* Ortega

俗名：苦天茄、苦果、弯柄刺天茄、紫花茄、颠茄

茄科 Solanaceae   **茄属 *Solanum***

多枝灌木，高达 1.5（～6）m；小枝褐色，被淡黄色钩刺，刺长 4～7 mm，基部宽 1.5～7 mm。叶卵形，长 5～8（～11）cm，先端钝，基部心形或平截，5～7 深裂或波状浅圆裂，中脉及侧脉常在两面具有长 2～6 mm 的钻形皮刺，侧脉 3～4 对，叶柄长 2～4 cm，密被星状毛及具 1～2 枚钻形皮刺，有时不具。蝎尾状总状花序腋外生，长 2～6 cm，花序梗长 0.5～1.5 cm；花梗长 1.5 cm 或稍长，密被星状绒毛及钻形细直刺；花冠辐状，花蓝紫，稀白色，冠筒长约 1.5 mm，冠檐径约 1.3 cm，裂片卵形，长 5～8 mm；花柱长约 8 mm，柱头平截。浆果球形，橙红色，径 1～1.3 cm，宿萼反卷；果柄长 1～1.2 cm。种子近盘状，淡黄色，径约 2 mm。花果期全年。产于我国四川、贵州、云南、广西、广东、福建、台湾；广布于热带印度、中南半岛。生于海拔 180～1 700 m 的林下、路边、荒地。

喀西茄 *Solanum aculeatissimum* Jacquin

俗名：刺茄子、苦茄子、谷雀蛋、阿公、苦颠茄、狗茄子、添钱果

茄科 Solanaceae　　**茄属** *Solanum*

草本或亚灌木状，高达 2（～3）m；茎、枝、叶、花柄及花萼被硬毛、腺毛及基部宽扁直刺，刺长 0.2～1.5 cm。叶宽卵形，长 6～15 cm，先端渐尖，基部戟形，5～7 深裂，裂片边缘不规则齿裂及浅裂，叶正面沿叶脉毛密，侧脉疏被直刺；叶柄长 3～7 cm。蝎尾状总状花序腋外生，花单生或 2～4；花梗长约 1 cm；花萼钟状，长 5～7 mm，径约 1 cm，裂片长圆状披针形，长约 5 mm，具长缘毛；花冠筒淡黄色，长约 1.5 mm，冠檐白色，裂片披针形，长约 1.4 cm，具脉纹，反曲；花丝长 1～2 mm，花药顶端延长，长 6～7 mm，顶孔向上；子房被微绒毛，花柱长约 8 mm，柱头平截。浆果球形，径 2～3 cm，淡黄色，宿萼被毛及细刺，后渐脱落。种子淡黄色，近倒卵圆形，径 2～2.8 mm。花期 3—8 月，果期 11—12 月。我国云南（除东北及西北部外）有分布，广西偶有发现；国外分布于印度喀西山区。喜沟边、路边灌丛荒地草坡或疏林中。

牛茄子 *Solanum capsicoides* Allioni

俗名：油辣果、颠茄子、癫茄、大颠茄、番鬼茄、颠茄、刺茄、刺茄子

茄科 Solanaceae　　**茄属 *Solanum***

草本或亚灌木状，高达 60（~100）cm；除茎、枝外各部均被长 3~5 mm 纤毛，茎被细刺，常无毛或疏被纤毛。叶宽卵形，长 5~13 cm，先端短尖或渐尖，基部心形，5~7 浅裂或半裂，裂片三角形或卵形，边缘浅波状，无毛或脉疏被纤毛，缘毛较密，侧脉被细刺；叶柄长 2~7 cm，微被纤毛及细刺。花序总状腋外生，长不及 2 cm，花少；花梗被细刺及纤毛，长 0.5~1.5 cm；花萼杯状，被细刺及纤毛；花冠白色，长约 2.5 mm，裂片披针形，长 1~1.2 cm；花丝长约 2.5 mm，花药长 6 mm，顶端延长；花柱长 7~8 mm。浆果扁球状，径 3.5~6 cm，橘红色，果柄长 2~2.5 cm，被细刺。种子近圆盘形，边缘翅状，径 4~6 mm，淡黄色。原产巴西，现广布热带地区；我国分布于江苏、江西、湖南、福建、广东、广西、海南、台湾、四川、贵州、云南等地。喜生于路旁荒地、疏林或灌木丛中。植株及果含龙葵碱，有毒。

少花龙葵 *Solanum americanum* Miller

俗名：痣草、衣扣草、古钮子、打卜子、扣子草、古钮菜、白花菜

茄科 Solanaceae　　**茄属 *Solanum***

纤弱草本，茎无毛或近于无毛，高约1 m。叶薄，卵形至卵状长圆形，长4~8 cm，宽2~4 cm，先端渐尖，基部楔形下延至叶柄而成翅，叶缘近全缘，波状或有不规则的粗齿，两面均具疏柔毛；叶柄纤细，长1~2 cm，具疏柔毛。花序近伞形，腋外生，纤细，具微柔毛，着生1~6朵花，总花梗长1~2 cm，花梗长5~8 mm，花小，直径约7 mm；萼绿色，直径约2 mm，5裂达中部，裂片卵形，具缘毛；花冠白色，筒部隐于萼内，冠檐长约3.5 mm，5裂，裂片卵状披针形，长约2.5 mm；花丝极短，花药黄色，长圆形，长1.5 mm；子房近圆形，直径不及1 mm，花柱纤细，长约2 mm，中部以下具白色绒毛，柱头小，头状。浆果球状，直径约5 mm，幼时绿色，成熟后黑色。种子近卵形，两侧压扁，径1~1.5 mm。几全年开花结果。产于我国云南南部、江西、湖南、广西、广东、台湾等地。生于山野、荒地、路旁、林边荒地、密林阴湿处及溪边阴湿地。

10×
1 000 μm

水茄 *Solanum torvum* Swartz

俗名：刺番茄、天茄子、乌凉、青茄、西好、刺茄、野茄子、金衫扣、山颠茄

茄科 Solanaceae　　**茄属 *Solanum***

灌木，高达 2 m；小枝具皮刺，长 0.3～1 cm。叶单生或双生，卵形或椭圆形，长 6～16（～19）cm，先端尖，基部心形或楔形，半裂或波状，裂片常 5～7，侧脉 3～5 对，有刺或无刺；叶柄长 2～4 cm，具 1～2 刺或无刺。小枝、叶、叶柄、花序梗、花梗、花萼、花冠裂片均被星状毛，或兼有腺毛。浆果球形，黄色，无毛。种子盘状，径 1.5～2 mm。花果期全年。产于我国云南、广西、广东、台湾；遍布热带印度，东经缅甸、泰国，南至菲律宾、马来西亚。喜生于热带地区的路旁、荒地、灌木丛中、沟谷及村庄附近等潮湿地方，海拔 200～1 650 m。

挂金灯 *Alkekengi officinarum* var. *franchetii* (Mast.) R.J.Wang

俗名：红姑娘、泡泡草、锦灯笼、天泡

茄科 Solanaceae　　**酸浆属 *Alkekengi***

多年生草本，高达 80 cm；茎被柔毛，幼时较密。叶长卵形或宽卵形，长 5～15 cm，先端渐尖，基部不对称窄楔形，全缘波状或具粗牙齿，两面被柔毛，脉上较密，叶柄长 1～3 cm。花梗长 0.6～1.6 cm，初直伸，后下弯，密被柔毛；花萼宽钟状，长约 6 mm，密被柔毛，萼齿三角形，边缘被硬毛；花冠辐状。浆果球形，橙红色，径 1～1.5 cm。种子圆盘状近肾形，淡黄色，长约 2 mm。花期 5—9 月，果期 6—10 月。在我国分布广泛，除西藏外，各地均有分布；朝鲜和日本也有。常生于田野、沟边、山坡草地、林下或路旁水边；亦普遍栽培。果可食和药用，可清热解毒、消肿。

酸浆 *Alkekengi officinarum* Moench

俗名：红姑娘、泡泡草、洛神珠、灯笼草、酸姑娘、天泡子、金灯果

茄科 Solanaceae　　酸浆属 *Alkekengi*

多年生草本，高达 80 cm；茎被柔毛，幼时较密。叶长卵形或宽卵形，稀菱状卵形，长 5～15 cm，先端渐尖，基部不对称窄楔形、下延至叶柄，全缘波状或具粗牙齿，有时疏生不等大三角形牙齿，两面被柔毛，脉上较密，上面毛常不脱落；叶柄长 1～3 cm。花梗长 0.6～1.6 cm，初直伸，后下弯，密被柔毛；花萼宽钟状，长约 6 mm，密被柔毛，萼齿三角形，边缘被硬毛；花冠辐状。浆果球形，橙红色，径 1～1.5 cm；果柄长 2～3 cm，被柔毛。种子肾形，淡黄色，长约 2 mm。花期 5—9 月，果期 6—10 月。原产于我国，南北均有野生资源分布，东北地区种植较广泛。果实含多种营养成分，供食用。

灯笼果 *Physalis peruviana* L.

俗名：小果酸浆、秘鲁苦蘵

茄科 Solanaceae　　洋酸浆属 *Physalis*

多年生草本，高 45～90 cm，具匍匐根状茎；茎直立，不分枝或少分枝，密生短柔毛。叶较厚，阔卵形或心脏形，长 6～15 cm，宽 4～10 cm，顶端短渐尖，基部对称心脏形，全缘或有少数不明显的尖牙齿，两面密生柔毛；叶柄长 2～5 cm，密生柔毛。花单独腋生，梗长约 1.5 cm；花萼阔钟状，密生柔毛，长 7～9 mm，裂片披针形；花冠阔钟状，长 1.2～1.5 cm，径 1.5～2 cm，黄色而喉部有紫色斑纹，5 浅裂，裂片近三角形，外面生短柔毛，边缘有睫毛；花丝及花药蓝紫色。果萼卵球状，长 2.5～4 cm，薄纸质，淡绿色或淡黄色，被柔毛；浆果径 1～1.5 cm，成熟时黄色。种子近扁圆形，淡黄色，径约 2 mm。夏季开花结果。原产南美洲，我国广东、云南有栽培，或野生于海拔 1 200～2 100 m 的路旁或河谷。果实成熟后酸甜味，可生食或作果酱。

唇形目 Lamiales

金钟花 *Forsythia viridissima* Lindl.

俗名：连翘、黄金条、迎春柳、迎春条、金梅花

木樨科 Oleaceae　　**连翘属 *Forsythia***

落叶灌木，高可达 3 m；全株除花萼裂片边缘具睫毛外，其余均无毛；枝棕褐色或红棕色，小枝绿色或黄绿色，呈四棱形，皮孔明显，具片状髓。单叶，叶片长椭圆形至披针形，或倒卵状长椭圆形，长 3.5～15 cm，宽 1～4 cm，先端锐尖，基部楔形，上部常具不规则锐齿或粗齿，稀近全缘，两面无毛；叶柄长 0.6～1.2 cm。花 1～3（4）朵生于叶腋，先叶开放；花梗长 3～7 mm；花萼裂片卵形或长圆形，长 2～4 mm，具睫毛；花冠深黄色，长 1.1～2.5 cm，花冠筒长 5～6 mm，裂片窄长圆形，反卷；在雄蕊长 3.5～5 mm 的花中，雌蕊长 5.5～7 mm，在雄蕊长 6～7 mm 的花中，雌蕊长约 3 mm。果卵圆形或宽卵圆形，长 1～1.5 cm，宽 0.6～1 cm，基部稍圆，先端喙状渐尖，具皮孔；果梗长 3～7 mm。种子长卵肾形，长约 5 mm。花期 3—4 月，果期 8—11 月。我国产于江苏、安徽、浙江、江西、福建、湖北、湖南、云南西北部。生于海拔 300～2 600 m 的山地、谷地或河谷边林缘，溪沟边或山坡路旁灌丛中。除华南地区外，全国各地均有栽培，尤以长江流域一带栽培较普遍。

女贞 *Ligustrum lucidum* Ait.

俗名： 大叶女贞、冬青、落叶女贞

木樨科 Oleaceae　　**女贞属 *Ligustrum***

灌木或乔木，高可达 25 m；树皮灰褐色。枝黄褐色、灰色或紫红色，圆柱形，疏生圆形或长圆形皮孔。叶片常绿，革质，卵形、长卵形或椭圆形至宽椭圆形，长 6~17 cm，宽 3~8 cm，先端锐尖至渐尖或钝，基部圆形或近圆形，有时宽楔形或渐狭，叶缘平坦，叶正面光亮，两面无毛，中脉在上面凹入，叶背凸起，侧脉 4~9 对，两面稍凸起或有时不明显；叶柄长 1~3 cm，叶正面具沟，无毛。圆锥花序顶生，长 8~20 cm，宽 8~25 cm；花序梗长 0~3 cm；花序轴及分枝轴无毛，紫色或黄棕色，果时具棱；花序基部苞片常与叶同形，小苞片披针形或线形，长 0.5~6 cm，宽 0.2~1.5 cm，凋落；花无梗或近无梗，长不超过 1 mm；花萼无毛，长 1.5~2 mm，齿不明显或近截形；花冠长 4~5 mm，花冠管长 1.5~3 mm，裂片长 2~2.5 mm，反折；花丝长 1.5~3 mm，花药长圆形，长 1~1.5 mm；花柱长 1.5~2 mm，柱头棒状。果近肾形，长 7~10 mm，径 4~6 mm，深蓝黑色，成熟时呈红黑色，被白粉；果梗长 0~5 mm。种子长卵肾形，弯曲，长约 6 mm。花期 5—7 月，果期 7 月至翌年 5 月。国内分布于长江以南至华南、西南地区，向西北分布至陕西、甘肃；国外朝鲜也有分布，印度、尼泊尔有栽培。常见于 2 900 m 以下疏、密林中。果、叶供药用。

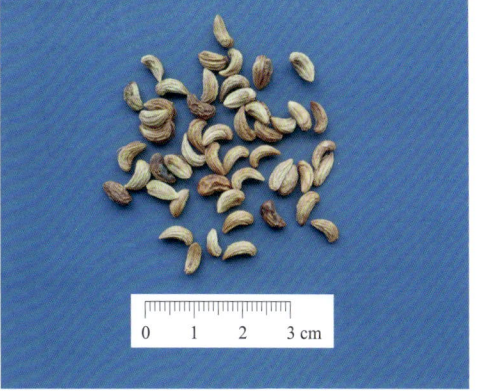

小蜡 *Ligustrum sinense* Lour.

俗名：山指甲、花叶女贞

木樨科 Oleaceae　　**女贞属 *Ligustrum***

落叶灌木或小乔木；幼枝被黄色柔毛，老时近无毛。叶纸质或薄革质，卵形、长圆形或披针形，长 2~7 cm，宽 1~3 cm，先端尖或渐尖，或钝而微凹，基部宽楔形或近圆，两面疏被柔毛或无毛，常沿中脉被柔毛；侧脉在叶正面平或微凹下；叶柄长 2~8 mm，被柔毛。花序塔形，花序轴被较密黄色柔毛或近无毛，基部有叶；花梗长 1~3 mm；花萼长 1~1.5 mm，无毛；花冠长 3.5~5.5 mm，裂片长于花冠筒；雄蕊等于或长于花冠裂片。果近球形，径 5~8 mm。种子卵形，黑褐色，长约 2.5 mm。花期 5—6 月，果期 9—12 月。国内产于华东、华中南部、两广、西南东部；国外越南、马来西亚有栽培。

小叶女贞 *Ligustrum quihoui* Carr.

俗名：小叶水蜡

木樨科 Oleaceae   **女贞属 *Ligustrum***

半常绿灌木，高达3 m；小枝圆，密被微柔毛，后脱落。叶薄革质，披针形、椭圆形、倒卵状长圆形或倒卵状披针形，长1～4 cm，宽0.5～2 cm，先端尖、钝或微凹，基部楔形，叶缘反卷，两面无毛，叶背常具腺点；叶柄长不及5 mm，无毛或被微柔毛。圆锥花序顶生，紧缩，近圆柱形，长为宽的2～5倍；小苞片卵形，具睫毛；花近无梗；花萼长1.5～2 mm，无毛；花冠长4～5 mm，花冠筒与裂片近等长；雄蕊伸出花冠裂片外。果倒卵圆形、椭圆形或近球形，长5～9 mm，成熟时黑紫色。种子卵形，长5～7 mm，褐色。产于我国陕西南部、山东、江苏、安徽、浙江、江西、河南、湖北、四川、贵州西北部、云南、西藏察隅。生于海拔100～2 500 m的沟边、路旁、河边灌丛或山坡。叶可入药。

北美车前 *Plantago virginica* L.

俗名：毛车前

车前科 Plantaginaceae　　**车前属 *Plantago***

一年生或二年生草本；直根纤细，有细侧根；根茎短。叶基生呈莲座状，倒披针形或倒卵状披针形，长（2～）3～18 cm，先端急尖或近圆，基部窄楔形，下延至叶柄，边缘波状、疏生牙齿或近全缘，两面及叶柄散生白色柔毛；叶柄长0.5～5 cm，基部鞘状。穗状花序1至多数，长（1～）3～18 cm，下部常间断；花序梗长4～20 cm，密被开展的白色柔毛。苞片披针形或窄椭圆形，龙骨突宽厚，背面及边缘有白色疏柔毛。花冠淡黄色，无毛，花冠筒等长或稍长于萼片。花2型；能育花的花冠裂片卵状披针形，直立，雄蕊着生花冠筒内面顶端，花药淡黄色，具窄三角形小尖头，花柱内藏或稍外伸，以闭花授粉为主；风媒花通常不育，花冠裂片与能育花同形，开展并于花后反折，雄蕊与花柱明显外伸。蒴果卵球形，长2～3 mm，于基部上方周裂。种子2，卵圆形或长卵圆形，长（1～）1.4～1.8 mm，腹面凹陷呈船形；子叶背腹向排列。花期4—5月，果期5—6月。原产北美洲，在中美洲、欧洲、日本及中国归化。生于低海拔草地、路边、湖畔。

车前 *Plantago asiatica* L.

俗名： 车前草、蛤蟆草、饭匙草、车轱辘菜、蛤蟆叶、猪耳朵

车前科 Plantaginaceae　　**车前属 Plantago**

二年生或多年生草本；植株干后绿或褐绿色，或局部带紫色。须根多数；根茎短，稍粗。叶基生呈莲座状，薄纸质或纸质，宽卵形或宽椭圆形，先端钝圆或急尖，基部宽楔形或近圆，多少下延，边缘波状、全缘或中部以下具齿。穗状花序3~10个，细圆柱状，紧密或稀疏，下部常间断，花冠白色，花冠筒与萼片近等长；雄蕊与花柱明显外伸，花药白色。蒴果纺锤状卵形、卵球形或圆锥状卵形，长3~4.5 mm，于基部上方周裂。种子5~6（~12），卵状椭圆形或椭圆形，长（1.2~）1.5~2 mm，具角，背腹面微隆起；子叶背腹排列。花期4—8月，果期6—9月。产于我国多地。生于海拔3~3 200 m的草地、沟边、河岸湿地、田边、路旁或村边空旷处。全草可药用。

10×
1 000 μm

16×
500 μm

野甘草 *Scoparia dulcis* L.

俗名：冰糖草

车前科 Plantaginaceae　　**野甘草属 *Scoparia***

直立草本或半灌木状，株高达 1 m；茎多分枝，枝有棱角及窄翅，无毛。叶菱状卵形或菱状披针形，长者达 3.5 cm，枝上部叶较小而多，先端钝，基部长渐窄、全缘而成短柄，前半部有齿，齿有时颇深多少缺刻状而重出，有时近全缘，两面无毛。花单朵或更多成对生于叶腋；花梗长 0.5～1 cm，无毛；无小苞片；花萼分生，萼齿 4，卵状长圆形，长约 2 mm，具睫毛；花冠小，白色，径约 4 mm，有极短的管，喉部生有密毛，瓣片 4，上方 1 枚稍较大，钝头，边缘有啮痕状细齿，长 2～3 mm；雄蕊 4，近等长，花药箭形；花柱直，柱头截形或凹入。蒴果卵圆形或球形，径 2～3 mm，室间室背均开裂，中轴胎座宿存。种子不规则卵形，径约 0.5 mm，褐色。原产美洲热带，现已广布于全球热带地区；国内分布于广东、广西、云南、福建。喜荒地、路旁，亦偶见于山坡。

20×
300 μm

10×
1 000 μm

通泉草 *Mazus pumilus* (N. L. Burman) Steenis

俗名：脓泡药、汤湿草、猪胡椒、野田菜、鹅肠草

通泉草科 Mazaceae　　**通泉草属 *Mazus***

一年生草本，高 3～30 cm，无毛或疏生短柔毛；茎 1～5 枝或有时更多，直立，上升或倾卧状上升，着地部分节上常能长出不定根，分枝多而茎披散，少不分枝。基生叶少到多数，有时成莲座状或早落，倒卵状匙形至卵状倒披针形；茎生叶对生或互生，少数，与基生叶相似或几乎等大。总状花序生于茎、枝顶端，常在近基部即生花，伸长或上部成束状，通常 3～20 朵，花稀疏；花梗在果期长达 10 mm；花冠白色、紫色或蓝色，长约 10 mm，上唇裂片卵状三角形，下唇中裂片较小，稍突出，倒卵圆形；子房无毛。蒴果球形；种子肾形，长约 0.5 mm，小而多数，种皮上有不规则网纹。花果期 4—10 月。遍布全国。常见于湿润的草坡、沟边、路旁及林缘。

白背枫 *Buddleja asiatica* Lour.

俗名：七里香、驳骨丹、白叶枫

玄参科 Scrophulariaceae　　**醉鱼草属 *Buddleja***

小乔木或灌木状，高 1～8 m。叶对生，膜质或纸质，披针形或长披针形，长 6～30 cm，先端渐尖或长渐尖，基部楔形下延；叶柄长 0.2～1.5 cm。多个聚伞花序组成总状花序，或 3 至数个聚生枝顶及上部叶腋组成圆锥状花序；花小，白色；花冠筒圆筒状，直伸，长 3～6 mm，裂片长 1～1.7 mm；雄蕊着生花冠筒喉部；子房无毛，柱头头状。蒴果椭圆状，长 3～5 mm，径 1.5～3 mm。种子灰褐色，长带状，长 0.8～1 mm，宽 0.3～0.4 mm，两端具短翅。花期 1—10 月，果期 3—12 月。国内分布于陕西、江西、福建、台湾、湖北、湖南、广东、海南、广西、四川、贵州、云南和西藏等地；国外分布于东南亚、南亚各国。常见于海拔 200～3 000 m 的向阳山坡灌木丛中或疏林缘。根和叶供药用。

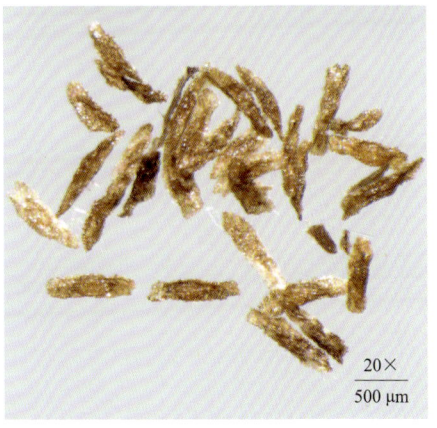

巴东醉鱼草 *Buddleja albiflora* Hemsl.

俗名：无

玄参科 Scrophulariaceae　　**醉鱼草属 *Buddleja***

灌木，高达 3 m；小枝、叶柄、花萼及花冠幼时均被星状毛及腺毛，后脱落无毛。叶对生，纸质，披针形或长椭圆形，长 7～30 cm，先端渐尖，基部楔形或圆，具重锯齿，叶正面近无毛，叶背被灰白色或淡黄色星状短绒毛，侧脉 10～17 对。圆锥聚伞花序顶生，长 7～25 cm；花梗被长硬毛；花冠蓝紫色、淡紫色至白色，喉部橙黄色，芳香，长 6.5～8 mm，内面花冠筒中部以上及喉部被长髯毛，花冠筒长约 5 mm，裂片长 1～1.5 mm，雄蕊着生花冠筒喉部。蒴果长圆形，长 5～8 mm，无毛。种子褐色，长椭圆形，长 2～4 mm，两端具长翅。花期 2—9 月，果期 8—12 月。国内产于陕西、甘肃、河南、湖北、湖南、四川、贵州和云南。常见于 500～2 800 m 的山地灌木丛中或林缘。

大叶醉鱼草 *Buddleja davidii* Fr.

俗名：紫花醉鱼草、大蒙花、酒药花

玄参科 Scrophulariaceae　　**醉鱼草属 *Buddleja***

灌木，高达 5 m；幼枝、叶背及花序均密被白色星状毛。叶对生，膜质或薄纸质，卵形或披针形，长 1～20 cm，宽 0.3～7.5 cm，先端渐尖，基部楔形，具细齿，叶正面初疏被星状短柔毛，后脱落无毛，侧脉 9～14 对；叶柄间具 2 卵形或半圆形托叶，有时早落。总状或圆锥状聚伞花序顶生，长 4～30 cm；小苞片长 2～5 mm；花冠淡紫、黄白至白色，喉部橙黄色，芳香，花冠筒长 0.6～1.1 cm，内面被星状短柔毛，裂片长 1.5～3 mm，全缘或具不整齐锯齿；雄蕊着生花冠筒内壁中部。蒴果长圆形或窄卵圆形，长 5～9 mm，2 瓣裂，无毛，花萼宿存。种子长椭圆形，长 2～4 mm，两端具长翅。花期 5—10 月，果期 9—12 月。国内分布于陕西、甘肃、江苏、浙江、江西、湖北、湖南、广东、广西、四川、贵州、云南和西藏等地。常见于海拔 800～3 000 m 的山坡、沟边灌木丛中。

10×
1 000 μm

16×
500 μm

长蒴母草 *Lindernia anagallis* (Burm. F.) Pennell

俗名： 长果母草

母草科 Linderniaceae   **陌上菜属 *Lindernia***

一年生草本，长 10～40 cm，根须状；茎始简单，不久即分枝，下部匍匐长蔓，节上生根，并有根状茎，有条纹，无毛。叶仅下部者有短柄；叶片三角状卵形、卵形或矩圆形，长 4～20 mm，宽 7～12 mm，顶端圆钝或急尖，基部截形或近心形，边缘有不明显的浅圆齿，侧脉 3～4 对，约以 45°角伸展，上下两面均无毛。花单生于叶腋，花梗长 6～10 mm，在果中达 2 cm，无毛，萼长约 5 mm，仅基部联合，齿 5，狭披针形，无毛；花冠白色或淡紫色，长 8～12 mm，上唇直立，卵形，2 浅裂，下唇开展，3 裂，裂片近相等，比上唇稍长；雄蕊 4，全育，前面 2 枚的花丝在颈部有短棒状附属物；柱头 2 裂。蒴果条状披针形，比萼长约 2 倍，室间 2 裂。种子长卵圆形，长 0.4～0.6 mm，橙色，有疣状突起。花期 4—9 月，果期 6—11 月。我国分布于四川、云南、贵州、广西、广东、湖南、江西、福建、台湾等地；亚洲东南部也有。多生于海拔 1 500 m 以下的林边、溪旁及田野的较湿润处。全草可药用。

宽叶母草 *Lindernia nummulariifolia* (D. Don) Wettstein

俗名：圆叶母草

母草科 Linderniaceae　　陌上菜属 *Lindernia*

一年生矮小草本，株高达 15 cm，根须状；茎直立，不分枝或有时多枝丛密，而枝倾卧后上升，茎枝多少四角形，棱上有伸展的细毛。叶宽卵形或近圆形，先端圆钝，基部宽楔形或近心形，边缘有浅圆锯齿或波状齿，齿顶有小突尖，边缘和下面中肋有极稀疏的毛；侧脉 2～3 对，基出，稀近基出。花少数，在茎顶端和叶腋成亚伞形，2 型；花萼常结合至中部，花冠紫色，稀蓝或白色，上唇直立，下唇开展，3 裂；雄蕊 4，全育。蒴果长椭圆形，顶端渐尖，比宿萼长约 2 倍。种子方球形，径约 0.4 mm，橙色，有疣状突起。花期 7—9 月，果期 8—11 月。国内产于甘陕南部、湖北、湖南、浙江、广西，西南各省区市及喜马拉雅东南段；国外分布于尼泊尔。生长在田边、沟旁等湿润处。全草可药用。

16×
500 μm

20×
500 μm

母草 *Lindernia crustacea* (L.) F. Muell.

俗名：四方拳草、蛇通管、气痛草、四方草

母草科 Linderniaceae　　**陌上菜属 *Lindernia***

草本，根须状；高 10～20 cm，常铺散成密丛，多分枝，枝弯曲上升，微方形有深沟纹，无毛。叶柄长 1～8 mm；叶片三角状卵形或宽卵形，长 10～20 mm，宽 5～11 mm，顶端钝或短尖，基部宽楔形或近圆形，边缘有浅钝锯齿，叶正面近于无毛，叶背沿叶脉有稀疏柔毛或近于无毛。花单生于叶腋或在茎枝之顶成极短的总状花序，花梗细弱，有沟纹，近于无毛；花萼坛状，长 3～5 mm，侧、背均开裂较浅的 5 齿，齿三角状卵形，中肋明显，外面有稀疏粗毛；花冠紫色，长 5～8 mm，管略长于萼，上唇直立，卵形，钝头，有时 2 浅裂，下唇 3 裂；雄蕊 4，全育，2 强；花柱常早落。蒴果椭圆形，与宿萼近等长。种子近球形，浅黄褐色，有明显的蜂窝状瘤突，长约 0.4 mm。花、果期全年。分布于我国浙江、江苏、安徽、江西、福建、台湾、广东、广西、云南、西藏（东南部）、四川、贵州、湖南、湖北、河南等地；热带和亚热带地区广布。常见于田边、草地、路边等低湿处。全草可药用。

蓝花草 *Ruellia simplex* C.Wright

俗名：翠芦莉、兰花草、狭叶芦莉草

爵床科 Acanthaceae　　**芦莉草属 *Ruellia***

多年生草本，茎直立，高 55～110（～150）cm，与叶柄、花序轴和花梗均无毛。茎下部叶有稍长柄，叶片线状披针形，全缘或边缘具疏锯齿。总状花序数个组成圆锥花序，花腋生，花径 3～5 cm，花冠漏斗状，5 裂，紫色、粉色或白色，具放射状条纹，细波浪状。一般清晨开放，午后凋谢。蒴果长约 1.4 cm。种子倒卵球形，长 2.5～3 mm，密被细绒毛。花果期 7—10 月。原产于美洲墨西哥，现热带地区广为栽培；中国台湾、福建、广东、香港、海南和广西也有种植。

水蓑衣 *Hygrophila ringens* (Linnaeus) R. Brown ex Sprengel

俗名：披针叶水蓑衣、剑叶水蓑衣、枪叶水蓑衣、柳叶水蓑衣、大花水蓑衣

爵床科 Acanthaceae　　**水蓑衣属 *Hygrophila***

草本，高 30～60 cm，直立，分枝，无毛；茎 4 棱形。叶狭矩圆状倒卵形至倒披针形，长 4～8 cm，宽 8～15 mm，先端圆或钝，基部渐狭，边全缘，侧脉纤细，不明显。花少数，1～3 朵生于叶腋内；苞片矩圆状披针形，顶端钝，长约 1 cm，小苞片狭矩圆形，长约 6 mm；萼长 1.2～1.4 cm，裂片狭线状披针形，尾状渐尖，约与萼管等长，有短睫毛；花冠紫蓝色，长可达 2.5 cm，外被疏柔毛，冠管下部圆柱形，上部肿胀，上唇钝，下唇短 3 裂。蒴果长柱形，长 1～1.5 cm。种子卵形，长 1～1.5 mm。花期冬季。产于我国广东（广州）、香港、福建（厦门）。生于江边的湿地上。

喜花草 *Eranthemum pulchellum* Andrews

俗名：可爱花

爵床科 Acanthaceae　　**喜花草属 *Eranthemum***

灌木，株高达 2 m；枝四棱形。叶对生，通常卵形，有时椭圆形，长 9～20 cm，先端渐尖或长渐尖，基部圆或宽楔形并下延，两面无毛或近无毛，全缘或有不明显的钝齿，侧脉每边 8～10，连同中肋有叶两面凸起，叶背明显；叶柄长 1～3 cm。穗状花序顶生和腋生，长 3～10 cm；苞片叶状，白绿色，倒卵形或椭圆形，长 1～25 cm，具绿色羽状脉，无缘毛。蒴果长 1～1.6 cm。种子 4 粒，扁圆形，径 3～4 mm，褐色，表面被短绒毛。在我国南部和西南部有栽培；国外分布于印度及热带喜马拉雅地区。观赏植物。

黄花风铃木 *Handroanthus chrysanthus* (Jacq.) S.O.Grose

俗名：黄钟木、巴西风铃木、黄金风铃木

紫葳科 Bignoniaceae　　**风铃木属 Handroanthus**

落叶或半常绿乔木，高 4～6 m；树干直立，树冠圆伞形。掌状复叶对生，小叶 4～5 枚，倒卵形，有疏锯齿，被褐色细绒毛。花冠漏斗形，风铃状，皱曲，花色鲜黄，颇为美丽。果实为蓇葖果，长条形向下开裂，长 18～25 cm。种子两端有翅，连翅长约 3 cm。花期 2—4 月。花色金黄明艳，花形如风铃，季相变化明显。原产美洲，巴西国花；我国华南各省区公园常见栽培。

玫红栎铃木 *Tabebuia rosea* (Bertol.) DC.

俗名： 粉花风铃木、紫绣球、粉风铃木、玫瑰风铃木、红花伊蓓树、喇叭树、巴拉圭风铃木、洋红风铃木、红花风铃花、蔷薇风铃花、掌叶黄钟木

紫葳科 Bignoniaceae　　**栎铃木属** *Tabebuia*

乔木，高 6~10 m；树皮灰白色，有纵裂纹。掌状复叶，小叶长椭圆形，革质，对生，全缘。总状花序，花冠铃形，径 3~5 cm，粉红或紫红，小花多数聚生成团，具观赏价值。果实为蒴果，线状柱隔膜扁圆形，长 18~37.5 cm，粗 0.9~1.3 cm，熟时开裂，每个蒴果有 85~160 粒种子。种子薄，具半透明膜质翅，种子连翅长约 1 cm。花期春夏，果期秋季。原产于中南美洲。著名的热带观花树种。

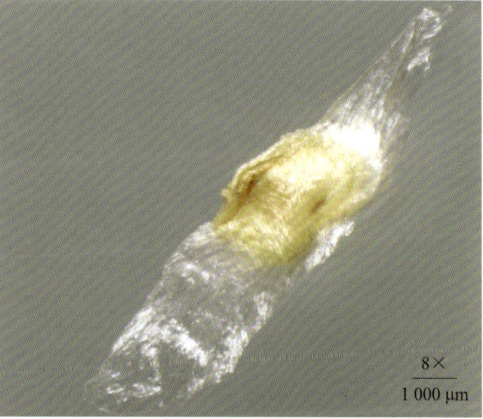

火焰树 *Spathodea campanulata* P. Beauv.

俗名：火焰木、火烧花、喷泉树、苞萼木

紫葳科 Bignoniaceae　　火焰树属 *Spathodea*

乔木，高达 10 m，树皮平滑，灰褐色。奇数羽状复叶，对生，连叶柄长达 45 cm；小叶 13～17 枚，叶片椭圆形至倒卵形，长 5～9.5 cm，宽 3.5～5 cm。伞房状总状花序，顶生，密集；花序轴长约 12 cm，被褐色微柔毛；花梗长 2～4 cm。花萼佛焰苞状，外面被短绒毛，顶端外弯并开裂，基部全缘，长 5～6 cm，宽 2～2.5 cm。花冠一侧膨大，基部紧缩成细筒状，檐部近钟状，径 5～6 cm，长 5～10 cm，橘红色，具紫红色斑点。雄蕊 4，花丝长 5～7 cm，花药长约 8 mm。花柱长 6 cm，柱头卵圆状披针形，2 裂。蒴果黑褐色，长 15～25 cm，宽 3.5 cm，2 瓣裂。种子具周翅，连翅长为 1.7～2.4 cm。花期 4—5 月。原产非洲，现广泛栽培于印度、斯里兰卡；我国广东、福建、台湾、云南（西双版纳）均有栽培。

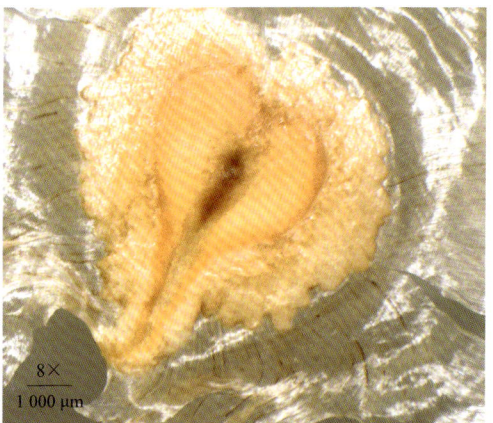

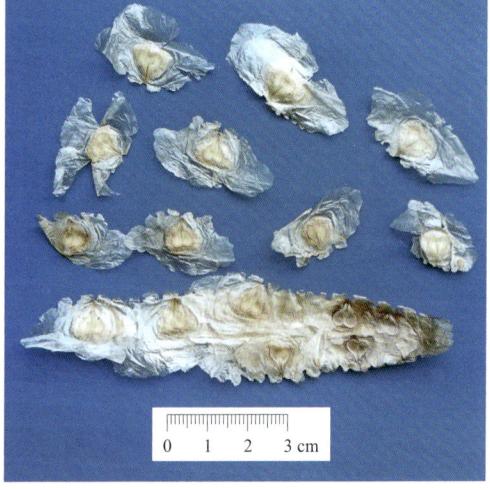

黄钟花 *Tecoma stans* (L.) Juss. ex Kunth

俗名：黄钟树

紫葳科 Bignoniaceae　　**黄钟花属 *Tecoma***

常绿灌木或小乔木，株高可达 5 m；具多数分枝，枝条圆柱形，光滑无毛或仅幼枝有绒毛，绿色，随着生长转变为棕褐色或略带红色。叶对生，奇数羽状复叶，小叶 5～13 枚，长椭圆状卵形至披针形，长 4～10 cm，先端渐尖，基部锐形，边缘锯齿状。总状或圆锥花序，顶生；花萼合生成杯状，1 齿裂；花冠黄色或橙黄色，喇叭状，下部合生成管状，长 3～5 cm；雄蕊 4 枚，子房 2 室，胚珠多数。蒴果长线形，下垂，长 13～20 cm，成熟时褐色，开裂。种子多数，两端具翅，连翅长约 2 cm。花期夏秋 2 季，果期秋季。原产热带中美洲，现我国华南地区广泛栽培供观赏。叶、根可入药。

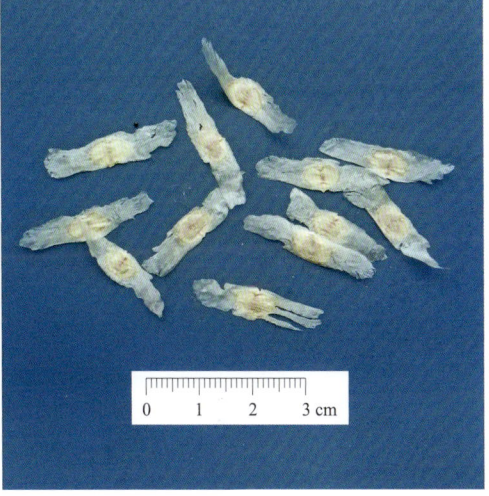

蓝花楹 *Jacaranda mimosifolia* D. Don

俗名：蓝楹、含羞草叶楹、含羞草叶蓝花楹

紫葳科 Bignoniaceae　　**蓝花楹属 *Jacaranda***

落叶大乔木，高达 20 m，胸径 80 cm；枝下高约 10 m。二回羽状复叶对生或互生，叶轴长 28～32 cm；小叶 8～15 对，互生，长圆形，长 7～8 mm，先端具芒尖，基部斜楔形。花萼长宽不及 4 mm，萼齿 5，芒尖；花冠蓝紫色，长 4～5 cm，钟状，基部成细筒状；花丝无毛，着生花冠筒基部，与花药着生处具芒状关节。果圆形或长圆形，扁平，长 5 cm，宽约 4 cm，边缘薄，中心厚，木质、坚硬、不开裂，淡褐色，有细小点纹。每果内有种子 70～80 颗，种子扁圆形，具周翅，连翅长约 1.5 cm。花期 5—6 月。原产南美洲巴西、玻利维亚、阿根廷；我国广东（广州）、海南、广西、福建、云南庭园栽培供观赏。

猫尾木 *Markhamia stipulata* (Wall.) Seem. ex K. Schum.

俗名：齿叶猫尾木、西南猫尾木

紫葳科 Bignoniaceae　　**猫尾木属 *Markhamia***

乔木，高达 15 m。奇数羽状复叶长达 30 cm；小叶 7～11，长椭圆形或椭圆状卵形，小叶基部宽楔形或近圆，偏斜，侧脉 8～10 对，叶缘具有极密的细锯齿，两面近无毛。顶生总状聚伞花序，被锈黄色柔毛，有 4～10 花；花梗长 2.5～5.5 cm；花萼佛焰苞状，长约 5.5 cm，径约 4 cm，密被锈黄色绒毛；花冠黄白色，长约 10 cm，冠筒红褐色，花冠径达 10 cm，筒基部径 1～1.5 cm，裂片具不规则齿刻及皱纹；花丝紫色，着生花冠，花药丁字形着生；子房被毛，花柱纤细，柱头 2 裂。蒴果披针形，长 30～36 cm，径 2～4 cm，表面密生绒毛。种子长椭圆形，连翅长 3～5 cm，宽 1～1.3 cm。花期 9—12 月，果期翌年 2—3 月。国内分布于广东、广西、云南南部；国外分布于缅甸。常见于疏林中、润湿地。优良观花和观果植物。

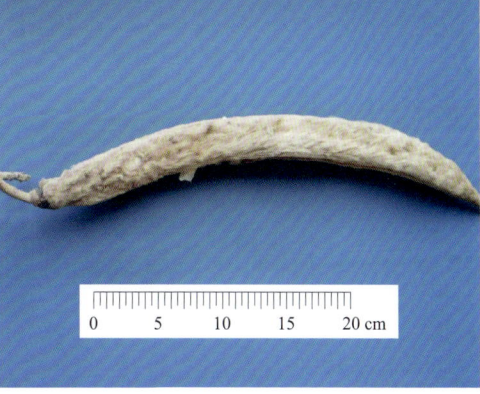

木蝴蝶 *Oroxylum indicum* (L.) Bentham ex Kurz

俗名：千张纸、千层纸、王蝴蝶、毛鸦船、破故纸

紫葳科 Bignoniaceae　　**木蝴蝶属 *Oroxylum***

小乔木，高达 10 m。花梗长 3～7 cm；花萼钟状，紫色，膜质，果期近木质，长 2.2～4.5 cm，宽 2～3 cm，光滑，顶端平截，具小苞片；花冠紫红色，肉质，长 3～9 cm，基部径 1～1.5 cm，口部径 5.5～8 cm，檐部下唇 3 裂，上唇 2 裂，裂片微反折，傍晚开花，有臭味；雄蕊着生花冠筒中部，花丝长 4 cm，微伸出花冠，花丝基部被绵毛，花药椭圆形，长 0.8～1 cm，略叉开，花盘肉质，5 浅裂，径约 1.5 cm；花柱长 5～7 cm。蒴果木质，垂悬树梢，长 0.4～1.2 m，宽 5～9 cm，厚约 1 cm，2 瓣裂。种子连翅长 6～7 cm，宽 3.5～4 cm，周翅纸质，称千张纸。产于我国福建、台湾、广东、广西、四川、贵州及云南；在越南、老挝、泰国、柬埔寨、缅甸、印度、马来西亚、菲律宾、印度尼西亚（爪哇岛）也有分布。生于海拔 500～900 m 热带及亚热带低丘河谷密林，以及公路边丛林中，常单株生长。夏、秋季理想的观花和观果植物。种子、树皮可入药。

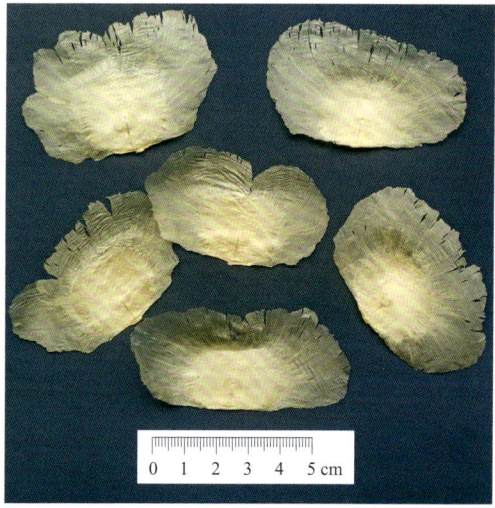

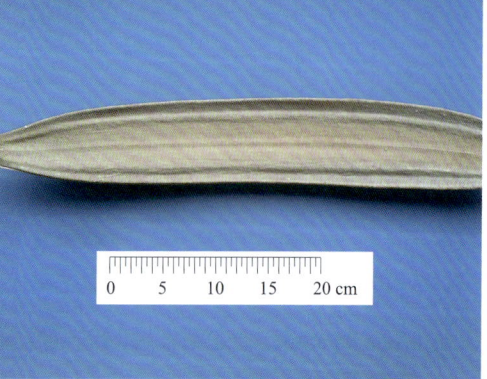

假连翘 *Duranta erecta* L.

俗名：莲荞、番仔刺、篱笆树

马鞭草科 Verbenaceae　　**假连翘属 *Duranta***

灌木，高达 3 m；枝被皮刺。叶卵状椭圆形或卵状披针形，长 2～6.5 cm，先端短尖或钝，基部楔形，全缘或中部以上具锯齿，被柔毛；叶柄长约 1 cm，被柔毛。总状圆锥花序；花萼管状，被毛，5 裂，具 5 棱；花冠蓝紫色，稍不整齐，5 裂，裂片平展，内外被微毛。核果球形，无毛，径约 5 mm，红黄色，为宿萼包被。花果期 5—10 月，南方全年。原产热带美洲；我国南部常见栽培，常逸为野生。

8×
1 000 μm

假马鞭 *Stachytarpheta jamaicensis* (L.) Vahl

俗名：蛇尾草、蓝草、大种马鞭草、玉龙鞭、倒团蛇、假败酱、铁马鞭

马鞭草科 Verbenaceae　　**假马鞭属 *Stachytarpheta***

多年生粗壮草本或亚灌木状，高达 2 m；幼枝稍四棱，疏被短毛。叶椭圆形或卵状椭圆形，长 2.4～8 cm，先端短尖，基部楔形，具粗齿，两面疏被短毛，侧脉 3～5 对；叶柄长 1～3 cm。穗状花序顶生，长 11～29 cm，花单生苞腋，一半嵌生于花序轴凹穴中，螺旋状着生；苞片具芒尖；花萼筒状，膜质；花冠深蓝紫色，长 0.7～1.2 cm，5 裂，裂片平展；雄蕊 2，花丝短，花药极叉开；花柱伸出。蒴果包于宿萼内。种子圆柱形，长约 1.5 mm，径 0.3 mm，褐色。花期 8 月，果期 9—12 月。原产中南美洲，东南亚分布广泛；国内分布于福建、广东、广西和云南（南部）等地。常见于海拔 300～580 m 的山谷阴湿处草丛中。全草供药用。

马缨丹 *Lantana camara* L.

俗名：五色梅、七变花、如意草、臭草、五彩花

马鞭草科 **Verbenaceae**　　马缨丹属 *Lantana*

灌木或蔓性灌木，高达 2 m；茎枝常被倒钩状皮刺。叶卵形或卵状长圆形，长 3～8.5 cm，先端尖或渐尖，基部心形或楔形，具钝齿，叶正面具触纹及短柔毛，下面被硬毛，侧脉约 5 对；叶柄长约 1 cm。花序径 1.5～2.5 cm，花序梗粗，长于叶柄；苞片披针形；花萼管状，具短齿；花冠黄或橙黄色，花后深红色。果球形，径约 4 mm，紫黑色。种子锥形，长 3～4 mm。原产美洲热带地区，世界热带地区均有分布；我国各地庭园常栽培供观赏，台湾、福建、广东、广西见有逸生。

8×
1 000 μm

薄荷 *Mentha canadensis* Linnaeus

俗名：香薷草、鱼香草、土薄荷、水薄荷、接骨草、水益母、见肿消、野仁丹草、夜息香、南薄荷、野薄荷

唇形科 Lamiaceae　　**薄荷属 *Mentha***

多年生草本，高达 30～60 cm；茎多分枝，上部被微柔毛，下部沿棱被微柔毛；具根茎。叶卵状披针形或长圆形，长 3～5（～7）cm，先端尖，基部楔形或圆，基部以上疏生粗牙齿状锯齿，两面被微柔毛；叶柄长 0.2～1 cm。轮伞花序腋生，球形，径约 1.8 cm，花梗长不及 3 mm；花梗细，长 2.5 mm；花萼管状钟形，长约 2.5 mm，被微柔毛及腺点；花冠淡紫或白色，长约 4 mm，稍被微柔毛，上裂片 2 裂，余 3 裂片近等大；雄蕊长约 5 mm。小坚果黄褐色，被洼点，长 0.6～1.6 mm。花期 7—9 月，果期 10 月。分布于我国南北各地；国外分布于热带亚洲、俄罗斯（远东地区）、朝鲜、日本及北美洲（南达墨西哥）。生于水旁潮湿地。供药用和食用。

白花灯笼 *Clerodendrum fortunatum* L.

俗名：苦灯笼、鬼灯笼、灯笼草、白花鬼灯笼

唇形科 Lamiaceae　　**大青属 *Clerodendrum***

灌木，高可达 2.5 m；嫩枝密被黄褐色短柔毛。叶纸质，长椭圆形或倒卵状披针形，长 5～17.5 cm，宽 1.5～5 cm，顶端渐尖，基部楔形或宽楔形，全缘或波状，表面被疏生短柔毛，背面密生细小黄色腺点；叶柄长 0.5～3 cm，密被黄褐色短柔毛。聚伞花序腋生，叶较短，1～3 次分歧，具花 3～9 朵，花序梗长 1～4 cm，密被棕褐色短柔毛；苞片线形，密被棕褐色短柔毛；花萼红紫色，具 5 棱，膨大形似灯笼，外面被短柔毛，顶端 5 深裂；花冠淡红色或白色稍带紫色，外面被毛；雄蕊 4，与花柱同伸出花冠外，柱头 2 裂。核果近球形，径约 5 mm，熟时深蓝绿色，藏于宿萼内。花果期 6—11 月。产于江西（南部）、福建、广东、广西，其他各地温室有栽培。生于海拔 1 000 m 以下的丘陵、山坡、路边、村旁和旷野。根或全株可入药。

赪桐 *Clerodendrum japonicum* (Thunb.) Sweet

俗名：龙船花、荷包花、状元红、红龙船花、大丹、雌雄树、红菱、红顶风、朱桐

唇形科 Lamiaceae　　**大青属** *Clerodendrum*

灌木，高 1～4 m；小枝四棱形，干后有较深的沟槽，老枝近于无毛或被短柔毛，同对叶柄之间密被长柔毛，枝干后不中空。叶片圆心形，长 8～35 cm，宽 6～27 cm，顶端尖或渐尖，基部心形，边缘有疏短尖齿，表面疏生伏毛，脉基具较密的锈褐色短柔毛，背面密具锈黄色盾形腺体，脉上有疏短柔毛；叶柄长 0.5～15 cm，具较密的黄褐色短柔毛。二歧聚伞花序组成顶生大而开展的圆锥花序，长 15～34 cm，宽 13～35 cm，苞片宽卵形、卵状披针形、倒卵状披针形、线状披针形；花萼红色，外面疏被短柔毛；花冠红色，稀白色，花冠管长 1.7～2.2 cm，外面具微毛，顶端 5 裂。雄蕊长约达花冠管的 3 倍；子房无毛，4 室，柱头 2 浅裂，与雄蕊均长凸出于花冠外。果实椭圆状球形，绿色或蓝黑色，径 7～10 mm，常分裂成 2～4 个分核，宿萼增大，初包被果实，后向外反折呈星状。花果期 5—11 月。产于我国江苏、浙江南部、江西南部、湖南、福建、台湾、广东、广西、四川、贵州、云南；印度（东北部）、孟加拉国、不丹、中南半岛、日本也有分布。常生于平原、山谷、溪边或疏林中或栽培于庭园。全株药用。

大青 *Clerodendrum cyrtophyllum* Turcz.

俗名：鸡屎青、猪屎青、臭叶树、野靛青、牛耳青、山漆

唇形科 Lamiaceae　　**大青属 *Clerodendrum***

小乔木或灌木状，高达 10 m。叶椭圆形或长圆状披针形，长 6～20 cm，先端渐尖或尖，基部近圆，叶柄长 1～8 cm。伞房状聚伞花序，径 20～25 cm；花冠白色，疏被微柔毛及腺点，冠筒长约 1 cm，裂片卵形。核果球形或倒卵圆形，径 0.5～1 cm，蓝紫色，为红色宿萼所包。产于我国华东、中南、西南（四川除外）地区；朝鲜、越南和马来西亚也有分布。生于海拔 1 700 m 以下的平原、丘陵、山地林下或溪谷旁。

8×
1 000 μm

邻近风轮菜 *Clinopodium confine* (Hance) Kuntze

俗名：迥文草、四季草、球花邻近风轮菜

唇形科 Lamiaceae　　**风轮菜属 *Clinopodium***

草本，铺散，基部生根；茎四棱形。叶卵圆形，长 9～22 mm，宽 5～17 mm，边缘自近基部以上具圆齿状锯齿，每侧 5～7 齿，薄纸质，侧脉 3～4 对，叶柄长 2～10 mm。轮伞花序通常多花密集，近球形，径达 1～1.3 cm，分离；花萼管状，萼筒等宽，上唇 3 齿，下唇 2 齿，略伸长，齿边缘均被睫毛。花冠粉红至紫红色，长约 4 mm，外面被微柔毛，冠筒向上渐扩大，至喉部宽 1.2 mm，冠檐 2 唇形，上唇直伸，先端微缺，下唇 3 裂，中裂片较大，先端微缺。雄蕊 4，内藏。花柱先端略增粗，2 浅裂。小坚果卵球形，长 0.8 mm，褐色，光滑。花期 4—6 月，果期 7—8 月。产于我国浙江、江苏、安徽、河南（南部）、江西、福建、广东、湖南、广西、贵州及四川。生于海拔 500 m 以下的田边、山坡、草地。

20×
300 μm

藿香 *Agastache rugosa* (Fisch. & C. A. Mey.) Kuntze

俗名：紫苏草、鱼香、白薄荷、鸡苏、大薄荷、苏藿香、叶藿香

唇形科 Lamiaceae　　**藿香属 *Agastache***

多年生草本，高达 1.5 m，径 7~8 mm。叶心状卵形或长圆状披针形，长 4.5~11 cm，先端尾尖，基部心形，具粗齿；叶柄长 1.5~3.5 cm。穗状花序密集，长 2.5~12 cm；花萼稍带淡紫或紫红色，管状倒锥形，长约 6 mm；花冠淡紫蓝色，冠筒基径约 1.2 mm，喉部径约 3 mm，上唇先端微缺，下唇中裂片长约 2 mm。小坚果褐色，长圆形，长 1.8 mm，腹面具棱，顶端被微硬毛。花期 6—9 月，果期 9—11 月。我国各地广泛分布，主产于四川、江苏、浙江、湖南、广东等地；国外分布于俄罗斯、朝鲜、日本及北美洲。生长于路边草丛、河边、水田边等。

16×
500 μm

假龙头花 *Physostegia virginiana* (L.) Benth.

俗名：随意草

唇形科 Lamiaceae　　**假龙头花属 *Physostegia***

多年生宿根草本，株高 60~120 cm，茎四方形、丛生而直立。单叶对生，披针形，亮绿色，边缘具锯齿。穗状花序顶生，长 20~30 cm；每轮有花 2 朵，花冠唇形，花筒长约 2.5 cm，唇瓣短，花色淡紫红。小坚果长扁形，具棱，长 2.5~3 mm。花期 7—9 月。原产北美洲；我国各地常见栽培。喜疏松、肥沃、排水良好的砂质壤土；生性强健，地下匍匐茎易生幼苗；生长适温 15~25℃。

8×
1 000 μm

荔枝草 *Salvia plebeia* R. Br.

俗名： 山茴香、野茄子、毛苦菜、野芥菜、麻鸡婆草、蛤蟆皮、土荆芥

唇形科 Lamiaceae　　**鼠尾草属 *Salvia***

一年生或二年生草本，茎直立，高 15～90 cm，粗壮，多分枝，被倒向灰白柔毛。叶椭圆状卵形或椭圆状披针形，先端钝或尖，基部圆或楔形，具齿。轮伞花序具 6 花，多数，组成长 10～25 cm 总状或圆锥花序，密被柔毛；苞片披针形；花梗长约 1 mm；花萼钟形，被柔毛及稀疏黄褐色腺点，二唇，上唇具 3 个细尖齿，下唇具 2 三角形齿；花冠淡红、淡紫、紫、紫蓝或蓝色，稀白色，长约 4.5 mm，冠檐被微柔毛；冠檐二唇形，上唇长圆形，下唇中裂片宽倒心形；雄蕊稍伸出，花丝长约 1.5 mm。小坚果倒卵球形，径 0.5～1 mm，深褐色，表面具细突。花期 4—5 月，果期 6—7 月。国内除新疆、甘肃、青海及西藏外几产全国各地；国外广布喜马拉雅地区，南至大洋洲，东北至日本。常见于 2 800 m 山坡、路旁沟边田野潮湿的土壤上。全草入药，清热解毒、利尿消肿、凉血止血。

罗勒 *Ocimum basilicum* L.

俗名：菢黑、省头草、兰香、香草、九层塔、小叶薄荷

唇形科 Lamiaceae　　**罗勒属 *Ocimum***

一年生草本，高 20～80 cm，具圆锥形主根及自其上生出的密集须根；茎直立，钝四棱形，绿色，常染有红色，多分枝。叶卵圆形至卵圆状长圆形，长 2.5～5 cm，宽 1～2.5 cm，先端微钝或急尖，基部渐狭。总状花序顶生于茎、枝上，各部均被微柔毛，通常长 10～20 cm，由多数具 6 花交互对生的轮伞花序组成。花冠淡紫色，或上唇白色下唇紫红色，伸出花萼，长约 6 mm，外面在唇片上被微柔毛，内面无毛，冠筒内藏，长约 3 mm，喉部多少增大，冠檐二唇形，上唇宽大，4 裂，裂片近相等，近圆形，常具波状皱曲，下唇长圆形，下倾，全缘，近扁平。雄蕊 4，分离，略超出花冠，插生于花冠筒中部，花丝丝状，后对花丝基部具齿状附属物，其上有微柔毛，花药卵圆形，汇合成 1 室。花柱超出雄蕊之上，先端相等 2 浅裂。花盘平顶，具 4 齿。小坚果卵珠形，长 2.5 mm，宽 1 mm，黑褐色，有具腺的穴陷，基部有 1 白色果脐。花期 7—9 月，果期 9—12 月。产于我国新疆、吉林、河北、浙江、江苏、安徽、江西、湖北、湖南、广东、广西、福建、台湾、贵州、云南及四川，多为栽培，南部各省区有逸为野生。

黄荆 *Vitex negundo* L.

俗名：五指柑、五指风、布荆

唇形科 Lamiaceae　　**牡荆属 *Vitex***

小乔木或灌木状；小枝密被灰白色绒毛。掌状复叶，小叶 5 稀 3；小叶长圆状披针形或披针形，先端渐尖，基部楔形，全缘或具少数锯齿，下面密被绒毛；聚伞圆锥花序长 10～27 cm，花序梗密被灰色绒毛；花萼钟状，具 5 齿；花冠淡紫色，被绒毛，5 裂，二唇形；雄蕊伸出花冠。核果近球形，径约 2 mm，褐色。花期 4—5 月，果期 6—10 月。国内分布在四川、云南。常见于海拔 1 200～2 500 m 的溪边、山坡或灌木丛中。茎叶及种子入药。

牡荆 *Vitex negundo* var. *cannabifolia* (Siebold & Zucc.) Hand.-Mazz.

俗名：黄金子

唇形科 Lamiaceae　　**牡荆属 *Vitex***

　　落叶灌木或小乔木；小枝四棱形。叶对生，掌状复叶，小叶 5，少有 3；小叶片披针形或椭圆状披针形，顶端渐尖，基部楔形，边缘有粗锯齿，表面绿色，背面淡绿色，通常被柔毛。圆锥花序顶生，花冠淡紫色。核果近球形，径约 2 mm，褐色。花期 6—7 月，果期 8—11 月。产于我国华东地区、河北、湖北、湖南、广东、广西及西南地区东部。常见于山坡路边灌丛中。果实和叶片以及全株可入药。

山牡荆 *Vitex quinata* (Lour.) Will.

俗名：薄姜木、乌甜、莺歌

唇形科 Lamiaceae　　**牡荆属 *Vitex***

常绿乔木，高达 12 m；幼枝被短柔毛及腺点。掌状复叶，叶柄长 2.5～6 cm；小叶 3～5，小叶倒卵形或倒卵状椭圆形，先端渐尖，基部楔形，全缘，下面被黄腺点。复聚伞花序对生于主轴，组成顶生圆锥花序，长 9～18 cm，密被黄褐色短柔毛；苞片早落；花萼钟状，长 2～3 mm，微具齿，密被黄褐色短柔毛及腺点；花冠淡黄色，长 6～8 mm，二唇形；雄蕊 4，伸出花冠。核果球形或倒卵形，幼时绿色，成熟后呈黑褐色，长 4～8 mm，宿萼呈圆盘状。花期 5—7 月，果期 8—9 月。产于我国浙江、江西、福建、台湾、湖南、广东、广西；日本、印度、马来西亚、菲律宾也有分布。生于海拔 180～1 200 m 的山坡林中。

益母草 *Leonurus japonicus* Houttuyn

俗名：益母夏枯、森蒂、野麻、灯笼草、地母草

唇形科 Lamiaceae　　**益母草属 *Leonurus***

一年生或二年生草本，高 30～120 cm；茎钝四棱形，有倒向糙伏毛，在节及棱上尤为密集。叶轮廓变化很大，茎下部叶轮廓为卵形，基部宽楔形，掌状 3 裂，裂片呈长圆状菱形至卵圆形，通常长 2.5～6 cm，宽 1.5～4 cm，裂片上再分裂；茎中部叶轮廓为菱形，较小，通常分裂成 3 个或偶有多个长圆状线形的裂片，基部狭楔形，叶柄长 0.5～2 cm。花序最上部的苞叶近于无柄，线形或线状披针形，长 3～12 cm，宽 2～8 mm，全缘或具稀少牙齿；轮伞花序腋生，具 8～15 花。小坚果长圆状三棱形，长 2.5 mm，顶端截平而略宽大，基部楔形，淡褐色，光滑。花期 6—9 月，果期 9—10 月。产于我国各地；俄罗斯、朝鲜、日本、热带亚洲、非洲，以及美洲各地有分布。可生长于多种生境，尤以阳处为多。全草入药。

8×
1 000 μm

10×
1 000 μm

紫苏 *Perilla frutescens* (L.) Britt.

俗名：白苏、赤苏、红苏、黑苏、白紫苏

唇形科 Lamiaceae　　**紫苏属** *Perilla*

直立草本，高达 2 m；茎绿或紫色，密被长柔毛。叶宽卵形或圆形，长 7~13 cm，先端尖或骤尖，基部圆或宽楔形，具粗锯齿，叶正面被柔毛，叶背被平伏长柔毛；叶柄长 3~5 cm，被长柔毛。轮伞总状花序密被长柔毛；苞片宽卵形或近圆形，长约 4 mm，具短尖，被红褐色腺点，无毛；花梗长约 1.5 mm，密被柔毛；花萼长约 3 mm，直伸，下部被长柔毛及黄色腺点，下唇较上唇稍长；花冠长 3~4 mm，稍被微柔毛，冠筒长 2~2.5 mm。小坚果灰褐色，近球形，径约 1.5 mm。花、果期 8—12 月。我国各地广泛栽培；不丹、印度、中南半岛，南至印度尼西亚（爪哇岛），东至日本、朝鲜也有生长。茎叶供药用；种子油供食用。

紫珠 *Callicarpa bodinieri* Levl.

俗名：爆竹紫、白木姜、大叶鸦鹊饭、漆大伯、珍珠枫

唇形科 Lamiaceae　　**紫珠属 *Callicarpa***

灌木，高约 2 m；小枝、叶柄和花序均被粗糠状星状毛。叶片卵状长椭圆形至椭圆形，长 7～18 cm，宽 4～7 cm，顶端长渐尖至短尖，基部楔形，边缘有细锯齿，叶正面干后暗棕褐色，有短柔毛，背面灰棕色，密被星状柔毛，两面密生暗红色或红色细粒状腺点；叶柄长 0.5～1 cm。聚伞花序宽 3～4.5 cm，4～5 次分歧，花序梗长不超过 1 cm；苞片细小，线形；花柄长约 1 mm；花萼长约 1 mm，外被星状毛和暗红色腺点，萼齿钝三角形；花冠紫色，长约 3 mm，被星状柔毛和暗红色腺点；雄蕊长约 6 mm，花药椭圆形，细小，长约 1 mm，药隔有暗红色腺点，药室纵裂；子房有毛。果实球形，熟时紫色，无毛，径约 2 mm。种子卵形，扁平，黄色，长 2～2.5 mm。花期 6—7 月，果期 8—11 月。产于我国河南（南部）、江苏（南部）、安徽、浙江、江西、湖南、湖北、广东、广西、四川、贵州、云南。生于海拔 200～2 300 m 的林中、林缘及灌丛中。

冬青目 Aquifoliales

枸骨 *Ilex cornuta* Lindl. & Paxton

俗名：枸骨冬青、鸟不落、鸟不宿、无刺枸骨

冬青科 Aquifoliaceae　　**冬青属 *Ilex***

常绿灌木或小乔木；小枝粗，具纵沟，沟内被微柔毛。叶二型，四角状长圆形，先端宽三角形、有硬刺齿，或长圆形、卵形及倒卵状长圆形，全缘，长 4~9 cm，先端具尖硬刺，反曲，基部圆或平截，具 1~3 对刺齿，无毛，侧脉 5~6 对；叶柄长 4~8 mm，被微柔毛。花序簇生叶腋，花 4 基数，淡黄绿色；雄花花梗长 5~6 mm；花瓣长圆状卵形，长 3~4 mm；雄蕊与花瓣几等长；退化子房近球形；雌花花梗长 8~9 mm，花萼与花瓣同雄花；退化雄蕊长为花瓣的 4/5。果球形，径 0.8~1 cm，熟时红色，宿存柱头盘状；分核 4，长约 1 cm，倒卵形或椭圆形，长 7~8 mm，背部密被皱纹、纹孔及纵沟，内果皮骨质。花期 4—5 月，果期 10—12 月。国内分布于江苏、上海、安徽、浙江、江西、湖北、湖南等地，云南（昆明）等城市庭园有栽培；欧美一些国家植物园等也有栽培。常见于海拔 150~1 900 m 的山坡、丘陵等的灌丛中、疏林中，以及路边、溪旁和村舍附近。

铁冬青 *Ilex rotunda* Thunb.

俗名：救必应、红果冬青

冬青科 Aquifoliaceae　　**冬青属 *Ilex***

常绿灌木或乔木，高可达 20 m，胸径达 1 m；树皮灰色至灰黑色。小枝圆柱形，挺直，较老枝具纵裂缝，当年生幼枝具纵棱，无毛，稀被微柔毛。叶仅见于当年生枝上，叶片薄革质或纸质，卵形、倒卵形或椭圆形，长 4～9 cm，宽 1.8～4 cm，先端短渐尖，基部楔形或钝，全缘，侧脉 6～9 对；叶柄长 8～18 mm，无毛，稀多少被微柔毛。聚伞花序或伞形状花序单生于当年生枝的叶腋内；雄花序总花梗长 3～11 mm，无毛，花梗长 3～5 mm，无毛或被微柔毛；花冠辐状，直径约 5 mm，花瓣长圆形，开放时反折，基部稍合生；雄蕊长于花瓣。果近球形或稀椭圆形，径 4～6 mm，成熟时红色，宿存花萼平展；分核 5～7，椭圆形，具棱，长约 5 mm，内果皮近木质。花期 4 月，果期 8—12 月。国内分布于江苏、江西、福建、台湾、湖北、湖南、广东各地；国外分布于朝鲜、日本和越南（北部）。生于海拔 400～1 100 m 的山坡常绿阔叶林中和林缘。

8×
1 000 μm

菊目 Asterales

百日菊 *Zinnia elegans* Jacq.

俗名：节节高、鱼尾菊、火毡花、百日草

菊科 Asteraceae　　**百日菊属 *Zinnia***

一年生草本；茎被糙毛或硬毛。叶宽卵圆形或长圆状椭圆形，长 5～10 cm，基部稍心形抱茎，两面粗糙，叶背密被糙毛，基脉 3。头状花序径 5～6.5 cm，单生枝端，花序梗不肥壮；总苞宽钟状，总苞片多层，宽卵形或卵状椭圆形，外层长约 5 mm，内层长约 1 cm，边缘黑色；托片附片紫红色，流苏状三角形；舌状花深红、玫瑰、紫或白色，舌片倒卵圆形，先端 2～3 齿裂或全缘，上面被短毛，下面被长柔毛；管状花黄或橙色，顶端裂片卵状披针形，上面被黄褐色密绒毛。瘦果扁平，长 0.7～1 cm。花期 6—9 月，果期 7—10 月。原产墨西哥；在我国各地栽培很广，有时成为野生。

苍耳 *Xanthium strumarium* L.

俗名： 苍子、稀刺苍耳、菜耳、猪耳、野茄

菊科 Asteraceae　　苍耳属 *Xanthium*

一年生草本；茎被灰白色糙伏毛。叶三角状卵形或心形，长4～9 cm，近全缘，基部稍心形或平截，与叶柄连接处成相等楔形，边缘有粗齿，基脉三出，脉密被糙伏毛，叶背苍白色，被糙伏毛；叶柄长3～11 cm。雄头状花序球形，径4～6 mm，总苞片长圆状披针形，被柔毛，雄花多数，花冠钟形；雌头状花序椭圆形，总苞片外层披针形，长约3 mm，被柔毛，内层囊状，宽卵形或椭圆形，绿、淡黄绿或带红褐色，具瘦果的成熟总苞卵形或椭圆形，连喙长1.2～1.5 cm，背面疏生细钩刺，粗刺长1～1.5 mm，基部不增粗，常有腺点，喙锥形，上端稍弯。瘦果2，倒卵圆形。种皮膜质，浅灰色，子叶2，有油性。产于我国吉林、内蒙古、河北、山西、陕西、四川、云南、新疆及西藏等地。常生长于空旷干旱山坡、旱田边盐碱地、干涸河床及路旁。

翠菊 *Callistephus chinensis* (L.) Nees

俗名： 江西腊、五月菊

菊科 Asteraceae　　翠菊属 *Callistephus*

一年生或二年生草本，高达1 m；茎单生，被白色糙毛。下部茎生叶花期脱落；中部茎生叶卵形、菱状卵形、匙形或近圆形，长2.5～6 cm，两面疏被硬毛；叶柄长2～4 cm。头状花序单生茎顶，径6～8 cm；总苞半球形，径2～5 cm，总苞片3层，近等长，外层长椭圆状披针形，或匙形，叶质；中层匙形，质较薄，带紫色；内层长椭圆形，膜质；雌花1层，栽培品种为多层，红、淡红、蓝、黄或淡蓝紫色，花冠舌状，长2.5～3.5 cm，管部长2～3 mm；两性花花冠黄色，管状，辐射对称，檐部稍扩大，有5裂齿，花柱分枝扁，有三角状披针形附片。瘦果稍扁，长椭圆状披针形，长3～3.5 mm，有多数纵棱，中部以上被柔毛；外层冠毛短，冠状，白色，宿存，内层冠毛白色，不等长，长3～4.5 mm，易脱落。花果期5—10月。国内分布于吉林、辽宁、河北、山西、山东、云南以及四川省等地。常生于海拔30～2 700 m的山坡撂荒地、山坡草丛、水边或疏林阴处。引种作花卉观赏。

白花地胆草 *Elephantopus tomentosus* L.

俗名：牛舌草

菊科 Asteraceae　　**地胆草属 *Elephantopus***

多年生草本；茎多分枝，被白色开展长柔毛，具腺点。叶散生茎上，基生叶花期常凋萎，下部叶长圆状倒卵形，长 8~20 cm，先端尖，基部渐窄成具翅柄，上部叶椭圆形或长圆状倒卵形，长 7~8 cm，近无柄，最上部叶极小，叶均有小尖锯齿，稀近全缘，叶正面被柔毛，叶背被密长柔毛和腺。花冠白色，漏斗状。瘦果长圆状线形，长 4~5 mm，被柔毛；冠毛污白色，具 5 刚毛，长 3~4 mm。国内分布于福建、台湾和广东沿海地区；国外各热带地区有广泛分布。常生长于山坡旷野、路边或灌丛中。

飞机草 *Chromolaena odorata* (Linnaeus) R. M. King & H. Robinson

俗名：香泽兰

菊科 Asteraceae　　**飞机草属 *Chromolaena***

多年生草本；茎分枝粗壮，常对生，水平直出，茎枝密被黄色绒毛或柔毛。叶对生，卵形、三角形或卵状三角形，长4～10 cm；叶柄长1～2 cm，叶正面绿色，叶背色淡，两面粗涩，被长柔毛及红棕色腺点，叶背及沿脉密被毛和腺点，基部平截、浅心形或宽楔形，基部3脉，侧脉纤细，疏生不规则圆齿或全缘或一侧有锯齿或每侧各有1粗大圆齿或3浅裂状，花序下部的叶小，常全缘。头状花序径3～6（～11）cm，花序梗粗，密被柔毛；总苞圆柱形，长1 cm，径4～5 mm，约20小花，总苞片3～4层，覆瓦状排列，外层苞片卵形，长2 mm，外被柔毛，先端钝，中层及内层苞片长圆形，长7～8 mm，先端渐尖；全部苞片有3条宽中脉，麦秆黄色，无腺点；花白或粉红色，花冠长5 mm。瘦果熟时黑褐色，长5 mm，5棱，无腺点，沿棱疏生白色贴紧柔毛；冠毛纤细，多数，黄色，长5～6 mm。花果期4—12月。原产美洲；我国分布于广东、海南、广西以及云南等地。多见于干燥地、森林破坏迹地、垦荒地、路旁、住宅及田间。

苏门白酒草 *Erigeron sumatrensis* Retz.

俗名：苏门白酒菊

菊科 Asteraceae　　**飞蓬属 *Erigeron***

一年生或二年生草本；茎粗壮，直立，具条棱，绿色或下部红紫色；中部或中部以上有长分枝，被较密灰白色上弯糙短毛，杂有开展的疏柔毛。叶密集，下部叶倒披针形或披针形，长 6～10 cm，宽 1～3 cm，顶端尖或渐尖，基部渐狭成柄，中部和上部叶渐小，狭披针形或近线形，具齿或全缘，两面特别下面被密糙短毛。头状花序多数，总苞片 3 层，灰绿色，线状披针形或线形，顶端渐尖，管部细长，舌片淡黄色或淡紫色，花冠淡黄色，管部上部被疏微毛。瘦果小，淡黄色，长约 1 mm，被贴微毛；冠毛 1 层，初时白色，后变黄褐色，长 3～4 mm。原产南美洲，我国分布于云南、贵州、广西、广东、江西、福建、台湾等地；在热带和亚热带地区广泛分布。常生长在山坡草地、旷野、路旁以及河沟边。

小蓬草 *Erigeron canadensis* L.

俗名：小飞蓬、飞蓬、加拿大蓬、小白酒草、蒿子草

菊科 Asteraceae　　**飞蓬属 *Erigeron***

一年生草本，根纺锤状，具纤维状根；茎直立，高 50～100 cm 或更高，圆柱状，多少具棱，有条纹，被疏长硬毛，上部多分枝。叶密集，基部叶花期常枯萎，下部叶倒披针形，长 6～10 cm，宽 1～1.5 cm，顶端尖或渐尖，基部渐狭成柄，边缘具疏锯齿或全缘，中部和上部叶较小，线状披针形或线形，近无柄或无柄，全缘或少有具 1～2 个齿，两面或仅上面被疏短毛边缘常被上弯的硬缘毛。头状花序多数，小，径 3～4 mm，排列成顶生多分枝的大圆锥花序；花序梗细，长 5～10 mm；总苞近圆柱状，总苞片 2～3 层，线状披针形或线形；雌花多数，舌状，白色，长 2.5～3.5 mm；两性花淡黄色，花冠管状，长 2.5～3 mm，上端具 4 或 5 个齿裂，管部上部被疏微毛。瘦果小，狭柱形，长 1～1.5 mm，稍扁压；冠毛多数，白色，长 2～2.5 mm。花期 5—9 月。国内分布于南北各地；国外原产北美洲，现在各地广泛分布。常生长于旷野、荒地、田边和路旁。

一年蓬 *Erigeron annuus* (L.) Pers.

俗名：治疟草、千层塔

菊科 Asteraceae　　**飞蓬属 *Erigeron***

　　一年生或二年生草本；茎下部被长硬毛，上部被上弯短硬毛。基部叶长圆形或宽卵形，稀近圆形，长 4～17 cm，基部窄成具翅长柄，具粗齿；下部茎生叶与基部叶同形，叶柄较短；中部和上部叶长圆状披针形或披针形，长 1～9 cm，具短柄或无柄，有齿或近全缘；最上部叶线形；叶边缘被硬毛，两面被疏硬毛或近无毛。头状花序数个或多数，排成疏圆锥花序，总苞半球形，总苞片 3 层，披针形，淡绿色或多少褐色，背面密被腺毛和疏长毛；外围雌花舌状，2 层，长 6～8 mm，管部长 1～1.5 mm，上部被疏微毛，舌片平展，白色或淡天蓝色，线形，宽 0.6 mm，先端具 2 小齿；中央两性花管状，黄色，管部长约 0.5 mm，檐部近倒锥形，裂片无毛。瘦果小，披针形，长约 1 mm，淡黄色，被疏贴柔毛；冠毛异形，雌花冠毛极短，两性花冠毛 2 层，外层鳞片状，内层为 10～15 刚毛。原产北美洲；国内分布于吉林、河北、河南、山东、江苏、安徽、江西、福建、湖南、湖北、四川和西藏等地。常生于路边旷野或山坡荒地。

鬼针草 *Bidens pilosa* L.

俗名：一包针、粘连子、粘人草、对叉草、钳草、三叶鬼针草、铁包针、狼把草、白花鬼针草

菊科 Asteraceae　　**鬼针草属 *Bidens***

一年生草本；茎无毛或上部被极疏柔毛。头状花序，径 8～9 mm，花序梗长 1～6 cm；总苞基部被柔毛，外层总苞片 7～8，线状匙形，草质，背面无毛或边缘有疏柔毛；无舌状花，盘花筒状，冠檐 5 齿裂。瘦果熟时黑色，线形，略扁，具棱，长 0.7～1.3 cm，上部具稀疏瘤突及刚毛，顶端芒刺 3～4，具倒刺毛。分布于我国华东、华中、华南、西南地区；亚洲和美洲的热带及亚热带地区也有分布。常生长于村旁、路边及荒地中。我国民间常用草药，有清热解毒、散瘀活血的功效。

狼耙草 *Bidens tripartita* L.

俗名：狼把草、矮狼杷草、狼杷草

菊科 Asteraceae　　**鬼针草属 *Bidens***

一年生草本；茎无毛。叶对生，下部叶不裂，具锯齿；中部叶柄长 0.8~2.5 cm，有窄翅，叶无毛或下面有极稀硬毛，长 4~13 cm，长椭圆状披针形，3~5 深裂，两侧裂片披针形或窄披针形，长 3~7 cm，顶生裂片披针形或长椭圆状披针形，长 5~11 cm；上部叶披针形，3 裂或不裂。头状花序单生茎枝端，径 1~3 cm，高 1~1.5 cm，花序梗较长；总苞盘状，外层总苞片 5~9，线形或匙状倒披针形，长 1~3.5 cm，叶状，内层苞片长椭圆形或卵状披针形，长 6~9 mm，膜质，褐色，具透明或淡黄色边缘。瘦果扁，楔形或倒卵状楔形，长 0.6~1.1 cm，边缘有倒刺毛，顶端芒刺 2，稀 3~4，两侧有倒刺毛。国内分布于云南、四川、河北、陕西、新疆等地；国外分布于朝鲜、日本、菲律宾、印度尼西亚至印度、尼泊尔。常生于路边荒野。

黄鹌菜 *Youngia japonica* (L.) DC.

俗名：黄鸡婆

菊科 Asteraceae　　**黄鹌菜属 *Youngia***

多年生草本，高 10～100 cm；根垂直直伸，生多数须根；茎下部被柔毛。基生叶倒披针形、椭圆形、长椭圆形或宽线形，长 2.5～13 cm，大头羽状深裂或全裂，叶柄长 1～7 cm，有翼或无翼，顶裂片卵形、倒卵形或卵状披针形，有锯齿或几全缘，侧裂片 3～7 对，椭圆形，最下方侧裂片耳状，侧裂片均有锯齿或细锯齿或有小尖头，稀全缘，叶及叶柄被柔毛；无茎生叶或极少有茎生叶。头状花序排成伞房花序；总苞圆柱状，长 4～5 mm，总苞片 4 层，背面无毛，外层宽卵形或宽形，长宽不及 0.6 mm，内层长 4～5 mm，披针形，边缘白色宽膜质，内面有糙毛。瘦果纺锤形，褐或红褐色，长 1.5～2 mm，被短柔毛，有 11～13 条纵肋；冠毛糙毛状，长 2～2.5 mm。花果期 4—10 月。全国各地均有分布，常生于山坡、山谷及山沟林缘、林下、林间草地及潮湿地、河边沼泽地、田间与荒地上。

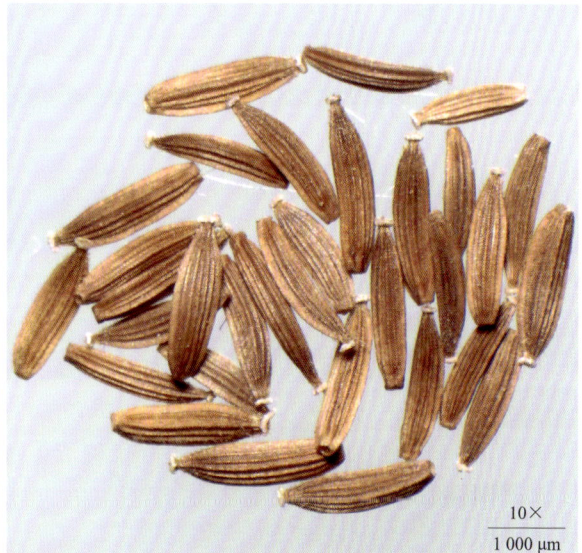

异叶黄鹌菜 *Youngia heterophylla* (Hemsl.) Babc. et Stebbins

俗名：黄狗头

菊科 Asteraceae　　**黄鹌菜属 *Youngia***

一年生或二年生草本。基生叶椭圆形，或倒披针状长椭圆形，大头羽状深裂。头状花序排成伞房花序；总苞圆柱状，4层，舌状小花黄色。瘦果褐色，纺锤形，长1.5～2 mm，冠毛白色，长2.5～3 mm。花果期4—10月。分布在我国陕西、江西、湖南、湖北及西南东部等。生于海拔420～2 250 m的山坡林缘、林下及荒地。

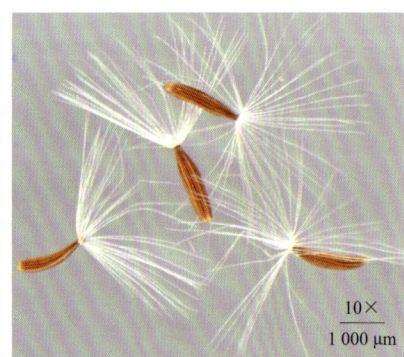

藿香蓟 *Ageratum conyzoides* L.

俗名：胜红蓟

菊科 Asteraceae　　**藿香蓟属 *Ageratum***

一年生草本，高50～100 cm，茎粗壮，基部径4 mm；全部茎枝淡红色，或上部绿色，被白色尘状短柔毛或上部被稠密开展的长绒毛。叶对生，基部钝或宽楔形，基出三脉或不明显五出脉，顶端急尖，叶柄1～3 cm，两面被白色稀疏的短柔毛且有黄色腺点。头状花序4～18个，在茎顶排成通常紧密的伞房状花序；花序径1.5～3 cm，少有排成松散伞房花序式的。花梗长0.5～1.5 cm，被柔毛。总苞钟状或半球形，宽5 mm。花冠长1.5～2.5 mm，檐部5裂，淡紫色。瘦果黑褐色，5棱，长1.2～1.7 mm，有白色稀疏细柔毛；冠毛膜片5或6个，长圆形，顶端急狭或渐狭成长或短芒状，全部冠毛膜片长1.5～3 mm。花果期全年。原产中南美洲。常生于山谷、山坡林下或林缘、河边或山坡草地、田边或荒地上。

假臭草 *Praxelis clematidea* (Hieronymus ex Kuntze) R. M. King & H. Rob.

俗名：猫腥草、铁青树、臭黄花树

菊科 Asteraceae　　**假臭草属 *Praxelis***

一年生或短命的多年生草本；全株被长柔毛，茎直立，高 0.3～1 m，多分枝。叶对生，叶长 2.5～6 cm，宽 1～4 cm，卵圆形至菱形，具腺点，先端急尖，基部圆楔形，具三脉，边缘明显齿状，每边 5～8 齿；叶柄长 0.3～2 cm，揉搓叶片可闻到类似猫尿的刺激性味道。头状花序生于茎、枝端，总苞钟形，苞片 4～5 层，小花 25～30 朵，藏蓝色或淡紫色，花冠长 3.5～4.8 mm。瘦果黑色，条状，具 3～4 棱，长 2～3 mm，宽约 0.6 mm，顶端具一圈白色冠毛，30～34 根，长约 4 mm。花期长达 6 个月；在热带、亚热带地区，花期一般为 5—11 月，或全年。原产南美洲，国外主要分布于阿根廷、巴西及南美洲其他一些国家，现散布于东半球热带地区。

微甘菊 *Mikania micrantha* Kunth

俗名： 小花蔓泽兰、小花假泽兰

菊科 Asteraceae　　**假泽兰属 *Mikania***

多年生草本植物或灌木状攀缘藤本；茎圆柱状，有时管状，具棱。叶薄，淡绿色，卵心形或戟形，渐尖，茎生叶大多箭形或戟形，具深凹刻，近全缘至粗波状齿。圆锥花序顶生或侧生；头状花序小，花冠白色，喉部钟状，具长小齿，弯曲。瘦果黑色，表面分散有粒状突起物，长约 1 mm；冠毛鲜时白色，长 1.5～2 mm。原产南美洲和中美洲，现已广泛传播到亚洲热带地区，如印度、马来西亚、泰国、印度尼西亚、尼泊尔、菲律宾，成为当今世界热带、亚热带地区危害最严重的杂草之一；国内广泛分布在珠江三角洲地区。主要生长在潮湿的热带生物群落中。

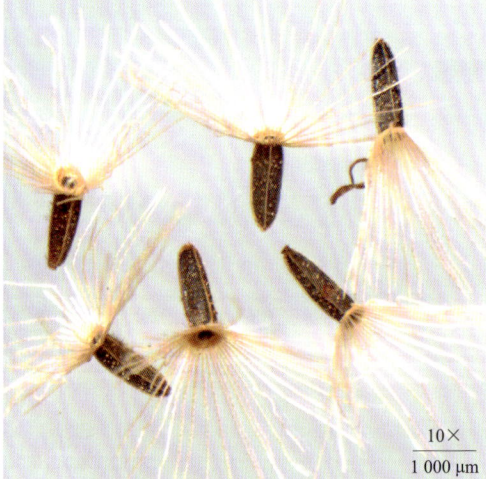

黑心菊 *Rudbeckia hirta* L.

俗名：黑眼菊、黑心金光菊

菊科 Asteraceae　　**金光菊属 *Rudbeckia***

一年生或二年生草本；全株被刺毛。茎下部叶长卵圆形、长圆形或匙形，长8~12 cm，基部楔形下延，三出脉，边缘有细锯齿，叶柄具翅；上部叶长圆状披针形，长3~5 cm，两面被白色密刺毛，边缘有疏齿或全缘，无柄或具短柄。头状花序，径5~7 cm，花序梗长；总苞片外层长圆形，长1.2~1.7 cm，内层披针状线形，被白色刺毛；花托圆锥形，托片线形，对折呈龙骨瓣状，长约5 mm，边缘有纤毛；舌状花鲜黄色，舌片长圆形，10~14个，长2~4 cm，先端有2~3不整齐短齿；管状花褐紫或黑紫色。瘦果四棱形，长1.2~2 mm，黑褐色，无冠毛。原产美国东部地区，现世界各地栽培、供观赏。

金纽扣 *Acmella paniculata* (Wall. ex DC.) R. K. Jansen

俗名：红铜水草、过海龙、黄花草、遍地红、天文草、小铜锤、散血草

菊科 Asteraceae　　**金纽扣属 *Acmella***

一年生草本；茎直立或斜升，高 15～70 cm，多分枝，带紫红色，有明显的纵条纹。叶卵形、宽卵圆形或椭圆形，长 3～5 cm，宽 0.6～2 cm，顶端短尖或稍钝，基部宽楔形至圆形，全缘，波状或具波状钝锯齿，叶柄长 3～15 mm。头状花序单生，或圆锥状排列，卵圆形；花序梗较短，长 2.5～6 cm；总苞片约 8 个，2 层，绿色，卵形或卵状长圆形；花托锥形，长 3～6 mm，托片膜质，倒卵形；花黄色，雌花舌状，舌片宽卵形或近圆形，长 1～1.5 mm，顶端 3 浅裂；两性花花冠管状，长约 2 mm，有 4～5 个裂片。瘦果长圆形，稍扁压，长 1.5～2 mm，暗褐色，基部缩小，有白色的软骨质边缘，上端稍厚，有疣状腺体及疏微毛，边缘（有时一侧）有缘毛，顶端有 1～2 个不等长的细芒。花果期 4—11 月。产于我国云南（西部、西南、南至东南部）、广东、广西及台湾；印度、尼泊尔、缅甸、泰国、越南、老挝、柬埔寨、印度尼西亚、马来西亚、日本也有。常生于田边、沟边、溪旁潮湿地、荒地、路旁及林缘，海拔 800～1 900 m。全草供药用。

金腰箭 *Synedrella nodiflora* (L.) Gaertn.

俗名：苞壳菊、苦草、猪毛草

菊科 Asteraceae　　**金腰箭属 *Synedrella***

一年生草本；茎二歧分枝，被贴生粗毛或后脱毛。下部和上部叶具柄，宽卵形或卵状披针形，连叶柄长 7～12 cm，基部下延成翅状宽柄，两面被贴生、基部疣状糙毛。头状花序，径 4～5 mm，常 2～6 簇生叶腋，或在顶端成扁球状，稀单生；小花黄色；总苞卵圆形或长圆形，总苞片数个，外层绿色，卵状长圆形或披针形，长 1～2 cm，被贴生糙毛，内层干膜质，长圆形或线形，长 4～8 mm，背面被疏糙毛或无毛；舌状花连管部长约 1 cm，舌片椭圆形；管状花檐部 4 浅裂。瘦果异型，扁倒锥形或倒卵状圆柱形，表面有疣状突起。花果期 6—10 月。原产美洲，现广布于世界热带和亚热带地区；国内分布于东南至西南部各省区，东起台湾，西至云南。常生于旷野、耕地、路旁及宅旁，繁殖力极强。

翼茎阔苞菊 *Pluchea sagittalis* (Lamarck) Cabrera

俗名：六棱菊

菊科 Asteraceae　　**阔苞菊属 *Pluchea***

一年生草本植物，茎直立；全株具浓厚的芳香气味，且被浓密的绒毛，自叶基部向下延伸到茎部的翼。叶为广披针形，上下两面具绒毛，互生，无柄，尖锐的锯齿缘。头花7~8 mm，具花梗，顶生或腋生呈伞房花序状，花托扁平，光滑，外缘小花多数，花冠白。瘦果黑褐色，无毛，圆柱形，长4~5 mm。

鳢肠 *Eclipta prostrata* (L.) L.

俗名：凉粉草、墨汁草、墨旱莲、墨莱、旱莲草、野万红、黑墨草

菊科 Asteraceae　　**鳢肠属 *Eclipta***

一年生草本；茎基部分枝，被贴生糙毛。叶长圆状披针形或披针形，长3~10 cm，边缘有细锯齿或波状，两面密被糙毛，无柄或柄极短。头状花序，径6~8 mm，花序梗长2~4 cm；总苞球状钟形，总苞片绿色，草质，5~6排成2层，长圆形或长圆状披针形，背面及边缘被白色伏毛；外围雌花2层，舌状，舌片先端2浅裂或全缘；中央两性花多数，花冠管状，白色。瘦果暗褐色，长2.5~3 mm，雌花瘦果三棱形，两性花瘦果扁四棱形，边缘具白色肋，有小瘤突，无毛。花期6—9月。国内广泛分布于各地；国外广泛分布于世界热带及亚热带地区。常生长在河边，田边或路旁。

钻叶紫菀 *Symphyotrichum subulatum* (Michx.) G.L.Nesom

俗名：剪刀菜、土柴胡、九龙箭、钻形紫菀

菊科 Asteraceae　　联毛紫菀属 *Symphyotrichum*

一年生草本植物，茎高 25～100 cm，无毛。基生叶倒披针形，花后凋落；茎中部叶线状披针形，长 6～10 cm，宽 5～10 mm，主脉明显，侧脉不显著，无柄；上部叶渐狭窄，全缘，无柄，无毛。头状花序，多数在茎顶端排成圆锥状，总苞钟状，总苞片 3～4 层，外层较短，内层较长，线状钻形，边缘膜质，无毛；舌状花细狭，淡红色，长与冠毛相等或稍长；管状花多数，花冠短于冠毛。瘦果长圆形或椭圆形，长 1.5～2.5 mm，有 5 纵棱，冠毛淡褐色，长 3～4 mm。原产北美；国内分布于云南（中部）、贵州（西部）、浙江、江苏、江西等地。生长于海拔 1 100～1 900 m 的山坡灌丛中、草坡、沟边、路旁或荒地。

牛膝菊 *Galinsoga parviflora* Cav.

俗名：铜锤草、珍珠草、向阳花、辣子草

菊科 Asteraceae　　牛膝菊属 *Galinsoga*

一年生草本，茎枝被贴伏柔毛和少量腺毛。叶对生，卵形或长椭圆状卵形，长 2.5～5.5 cm，茎叶两面疏被白色贴伏柔毛，具浅或钝锯齿或波状浅锯齿。头状花序半球形，排成疏散伞房状，花序梗长约 3 cm；总苞半球形或宽钟状，径 3～6 mm，总苞片 1～2 层，约 5 个；舌状花 4～5，舌片白色，先端 3 齿裂，筒部细管状，密被白色柔毛；管状花黄色，下部密被白色柔毛；舌状花冠冠毛状，脱落；管状花冠毛膜片状，白色，披针形。瘦果锥状，长约 1 mm，具 3 棱或中央瘦果 4～5 棱，黑或黑褐色，冠毛白色，羽毛状，长约 1 mm。原产南美，在我国归化，分布于四川、云南、贵州、西藏等地。常生于林下、河谷地、荒野、河边、田间、溪边或路旁。

南美蟛蜞菊 *Sphagneticola trilobata* (L.) Pruski

俗名： 穿地龙、地锦花、三裂叶蟛蜞菊、三裂蟛蜞菊

菊科 Asteraceae　　**蟛蜞菊属 *Sphagneticola***

散布、垫状多年生草本植物，茎横卧地面，茎长可达 2 m 以上，在节点处生根。叶对生，椭圆形，叶上有 3 裂，也叫三裂叶蟛蜞菊。头状花序，多单生，外围雌花 1 层，舌状，顶端 2~3 齿裂，黄色，中央两性花，黄色，结实。瘦果菱形，长 3.5~5 mm，古铜色，表面具瘤。花期几乎全年。原产热带美洲，现在遍布新热带地区，广泛种植为观赏性地被植物，在我国部分地区已逸生。性喜高温及阳光充足的环境，耐瘠、耐热、喜湿，不耐寒。

8×
1 000 μm

秋英 *Cosmos bipinnatus* Cavanilles

俗名： 格桑花、扫地梅、波斯菊、大波斯菊

菊科 Asteraceae　　**秋英属 *Cosmos***

一年生或多年生草本，高达 2 m。叶二回羽状深裂，裂片线形或丝状线形。头状花序单生，径 3~6 cm，花序梗长 6~18 cm；舌状花紫红、粉红或白色，舌片椭圆状倒卵形，长 2~3 cm；管状花黄色，长 6~8 mm，上部圆柱形，有披针状裂片。瘦果黑褐色，长 0.8~1.2 cm，无毛，上端具长喙，有 2~3 尖刺。花期 6—8 月，果期 9—10 月。原产美洲墨西哥，我国栽培甚广，在路旁、田埂、溪岸也常自生，云南、四川（西部）有大面积归化。

8×
1 000 μm

石胡荽 Centipeda minima (L.) A. Braun & Asch.

俗名：天胡荽、野园荽、鹅不食草、鸡肠草

菊科 Asteraceae　　**石胡荽属 Centipeda**

一年生草本，高 5~20 cm；茎多分枝，匍匐状，微被蛛丝状毛或无毛。叶楔状倒披针形，长 0.7~1.8 cm，先端钝，基部楔形。头状花序小，扁球形，花序梗无或极短；总苞半球形，总苞片 2 层，椭圆状披针形，绿色，边缘透明膜质，外层较大；边花雌性，多层，花冠细管状，淡绿黄色，盘花两性，花冠管状，4 深裂，淡紫红色。瘦果长 0.6~0.8 mm，长椭圆形，具 4 棱，棱有长毛，无冠毛。国内分布于东北、华北、华中、华东、华南、西南地区；国外分布于朝鲜、日本、印度、马来西亚、大洋洲。生于路旁、荒野阴湿地。

鼠曲草 Pseudognaphalium affine (D. Don) Anderberg

俗名：田艾、清明菜、拟鼠麹草、鼠麹草、秋拟鼠麹草

菊科 Asteraceae　　**鼠曲草属 Pseudognaphalium**

一年生草本，茎直立被白色厚绵毛。头状花序，径 2~3 mm，在枝顶密集成伞房状，花黄或淡黄色；总苞钟形，总苞片 2~3 层，金黄色或柠檬黄色，膜质，有光泽，背面基部被绵毛。瘦果倒卵形或倒卵状圆柱形，长约 0.5 mm，有乳突。花期 1—4 月，果期 8—11 月。国内除东北外遍布全国；国外分布于日本、朝鲜、菲律宾、印度尼西亚、中南半岛及印度。生于低海拔干地或湿润草地上，尤以稻田最常见。

三裂叶豚草 *Ambrosia trifida* L.

俗名：豚草、三裂豚草、大破布草

菊科 Asteraceae　　**豚草属 *Ambrosia***

一年生草本，高 20～150 cm；茎直立，上部有圆锥状分枝，有棱，被疏生密糙毛。下部叶对生，具短叶柄，二次羽状分裂，裂片狭小，长圆形至倒披针形，全缘，有明显的中脉，叶正面深绿色，被细短伏毛或近无毛，叶背灰绿色，被密短糙毛；上部叶互生，无柄，羽状分裂。雄头状花序半球形或卵形，径 4～5 mm，具短梗，下垂，在枝端密集成总状花序；每头状花序有 20～25 不育小花；雌头状花序在雄头状花序下面叶状苞片的腋部成团伞状；总苞倒卵形，长 6～8 mm，顶端具圆锥状短嘴。瘦果长卵形，长约 1 mm，有棱，无毛，藏于坚硬的总苞中。原产北美洲，在我国长江流域野生成为路旁杂草。

16×
500 μm

翅果菊 *Lactuca indica* L.

俗名：野莴苣、山马草、苦莴苣、山莴苣、多裂翅果菊

菊科 Asteraceae　　**莴苣属 *Lactuca***

一年生或二年生草本，茎枝无毛。茎生叶线形，无柄，两面无毛，中部茎生叶长达 20 cm 或过之，边缘常全缘或基部或中部以下有小尖头或疏生细齿或尖齿，或茎生叶线状长椭圆形、长椭圆形或倒披针状长椭圆形，中下部茎生叶长 15～20 cm，边缘有三角形锯齿或偏斜卵状大齿。头状花序果期卵圆形，排成圆锥花序；总苞长 1.5 cm，总苞片 4 层，边缘染紫红色，外层卵形或长卵形，长 3～3.5 mm，中内层长披针形或线形披针形，长 1 cm 或过之；舌状小花 25，黄色。瘦果椭圆形，长 3～5 mm，黑色，边缘有宽翅，顶端具长 0.5～1.5 mm 的喙，每面有 1 条细纵脉纹。花果期 7—10 月。国内分布于北京、吉林、河北、陕西、山东、江苏、安徽、浙江、江西、湖北、湖南、广东、海南、四川、贵州、云南、西藏；国外分布于俄罗斯（东西伯利亚及远东地区）、日本、菲律宾、印度尼西亚与印度（西北部）。常分布于 300～2 000 m 山谷、山坡林缘及林下、灌丛中或水沟边、山坡草地或田间。

豨莶 *Sigesbeckia orientalis* L.

俗名：粘糊菜、虾柑草

菊科 Asteraceae   **豨莶属 *Sigesbeckia***

一年生草本，茎上部分枝常呈复二歧状，分枝被灰白色柔毛。茎中部叶三角状卵圆形或卵状披针形，长 4～10 cm，基部下延成具翼的柄，边缘有不规则浅裂或粗齿，叶背淡绿，具腺点，两面被毛，基脉三出；上部叶卵状长圆形，中部叶三角状卵圆形或卵状披针形，上部叶渐小，卵状长圆形，边缘浅波状或全缘，近无柄。头状花序径 1.5～2 cm，多数聚生枝端，排成具叶圆锥花序，花序梗长 1.5～4 cm，密被柔毛；总苞宽钟状，总苞片 2 层，叶质，背面被紫褐色腺毛，外层 5～6，线状匙形或匙形，长 0.8～1.1 cm，内层苞片卵状长圆形或卵圆形，长约 5 mm。瘦果倒卵圆形，有 4 棱，顶端有灰褐色环状突起，长 3～3.5 mm。国内分布于陕西、甘肃、江苏、浙江、安徽、江西、湖南、四川、贵州、福建、广东、台湾、广西、云南等地；国外分布于欧洲、东南亚及北美洲热带、亚热带和温带地区。常见于山野、荒草地、灌丛、林缘、林下及耕地中。

野茼蒿 *Crassocephalum crepidioides* (Benth.) S. Moore

俗名：草命菜、冬风菜、假茼蒿、昭和草

菊科 Asteraceae　　**野茼蒿属** *Crassocephalum*

直立草本，高 0.2~1.2 m，无毛。叶膜质，椭圆形或长圆状椭圆形，先端渐尖，基部楔形，边缘有不规则锯齿或重锯齿，或基部羽裂。头状花序在茎端排成伞房状，径约 3 cm；总苞钟状，长 1~1.2 cm，有数枚线状小苞片，总苞片 1 层，线状披针形，先端有簇状毛；小花全部管状，两性，花冠红褐或橙红色；花柱分枝，顶端尖，被乳头状毛。瘦果长约 2 mm，窄圆柱形，红褐色，白色冠毛多数，绢毛状。泛热带广泛分布，泰国、东南亚和非洲也有。山坡路旁、水边、灌丛中常见。全草入药。

夜香牛 *Cyanthillium cinereum* (L.) H. Rob.

俗名：缩盖斑鸠菊、伤寒草、消山虎、假咸虾花、寄色草、小花夜香牛

菊科 Asteraceae　　**夜香牛属 *Cyanthillium***

一年生或多年生草本；茎上部分枝，被灰色贴生柔毛，具腺。下部和中部叶具柄，菱状卵形、菱状长圆形或卵形，长 3～6.5 cm，基部窄楔状成具翅柄，疏生具小尖头锯齿或波状，侧脉 3～4 对，叶正面被疏毛，叶背沿脉被灰白或淡黄色柔毛，两面均有腺点；叶柄长 1～2 cm；上部叶窄长圆状披针形或线形，近无柄。头状花序径 6～8 mm，具 19～23 花，多数在枝端成伞房状圆锥花序；花序梗细长，具线形小苞片或无苞片，被密柔毛；总苞钟状，径 6～8 mm；总苞片 4 层，绿色或近紫色，背面被柔毛和腺。花淡红紫色。瘦果长约 2 mm，圆柱形，被密白色柔毛和腺点；冠毛白色，2 层，外层多数而短，宿存，内层冠毛细长，为种子的 3～4 倍。国内广泛分布于浙江、江西、福建、台湾、湖北、湖南、广东、广西、云南和四川等地；国外分布于印度至中南半岛、日本、印度尼西亚、非洲。常见于山坡旷野、荒地、田边、路旁。

小一点红 *Emilia prenanthoidea* DC.

俗名：细红背叶、耳挖草

菊科 Asteraceae　　**一点红属 *Emilia***

一年生草本，茎直立或斜升，高 30～90 cm，无毛或被疏短毛。基部叶小，倒卵形或倒卵状长圆形，渐狭成长柄，全缘或具疏齿，中部茎叶长圆形或线状长圆形，无柄，抱茎。花序梗纤细，总苞圆柱形或狭钟形，长圆形，边缘膜质，背面无毛。瘦果圆柱形，长约 3 mm，具 5 肋，冠毛丰富，白色，细软。国内分布于云南、广东、广西、浙江、福建等地；国外分布于印度至中南半岛。生于山坡路旁、疏林或林中潮湿处。

一点红 *Emilia sonchifolia* (L.) DC.

俗名：紫背叶、红背果、片红青、叶下红、红头草、野木耳菜、羊蹄草、红背叶

菊科 Asteraceae　　**一点红属 *Emilia***

一年生草本，茎直立或斜升，高 25～40 cm，常基部分枝，无毛或疏被短毛。下部叶密集，大头羽状分裂，长 5～10 cm，叶背常变紫色，两面被卷毛；中部叶疏生，较小，卵状披针形或长圆状披针形，无柄，基部箭状抱茎，全缘或有细齿；上部叶少数，线形。头状花序长 8 mm，长达 1.4 cm，花前下垂，花后直立，常 2～5 排呈疏伞房状，花序梗无苞片；总苞圆柱形，长 0.8～1.4 cm，基部无小苞片，总苞片 8～9，长圆状线形或线形，黄绿色，约与小花等长；小花粉红或紫色，长约 9 mm。瘦果圆柱形，长约 2 mm，肋间被微毛；冠毛多，细软。我国华南、华中和西南等地均有野生；国外分布于亚洲热带、亚热带地区和非洲。常生于山坡荒地、田埂、路旁。

  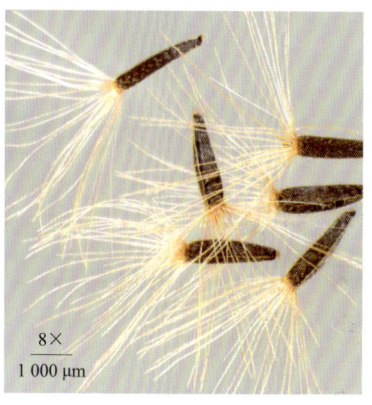

银胶菊 *Parthenium hysterophorus* L.

俗名：圣玛丽亚小白菊、白顶草、饥荒草

菊科 Asteraceae　　**银胶菊属 *Parthenium***

一年生草本，茎直立，高 0.6～1 m，基部径约 5 mm，多分枝，具条纹，被短柔毛，节间长 2.5～5 cm。下部和中部叶二回羽状深裂，卵形或椭圆形，连叶柄长 10～19 cm，宽 6～11 cm，羽片 3～4 对，卵形，长 3.5～7 cm，小羽片卵状或长圆状，常具齿，顶端略钝，叶正面被基部为疣状的疏糙毛，叶背的毛较密而柔软；上部叶无柄，羽裂，裂片线状长圆形，全缘或具齿，中裂片较大，通常长于侧裂片的 3 倍。头状花序多数，径 3～4 mm，在茎枝顶端排成开展的伞房花序，花序柄长 3～8 mm，被粗毛；总苞宽钟形或近半球形；总苞片 2 层，各 5 个。舌状花 1 层，5 个，白色，长约 1.3 mm，顶端 2 裂。管状花多数，长约 2 mm，檐部 4 浅裂，裂片短尖或短渐尖，具乳头状突起；雄蕊 4 个。瘦果倒卵形，基部渐尖，干时黑色，长约 2.5 mm，被疏腺点；冠毛 2，鳞片状，长圆形，长约 0.5 mm，顶端截平或有时具细齿。花期 4—10 月。原产美洲热带地区；分布于我国广东、广西、贵州及云南；越南北部也有分布。生于海拔 90～1 500 m 的旷地、路旁、河边及坡地上。

加拿大一枝黄花 *Solidago canadensis* L.

俗名：麒麟草、幸福草、黄莺、金棒草

菊科 Asteraceae　　**一枝黄花属 *Solidago***

多年生草本，有长根状茎，茎直立，高达 2.5 m。叶披针形或线状披针形，长 5～12 cm。头状花序很小，长 4～6 mm，在花序分枝上单面着生，多数弯曲的花序分枝与单面着生的头状花序，形成开展的圆锥状花序；总苞片线状披针形，长 3～4 mm。瘦果披针形，长约 1 mm；冠毛多数，长约 2 mm。原产北美洲；我国公园及植物园引种栽培，后逸生成杂草。

紫茎泽兰 *Ageratina adenophora* (Spreng.) R. M. King & H. Rob.

俗名：破坏草

| 菊科 **Asteraceae** | 紫茎泽兰属 *Ageratina* |

多年生草本，高 30~90 cm。叶对生，质地薄，卵形、三角状卵形或菱状卵形，有长叶柄，两面被稀疏的短柔毛。冠毛白色，纤细，与花冠等长。瘦果黑褐色，长 1.5 mm，长椭圆形，5 棱，无毛无腺点；具鳞片状冠毛，与种子等长。原产美洲，现引入归化或逸生。我国分布于云南等地，云南 80% 面积的土地都有紫茎泽兰分布，是强入侵性物种。生于潮湿地或山坡路旁，有时可依树而上，高可达 2~3 m，或在空旷荒野可独自形成成片群落。

10×
1 000 μm

川续断目 Dipsacales

接骨草 *Sambucus javanica* Reinw. ex Blume

俗名：臭草、八棱麻、陆英、蒴藋、青稞草、走马箭、七叶星、蒴藿

五福花科 Adoxaceae　　**接骨木属 *Sambucus***

高大草本或亚灌木，茎髓部白色。羽状复叶的托叶叶状或成蓝色腺体；小叶 2~3 对，互生或对生，窄卵形，长 6~13 cm，嫩时叶正面被疏长柔毛，先端长渐尖，基部两侧不等，具细锯齿，近基部或中部以下边缘常有 1 或数枚腺齿；顶生小叶卵形或倒卵形，基部楔形，有时与第 1 对小叶相连，小叶无托叶，基部 1 对小叶有时有短柄。杯形不孕性花宿存，可孕性花小；萼筒杯状，萼齿三角形；花冠白色，基部联合；花药黄或紫色；子房 3 室。果熟时红色，近圆形，径 3~4 mm。核 2~3，卵圆形，长 2.5 mm，黄色，有小疣状突起。花期 4—5 月，果期 8—9 月。国内分布于陕西、甘肃、江苏、安徽、浙江、江西、福建、台湾、河南、湖北、湖南、广东、广西、四川、贵州、云南、西藏等地；国外分布于日本。常分布于 300~2 600 m 的山坡、林下、沟边和草丛中，亦有栽种。药用植物。

荚蒾 *Viburnum dilatatum* Thunb.

俗名： 短柄荚蒾、庐山荚蒾

五福花科 Adoxaceae　　**荚蒾属 *Viburnum***

落叶灌木，高 1.5～3 m；当年小枝连同芽、叶柄和花序均密被土黄色或黄绿色开展的小刚毛状粗毛及簇状短毛，2 年生小枝暗紫褐色，被疏毛或几无毛。叶纸质，宽倒卵形、倒卵形或宽卵形，长 3～10（～13）cm，有牙齿状锯齿，齿端突尖，侧脉 6～8 对，直达齿端；叶柄长（5～）10～15 cm，无托叶。花生于第 3～4 级辐射枝，萼和花冠外面均有簇状糙毛；花冠白色，辐状，径约 5 mm，裂片圆卵形；雄蕊高出花冠，花药乳白色。果熟时红色，椭圆状卵圆形，长 7～8 mm；核扁，卵形，有 3 浅腹沟和 2 浅背沟。花期 5—6 月，果期 9—11 月。国内分布于河北（南部）、陕西（南部）、江苏、安徽、浙江、江西、福建、台湾、河南（南部）、湖北、湖南、广东（北部）、广西（北部）、四川、贵州及云南（保山）；国外日本和朝鲜也有分布。生于海拔 100～1 000 m 的山坡或山谷疏林下、林缘及山脚灌丛中。果可食，亦可酿酒；枝叶供药用。

南方荚蒾 *Viburnum fordiae* Hance

俗名：东南荚蒾

五福花科 Adoxaceae　　**荚蒾属 *Viburnum***

灌木或小乔木，高可达 5 m；幼枝、芽、叶柄、花序、萼和花冠外面均被由暗黄色或黄褐色簇状毛组成的绒毛。叶宽卵形或菱状卵形，长 4～7（～9）cm，除基部外常有小尖齿，侧脉 5～7（～9）对，直达齿端；叶柄长 0.5～1.5 cm，无托叶。复伞形式聚伞花序顶生或生于具 1 对叶的侧生小枝之顶，直径 3～8 cm，总花梗长 1～3.5 cm 或极少近于无，第 1 级辐射枝通常 5 条，花生于第 3～4 级辐射枝上；萼筒倒圆锥形，萼齿钝三角形；花冠白色，辐状，直径（3.5～）4～5 mm；雄蕊与花冠等长或略超出，花药近圆形；花柱高出萼齿，柱头头状。果实红色，卵圆形，长 6～7 mm。核扁圆，长约 6 mm，直径约 4 mm，有 2 条腹沟和 1 条背沟。花期 4—5 月，果期 10—11 月。国内分布于安徽（南部）、浙江（南部）、江西（西部至南部）、福建、湖南（东南部至西南部）、广东、广西、贵州及云南等地。常分布于海拔 600～1 300 m 的山谷溪涧旁疏林、山坡灌丛中或平原旷野。树冠球形，叶形美观，入秋变为红色，具观赏价值。

珊瑚树 *Viburnum odoratissimum* Ker.-Gawl.

俗名：法国冬青、日本珊瑚树、早禾树、极香荚蒾

五福花科 Adoxaceae　　**荚蒾属 *Viburnum***

常绿灌木或小乔木，高达10（～15）m；枝灰色或灰褐色，有凸起的小瘤状皮孔。叶革质，椭圆形至矩圆形或矩圆状倒卵形至倒卵形，长7～20 cm，顶端短尖至渐尖或钝头，边缘上部有不规则浅波状锯齿或近全缘，两面无毛或脉上散生簇状微毛；叶柄长1～2（～3）cm，无毛或被簇状微毛。圆锥花序顶生或生于侧生短枝上，宽尖塔形，长（3.5～）6～13.5 cm，宽（3～）4.5～6 cm，总花梗长可达10 cm，有淡黄色小瘤状突起；苞片长不足1 cm；花芳香；萼筒筒状钟形，长2～2.5 mm；花冠白色，后变黄白色，有时微红，辐状，直径约7 mm，筒长约2 mm，裂片反折，圆卵形；雄蕊略超出花冠裂片，花药黄色，矩圆形。果实先红色后变黑色，卵圆形或卵状椭圆形，长约8 mm，直径5～6 mm。核卵状椭圆形，浑圆，长约7 mm，直径约4 mm，有1条深腹沟。花期4—5月，果熟期7—9月。产于我国福建（东南部）、湖南（南部）、广东、海南和广西。生于山谷密林中溪涧旁荫蔽处、疏林中向阳地或平地灌丛中，海拔200～1 300 m。公园常有栽培。根、树皮、叶供药用；红果形似珊瑚，具观赏性。

忍冬 *Lonicera japonica* Thunb.

俗名：金银花、老翁须、银藤、金银藤

忍冬科 Caprifoliaceae　　**忍冬属 *Lonicera***

半常绿藤本；幼枝暗红褐色，密被硬直糙毛、腺毛和柔毛。叶纸质，卵形或长圆状卵形，有时卵状披针形，长 3~5（~9.5）cm，基部圆或近心形，有糙缘毛，叶正面淡绿色，小枝上部叶两面均密被糙毛；叶柄长 4~8 mm，密被柔毛。总花梗通常单生于小枝上部叶腋，苞片大，叶状，卵形至椭圆形，长达 2~3 cm，两面均有短柔毛或有时近无毛；花冠白色，有时基部向阳面呈微红，后变黄色，长（2~）3~4.5（~6）cm，唇形，筒稍长于唇瓣，外被多少倒生的开展或半开展糙毛和长腺毛；雄蕊和花柱均高出花冠。果实圆形，直径 6~7 mm，熟时蓝黑色，有光泽。种子卵圆形或椭圆形，褐色，长约 3 mm，中部有 1 凸起的脊，两侧有浅的横沟纹。花期 4—6 月或秋季，果熟期 10—11 月。我国除黑龙江、内蒙古、宁夏、青海、新疆、海南和西藏无自然生长外，其他各省区市均有分布，也常栽培。生于山坡灌丛或疏林中、乱石堆、路旁及村庄篱笆边，海拔最高达 1 500 m。具观赏和药用价值。

伞形目 Apiales

黄毛楤木 *Aralia chinensis* L.

俗名：刺嫩芽、飞天蜈蚣、刺树椿、刺龙柏、黄龙苞、通刺、鸟不宿、海桐皮、虎阳刺、鹊不踏

五加科 Araliaceae　　**楤木属 *Aralia***

灌木或乔木；小枝被黄褐色绒毛，疏生细刺。二回或三回羽状复叶，叶柄粗壮，小叶纸质至薄革质，卵形至长卵形，先端渐尖，基部圆形，边缘有锯齿。圆锥花序大，花白色，芳香，花瓣5，卵状三角形；雄蕊5，子房5室，花柱5宿存，离生或基部合生。果球形，径约3 mm，黑色；宿存花柱长约1.5 mm。种子橘瓣状，长1.5～2 mm，淡黄色。花期7—9月，果期9—12月。生于阳坡或疏林中，海拔10～1 000 m。我国分布广泛，西自云南南部（思茅、西畴），向东经贵州（独山）、广西（百色、南宁）、广东及东南沿海岛屿、江西（龙南、寻乌）、安徽（黄山）而至福建和台湾。生于阳坡或疏林中。

幌伞枫 *Heteropanax fragrans* (Roxb.) Seem.

俗名：五加通、大蛇药、心叶幌伞枫、狭叶幌伞枫

五加科 Araliaceae　　**幌伞枫属 *Heteropanax***

常绿乔木，高 5~30 m，胸径达 70 cm；树皮淡灰棕色，枝无刺。叶大，三至五回羽状复叶，直径达 50~100 cm；叶柄长 15~30 cm；小叶片在羽片轴上对生，纸质，椭圆形，长 5.5~13 cm，宽 3.5~6 cm，边缘全缘，侧脉 6~10 对；小叶柄长至 1 cm 或无柄。圆锥花序顶生，长 30~40 cm，主轴及分枝密生锈色星状绒毛，后毛脱落；伞形花序头状，直径约 1.2 cm，有花多数；总花梗长 1~1.5 cm；花淡黄白色，芳香；萼有绒毛，长约 2 mm，边缘有 5 个三角形小齿；花瓣 5，卵形，长约 2 mm，外面疏生绒毛；雄蕊 5，花丝长约 3 mm；子房 2 室；花柱 2，离生，开展。果实卵球形，略侧扁，长 7 mm，厚 3~5 mm，黑色，宿存花柱长约 2 mm，果梗长约 8 mm。种子卵形，长约 4 mm，朱红色，表面具纹突。花期 10—12 月，果期翌年 2—3 月。国内分布于云南（西双版纳、河口）、广西（龙州）、广东（广州、云浮、徐闻）和海南（陵水、崖州、昌江）；国外印度、不丹、孟加拉国、缅甸和印度尼西亚亦有分布。庭园栽培，为园林风景树。

野天胡荽 *Hydrocotyle vulgaris* L.

俗名：铜钱草、香菇草、毛天胡荽、毛香菇草

五加科 Araliaceae　　**天胡荽属 *Hydrocotyle***

多年生整株挺水或湿生草本，植株蔓生性，高 5～15 cm；横走茎节上常生根和叶；茎顶端呈褐色。沉水叶互生，具长柄，圆盾形，呈放射状。花两性；伞形花序；小花白色或粉黄绿色。分果，小。花期 6—8 月。原产于欧洲、北美洲南部及中美洲地区，各地生态园水域、水族馆有栽培。喜温暖，怕寒冷。全草可入药，具有利尿之功效。

10×
1 000 μm

通脱木 *Tetrapanax papyrifer* (Hook.) K. Koch

俗名：天麻子、木通树、通草

五加科 Araliaceae　　**通脱木属 *Tetrapanax***

常绿灌木或小乔木，高 1~3.5 m，基部直径 6~9 cm；树皮深棕色，略有皱裂。叶大，集生茎顶；叶片纸质或薄革质，长 50~75 cm，宽 50~70 cm，掌状 5~11 裂；叶柄粗壮，长 30~50 cm，无毛；托叶和叶柄基部合生，锥形，长约 7.5 cm，密生淡棕色或白色厚绒毛。圆锥花序长 50 cm 或更长，分枝多，长 15~25 cm；苞片披针形，长 1~3.5 cm，密生白色或淡棕色星状绒毛；伞形花序直径 1~1.5 cm，有花多数；总花梗长 1~1.5 cm，花梗长 3~5 mm，均密生白色星状绒毛；花淡黄白色；花瓣 4，三角状卵形，外面密生星状厚绒毛；雄蕊和花瓣同数，花丝长约 3 mm；子房 2 室；花柱 2，离生。果实球形，直径约 4 mm，紫黑色。种子卵形侧扁，长 2~2.5 mm。花期 10—12 月，果期翌年 1—2 月。分布广，我国北自陕西，南至广西、广东，西起云南（西北部）和四川（西南部），经贵州、湖南、湖北、江西而至福建和台湾。常生于向阳肥厚的土壤上，有时栽培于庭园中。茎髓大，质地轻软，颜色洁白，称为"通草"，供药用。

白簕 *Eleutherococcus trifoliatus* (Linnaeus) S. Y. Hu

俗名：三叶五加、三加皮、禾掌簕、鹅掌簕、刚毛白簕、毛三叶五加、苦刺（潮汕）

五加科 Araliaceae　　**五加属** *Eleutherococcus*

常蔓生状；小枝细长，疏被钩刺。叶3（4～5），卵形、椭圆状卵形或长圆形，长4～10 cm，先端尖或渐尖，基部楔形，具锯齿，无毛，或叶正面疏被刚毛，侧脉5～6对；叶柄长2～6 cm，有时疏被细刺，小叶柄长2～8 mm。伞形花序，径1.5～3.5 cm，3～10组成顶生复伞形或圆锥状花序，花序梗长2～7 cm；花梗长1～2 cm，无毛；萼齿5，无毛；子房2室，花柱2，中部以上离生。果球形，侧扁，径约5 mm，黑色。花期8—11月，果期9—12月。国内分布于中部和南部；国外分布于印度、越南和菲律宾。民间常用草药。

独活 *Heracleum hemsleyanum* Diels

俗名：大活、牛尾独活、假羌活

伞形科 Apiaceae　　　**独活属 *Heracleum***

多年生草本，高 1~1.5 m；根圆锥形，淡黄色；茎疏生柔毛。茎下部叶一至二回羽裂，裂片 3~5，宽卵形或卵形，长 8~13 cm，宽 8~20 cm，3 浅裂，有不整齐锯齿，叶背脉上有刺毛；茎上部叶较小，3 裂。复伞形花序梗长 22~30 cm，总苞片少数，长 1~2 cm，宽约 1 mm；伞形花序有花约 20 朵；花梗细长；萼齿不明显；花瓣 2 型，白色。果实近圆形，长 6~7 mm，背棱和中棱丝线状，侧棱有翅。背部每棱槽中有油管 1，棒状，棕色，长为分生果长度的一半或稍超过，合生面有油管 2。花期 5—7 月，果期 8—9 月。国内分布于四川、湖北等地。常生于野山坡阴湿的灌丛林下。根供药用。

胡萝卜 *Daucus carota* var. *sativa* Hoffm.

俗名：赛人参

伞形科 Apiaceae　　**胡萝卜属 *Daucus***

一年生或二年生草本，高 15～120 cm；根肉质，长圆锥形，呈橙红色或黄色；茎单生，全体有白色粗硬毛。基生叶薄膜质，长圆形，二至三回羽状全裂，末回裂片线形或披针形，长 2～15 mm，宽 0.5～4 mm，顶端尖锐，有小尖头，光滑或有糙硬毛；叶柄长 3～12 cm；茎生叶近无柄，有叶鞘，末回裂片小或细长。复伞形花序，花序梗长 10～55 cm，有糙硬毛；总苞有多数苞片，呈叶状，羽状分裂，少有不裂的，裂片线形，长 3～30 mm；伞辐多数，长 2～7.5 cm，结果时外缘的伞辐向内弯曲；小总苞片 5～7，线形，不分裂或 2～3 裂，边缘膜质，具纤毛；花通常白色，有时带淡红色；花柄不等长，长 3～10 mm。果实长圆形至圆卵形，长 3～4 mm，宽约 2 mm，每棱槽内有油管 1，合生面油管 2。花期 5—7 月。原产亚洲西南部，栽培历史悠久。以肉质根作蔬菜食用。

积雪草 *Centella asiatica* (L.) Urb.

俗名：铁灯盏、钱齿草、大金钱草、铜钱草、老鸦碗、马蹄草、崩大碗、雷公根

伞形科 Apiaceae　　**积雪草属 *Centella***

多年生草本，茎匍匐，细长，节上生根。叶片膜质至草质，圆形、肾形或马蹄形，长 1~2.8 cm，宽 1.5~5 cm，边缘有钝锯齿，基部阔心形；掌状脉 5~7，两面隆起；叶柄长 1.5~27 cm，基部叶鞘透明，膜质。伞形花序梗 2~4 个，聚生于叶腋，长 0.2~1.5 cm；苞片通常 2，卵形，膜质；每一伞形花序有花 3~4，聚集呈头状；花瓣卵形，紫红色或乳白色，膜质，长 1.2~1.5 mm，宽 1.1~1.2 mm；花柱长约 0.6 mm。果实两侧扁压，圆球形，基部心形至平截形，长 2.1~3 mm，宽 2.2~3.6 mm，每侧有纵棱数条，棱间有明显的小横脉，网状，表面有短毛或平滑。花果期 4—10 月。国内分布于陕西、江苏、安徽、浙江、江西、湖南、湖北、福建、台湾、广东、广西、四川、云南等地；国外分布于印度、斯里兰卡、马来西亚、印度尼西亚、大洋洲群岛、日本、澳大利亚及中非、南非（阿扎尼亚）。

窃衣 *Torilis scabra* (Thunb.) DC.

俗名：华南鹤虱、破子草、水防风

伞形科 Apiaceae　　**窃衣属 *Torilis***

一年生或多年生草本，高 10~70 cm；全株有贴生短硬毛；茎单生，有分枝，有细直纹和刺毛。叶卵形，一至二回羽状分裂，小叶片披针状卵形，羽状深裂，末回裂片披针形至长圆形，长 2~10 mm，宽 2~5 mm，边缘有条裂状粗齿至缺刻或分裂。复伞形花序顶生和腋生，花序梗长 2~8 cm；总苞片通常无，很少 1，钻形或线形；伞辐 2~4，长 1~5 cm，粗壮，有纵棱及向上紧贴的硬毛；小总苞片 5~8，钻形或线形；小伞形花序有花 4~12；萼齿细小，三角状披针形，花瓣白色，倒圆卵形，先端内折；花柱基圆锥状，花柱向外反曲。果实长圆形，长 4~7 mm，宽 2~3 mm，有内弯或呈钩状的皮刺，粗糙，每棱槽下方有油管 1。花果期 4—10 月。国内分布于安徽、江苏、浙江、江西、福建、湖北、湖南、广东、广西、四川、贵州、陕西、甘肃等地；国外分布于日本，并引种至北美洲。生于山坡、林下、路旁、河边及空旷草地上。果实或全草入药。

细叶旱芹 *Cyclospermum leptophyllum* (Persoon) Sprague ex Britton & P. Wilson

俗名：细叶芹

伞形科 Apiaceae　　**细叶旱芹属 *Cyclospermum***

一年生草本，株高 25~45 cm；茎多分枝，无毛。基生叶柄长 2~5（~11）cm；叶长圆形或长圆状卵形，长 2~10 cm，三至四回羽状多裂，裂片线形至丝状；上部茎生叶 3 出，二至三回羽裂，裂片线形，长 1~1.5 cm。复伞形花序无梗，稀有短梗，无总苞片和小总苞片；伞辐 2~3（~5），长 1~2 cm，无毛；小伞形花序有花 5~23；花梗不等长。花瓣白色、绿白色或略带粉红色，卵圆形。果圆心形或圆卵形，长、宽约 1.5~2 mm，果棱钝；心皮柄顶端 2 浅裂。花期 5 月，果期 6—7 月。我国产于江苏、福建、台湾、广东等地；国外分布于美洲、大洋洲、日本、马来西亚和印度尼西亚（爪哇岛）。生于杂草地及水沟边。幼苗可作春季野菜。

芫荽 *Coriandrum sativum* L.

俗名：胡荽、香荽、香菜

伞形科 Apiaceae　　**芫荽属 *Coriandrum***

一年生或二年生草本，高 20~100 cm；根纺锤形，细长，有多数纤细的支根；茎圆柱形，直立，多分枝，有条纹，通常光滑。根生叶有柄，柄长 2~8 cm；叶片一回或二回羽状全裂，羽片广卵形或扇形半裂，长 1~2 cm，宽 1~1.5 cm，边缘有钝锯齿、缺刻或深裂，上部的茎生叶三回以至多回羽状分裂，末回裂片狭线形，长 5~10 mm，宽 0.5~1 mm，顶端钝，全缘。伞形花序顶生或与叶对生，花序梗长 2~8 cm；伞辐 3~7，长 1~2.5 cm；小伞形花序有孕花 3~9，花白色或带淡紫色；花丝长 1~2 mm，花药卵形，长约 0.7 mm；花柱幼时直立，果熟时向外反曲。果实圆球形，背面主棱及相邻的次棱明显；胚乳腹面内凹；油管不明显，或有 1 个位于次棱的下方。花果期 4—11 月。原产欧洲地中海地区，现我国东北、河北、山东、安徽、江苏、浙江、江西、湖南、广东、广西、陕西、四川、贵州、云南、西藏等地均有栽培。叶小且嫩，可食用；全草与成熟的果实入药。

中文名索引

A

阿江榄仁 185
矮牵牛 321
矮紫金牛 290
桉 194
凹头苋 267

B

巴东醉鱼草 336
巴天酸模 258
巴西野牡丹 206
巴西鸢尾 20
拔毒散 225
菝葜 17
白背枫 335
白背黄花稔 225
白背叶 179
白花丹 245
白花地胆草 370
白花灯笼 354
白花苦灯笼 305
白簕 406
百日菊 368
斑地锦草 170
薄荷 354
北美车前 332
蓖麻 170
波罗蜜 136
博落回 69

C

苍耳 369
草葛 85
茶 295
豺皮樟 11
昌感秋海棠 159
长柄山蚂蟥 81
长刺酸模 257
长萼栝楼 156
长萼堇菜 168
长蒴母草 338
车前 333
赪桐 355
齿果酸模 256
翅果菊 389
翅荚决明 94
垂序商陆 273
垂叶榕 138
刺葵 28
刺蒴麻 223
刺天茄 322
刺苋 268
葱 23
粗叶榕 139
粗叶悬钩子 129
翠菊 369

D

大齿牛果藤 78

大花马齿苋 277
大花五桠果 74
大花紫薇 188
大青 356
大托叶猪屎豆 116
大王椰 25
大叶白纸扇 306
大叶相思 108
大叶醉鱼草 337
淡竹叶 57
蛋黄果 284
倒地铃 212
地桧 204
地桃花 223
灯笼果 327
丁香蓼 190
豆梨 122
独活 407
独行菜 243
杜茎山 288
杜若 39
杜英 163
短穗鱼尾葵 36
短序栝楼 155
短叶水蜈蚣 54
多花繁缕 261
多枝雾水葛 151

E

耳草 299

F

番荔枝　9
番木瓜　241
番石榴　195
翻白叶树　222
反枝苋　269
飞机草　371
飞扬草　171
菲岛福木　167
粉花绣线菊　128
粉团蔷薇　123
丰花草　303
风车草　51
枫香树　75
凤凰木　84
凤仙花　280
扶芳藤　161

G

橄榄　208
高粱蔗　130
高山榕　140
哥伦比亚古柯　166
格药柃　282
宫粉羊蹄甲　113
狗尾草　58
枸骨　366
构　137
牯岭蛇葡萄　79
挂金灯　326
光瓜栗　224
光荚含羞草　87
鬼针草　375
桂木　135
果冻椰子　26

H

海红豆　86

海南山姜　45
海芋　14
海枣　29
含羞草　88
合萌　89
何首乌　246
盒子草　157
褐果薹草　55
褐穗莎草　52
黑鳞珍珠茅　56
黑麦草　59
黑莎草　50
黑心菊　381
红花酢浆草　162
红蓼　247
红毛草　67
红千层　196
狐尾椰子　31
胡萝卜　408
葫芦茶　91
虎尾草　60
花叶艳山姜　46
画眉草　61
黄鹌菜　377
黄葛树　141
黄花草　242
黄花风铃木　344
黄花酢浆草　162
黄荆　360
黄麻　226
黄毛楤木　402
黄毛榕　142
黄皮　217
黄蜀葵　235
黄香草木樨　82
黄钟花　347
黄珠子草　182
幌伞枫　403
火棘　121

火炭母　248
火焰树　346
藿香　357
藿香蓟　378

J

鸡蛋果　169
鸡骨常山　309
鸡冠刺桐　83
鸡冠花　266
积雪草　409
蒺藜草　62
荠菜　8
荠　243
檵木　77
加拿大一枝黄花　395
夹竹桃　311
荚蒾　398
假槟榔　32
假臭草　379
假地豆　93
假连翘　351
假柳叶菜　192
假龙头花　357
假马鞭　352
假苹婆　232
尖叶非洲芙蓉　224
剑叶耳草　300
箭叶秋葵　236
江边刺葵　30
降香　92
接骨草　397
芥菜　244
金纽扣　382
金蒲桃　197
金色狗尾草　58
金线草　249
金腰箭　383
金樱子　124

金钟花　328
九里香　218
韭　23
具芒碎米莎草　52
聚花草　40
决明　95

K

咖啡黄葵　237
喀西茄　323
扛板归　250
苦瓜　158
宽叶母草　339
阔叶丰花草　304

L

腊肠树　98
蜡梅　10
辣木　240
蓝花草　341
蓝花楹　348
榄仁　185
郎德木　301
狼耙草　376
狼尾草　63
狼尾花　293
老鸦谷　270
了哥王　239
冷水花　149
篱栏网　319
鳢肠　384
荔枝　214
荔枝草　358
莲子草　263
链荚豆　99
楝　220
两歧飘拂草　50
量天尺　279
邻近风轮菜　356

柳叶菜　193
六月雪　299
龙爪茅　63
龙珠　321
鹿藿　100
栾　213
卵果榄仁　186
轮叶蒲桃　199
罗浮柿　286
罗汉松　4
罗勒　359
落葵　275
葎草　134

M

麻风树　174
麻楝　221
马比木　298
马齿苋　278
马甲子　132
马松子　228
马缨丹　353
马占相思　109
蔓草虫豆　101
猫尾木　349
毛草龙　191
毛果杜英　164
毛轴莎草　53
玫瑰茄　229
玫红栎铃木　345
美丽胡枝子　90
美人蕉　42
密鳞紫金牛　291
棉叶珊瑚花　175
墨苜蓿　302
母草　340
牡荆　361
木防己　70
木芙蓉　230

木荷　294
木蝴蝶　350
木槿　230
木麻黄　154
木棉　231
木油桐　180

N

南方荚蒾　399
南美蟛蜞菊　386
南山茶　296
南天竹　71
南洋杉　6
南洋楹　103
茑萝　314
牛筋草　64
牛茄子　324
牛膝　264
牛膝菊　385
农吉利　117
糯米团　150
女贞　329

P

排钱树　104
苹婆　233
菩提树　143
蒲葵　34
蒲桃　198

Q

七星莲　168
千根草　172
千日红　265
牵牛　315
荞麦　254
窃衣　410
琴叶榕　143
青葙　267
苘麻　234

琼棕　35
秋枫　181
秋英　386
球穗扁莎　49

R

人面子　210
人心果　285
忍冬　401
榕树　144

S

赛葵　237
三裂叶薯　316
三裂叶豚草　388
三药槟榔　24
散尾葵　33
桑　148
山胡椒　12
山菅兰　22
山姜　47
山牡荆　362
山乌桕　177
山楂　126
山芝麻　238
山棕　27
珊瑚朴　133
珊瑚树　400
珊瑚藤　255
扇叶露兜树　16
少花龙葵　325
蛇莓　127
射干　21
石胡荽　387
石栗　176
石榴　187
石竹　262
柿　287
疏花篱蓼　260

鼠曲草　387
鼠尾粟　65
薯莨　15
双荚决明　96
水蓼　251
水茄　326
水虱草　51
水石榕　165
水蓑衣　342
水翁蒲桃　200
水蔗草　66
四季秋海棠　160
苏里南莎草　53
苏门白酒草　372
苏铁　2
酸浆　327
酸模叶蓼　252
酸藤子　289
算盘子　183

T

台湾相思　110
调料九里香　219
糖胶树　310
桃金娘　203
田菁　105
甜麻　227
条穗薹草　56
铁冬青　367
通奶草　173
通泉草　335
通脱木　405
土茯苓　18
土荆芥　272
土蜜树　182
土牛膝　265
土人参　276
菟丝子　320

W

望江南　97
威灵仙　73
微甘菊　380
蕹菜　317
乌桕　178
乌蔹莓　80
乌墨　201
无患子　215
五爪金龙　318

X

西来稗　57
豨莶　390
喜花草　343
细叶旱芹　411
细叶蓼　253
虾子花　187
苋　270
香附子　54
香蒲　49
小果蔷薇　125
小花远志　120
小蜡　330
小木通　72
小蓬草　373
小叶榄仁　186
小叶冷水花　149
小叶女贞　331
小一点红　393
心萼薯　313
序叶苎麻　151
蕈树　76

Y

鸭舌草　41
雅榕　145
芫荽　412

盐麸木　211
羊角拗　312
羊蹄甲　114
杨桐　283
洋金凤　107
洋蒲桃　202
野甘草　334
野老鹳草　184
野漆　209
野天胡荽　404
野茼蒿　391
夜香牛　392
一点红　393
一年蓬　374
异药花　207
异叶黄鹌菜　378
益母草　363
益智　48
薏苡　68
翼茎阔苞菊　384
银合欢　112

银花苋　266
银胶菊　394
银杏　3
印度野牡丹　205
硬毛木蓝　102
油点草　19
鱼尾葵　37
玉蕊　281
玉叶金花　307

Z

杂色榕　146
再力花　43
樟　13
珍珠相思　111
枕果榕　147
知风草　61
栀子　308
中国无忧花　106
中华猕猴桃　297
周毛悬钩子　131

皱果苋　271
皱叶酸模　259
朱砂根　292
朱缨花　115
猪屎豆　118
竹柏　5
竹叶花椒　216
苎麻　152
紫背竹芋　44
紫茎泽兰　396
紫麻　153
紫茉莉　274
紫苏　364
紫檀　119
紫薇　189
紫珠　365
棕叶狗尾草　59
棕竹　38
钻叶紫菀　385
醉蝶花　242

拉丁名索引

A

Abelmoschus esculentus (L.) Moench　237

Abelmoschus manihot (L.) Medicus　235

Abelmoschus sagittifolius (Kurz) Merr.　236

Abutilon theophrasti Medicus　234

Acacia auriculiformis A. Cunn. ex Benth.　108

Acacia confusa Merr.　110

Acacia mangium Willd.　109

Acacia podalyriifolia A. Cunn. ex Loudon　111

Achyranthes aspera L.　265

Achyranthes bidentata Blume　264

Acmella paniculata (Wall. ex DC.) R. K. Jansen　382

Actinidia chinensis Planch.　297

Actinostemma tenerum Griff.　157

Adenanthera microsperma Teijsmann & Binnendijk　86

Adinandra millettii (Hook. et Arn.) Benth. et Hook. f. ex Hance　283

Aeschynomene indica L.　89

Agastache rugosa (Fisch. & C. A. Mey.) Kuntze　357

Ageratina adenophora (Spreng.) R. M. King & H. Rob.　396

Ageratum conyzoides L.　378

Aleurites moluccanus (L.) Willd.　176

Alkekengi officinarum Moench　327

Alkekengi officinarum var. *franchetii* (Mast.) R.J. Wang　326

Allium fistulosum L.　23

Allium tuberosum Rottler ex Spreng.　23

Alocasia odora (Roxburgh) K. Koch　14

Alpinia hainanensis K. Schumann　45

Alpinia japonica (Thunb.) Miq.　47

Alpinia oxyphylla Miq.　48

Alpinia zerumbet 'Variegata'　46

Alstonia scholaris (L.) R. Br.　310

Alstonia yunnanensis Diels　309

Alternanthera sessilis (L.) DC.　263

Altingia chinensis (Champ.) Oliver ex Hance　76

Alysicarpus vaginalis (L.) DC.　99

Amaranthus blitum Linnaeus　267

Amaranthus cruentus Linnaeus　270

Amaranthus retroflexus L.　269

Amaranthus spinosus L.　268

Amaranthus tricolor L.　270

Amaranthus viridis L.　271

Ambrosia trifida L.　388

Ampelopsis glandulosa var. *kulingensis* (Rehder) Momiyama　79

Annona squamosa L.　9

Antigonon leptopus Hook. & Arn.　255

Apluda mutica L.　66

Aralia chinensis L.　402

Araucaria cunninghamii Mudie　6

Archontophoenix alexandrae (F. Muell.) H. Wendl. et Drude　32

Ardisia crenata Sims　292

Ardisia densilepidotula Merr.　291

Ardisia humilis Vahl　290

Areca triandra Roxb.　24

Arenga engleri Becc.　27

Arivela viscosa (Linnaeus) Rafinesque　242

Artocarpus heterophyllus Lam.　136

Artocarpus parvus Gagnep.　135

B

Barringtonia racemosa (L.) Spreng.　281

Basella alba L.　275

Bauhinia purpurea L.　114

Bauhinia variegata L.　113

Begonia cavaleriei Lévl.　159

Begonia cucullata Willd.　160

Belamcanda chinensis (L.) Redouté　21

Bidens pilosa L.　375

Bidens tripartita L.　376

Bischofia javanica Blume　181

Boehmeria clidemioides var. *diffusa* (Wedd.) Hand.-Mazz.　151

Boehmeria nivea (L.) Gaudich.　152

Bombax ceiba Linnaeus　231

Brassica juncea (L.) Czern.　244

Bridelia tomentosa Bl.　182

Broussonetia papyrifera (L.) L'Hér. ex Vent.　137

Buddleja albiflora Hemsl.　336

Buddleja asiatica Lour.　335

Buddleja davidii Fr.　337

Butia capitata (Mart.) Becc.　26

C

Caesalpinia pulcherrima (L.) Sw.　107

Cajanus scarabaeoides (L.) Graham ex Wall.　101

Calliandra haematocephala Hassk.　115

Callicarpa bodinieri Levl.　365

Callistemon rigidus R. Br.　196

Callistephus chinensis (L.) Nees　369

Camellia semiserrata C. W. Chi　296

Camellia sinensis (L.) O. Ktze.　295

Camphora officinarum Nees ex Wall.　13

Canarium album (Lour.) DC.　208

Canna indica L.　42

Capsella bursa-pastoris (L.) Medik.　243

Cardiospermum halicacabum L.　212

Carex brunnea Thunb.　55

Carex nemostachys Steud.　56

Carica papaya L.　241

Caryota maxima Blume ex Martius　37

Caryota mitis Lour.　36

Cassia fistula L.　98

Casuarina equisetifolia L.　154

Causonis japonica (Thunb.) Raf.　80

Celosia argentea L.　267

Celosia cristata L.　266

Celtis julianae Schneid.　133

Cenchrus echinatus L.　62

Centella asiatica (L.) Urb.　409

Centipeda minima (L.) A. Braun & Asch.　387

Chimonanthus praecox (L.) Link　10

Chloris virgata Sw.　60

Chromolaena odorata (Linnaeus) R. M. King & H. Robinson　371

Chukrasia tabularis A. Juss.　221

Chuniophoenix hainanensis Burret　35

Clausena lansium (Lour.) Skeels　217

Clematis armandii Franch.　72

Clematis chinensis Osbeck　73

Clerodendrum cyrtophyllum Turcz.　356

Clerodendrum fortunatum L.　354

Clerodendrum japonicum (Thunb.) Sweet　355

Clinopodium confine (Hance) Kuntze　356

Cocculus orbiculatus (L.) DC.　70

Coix lacryma-jobi L.　68

Corchorus aestuans L.　227

Corchorus capsularis L.　226

Coriandrum sativum L.　412

Cosmos bipinnatus Cavanilles　386

Crassocephalum crepidioides (Benth.) S. Moore　391

Crataegus pinnatifida Bunge　126

Crotalaria pallida Ait.　118

Crotalaria sessiliflora L.　117

Crotalaria spectabilis Roth　116

Cuscuta chinensis Lam.　320

Cyanthillium cinereum (L.) H. Rob.　392

Cycas revoluta Thunb.　2

Cyclospermum leptophyllum (Persoon) Sprague ex Britton & P. Wilson　411

Cyperus fuscus L.　52

Cyperus involucratus Rottboll　51

Cyperus microiria Steud.　52

Cyperus pilosus Vahl　53

Cyperus rotundus L.　54

Cyperus surinamensis Rottb.　53

D

Dactyloctenium aegyptium (L.) Willd.　63

Dalbergia odorifera T. Chen　92

Daucus carota var. *sativa* Hoffm.　408

Delonix regia (Boj.) Raf.　84

Dianella ensifolia (L.) Redouté　22

Dianthus chinensis L.　262

Dillenia turbinata Finet et Gagnep.　74

Dioscorea cirrhosa Lour.　15

Diospyros kaki Thunb.　287

Diospyros morrisiana Hance　286

Dombeya acutangula Cav.　224

Dracontomelon duperreanum Pierre　210

Duchesnea indica (Andr.) Focke　127

Duranta erecta L.　351

Dypsis lutescens (H. Wendl.) Beentje et J. Dransf.　33

Dysphania ambrosioides (Linnaeus) Mosyakin & Clemants　272

E

Echinochloa crus-galli var. *zelayensis* (Kunth) Hitchcock　57

Eclipta prostrata (L.) L.　384

Elaeocarpus decipiens Hemsl.　163

Elaeocarpus hainanensis Oliver　165

Elaeocarpus rugosus Roxburgh　164

Elephantopus tomentosus L.　370

Eleusine indica (L.) Gaertn.　64

Eleutherococcus trifoliatus (Linnaeus) S. Y. Hu　406

Embelia laeta (L.) Mez　289

Emilia prenanthoidea DC.　393

Emilia sonchifolia (L.) DC.　393

Epilobium hirsutum L.　193

Eragrostis ferruginea (Thunb.) Beauv.　61

Eragrostis pilosa (L.) Beauv.　61

Eranthemum pulchellum Andrews　343

Erigeron annuus (L.) Pers.　374

Erigeron canadensis L.　373

Erigeron sumatrensis Retz.　372

Erythrina crista-galli L.　83

Erythroxylum novogranatense (Morris) Hier.　166

Eucalyptus robusta Smith　194

Euonymus fortunei (Turcz.) Hand.-Mazz.　161

Euphorbia hirta L.　171

Euphorbia hypericifolia L.　173

Euphorbia maculata L.　170

Euphorbia thymifolia L.　172

Eurya muricata Dunn　282

F

Fagopyrum esculentum Moench　254

Falcataria falcata (L.) Greuter & R. Rankin　103

Fallopia dumetorum var. *pauciflora* (Maximowicz) A. J. Li　260

Ficus altissima Blume　140

Ficus benjamina L.　138

Ficus concinna (Miq.) Miq.　145

Ficus drupacea Thunb.　147

Ficus esquiroliana Levl.　142

Ficus hirta Vahl　139

Ficus microcarpa L. f.　144

Ficus pandurata Hance　143

Ficus religiosa L.　143

Ficus variegata Bl.　146

Ficus virens Aiton　141

Fimbristylis dichotoma (L.) Vahl　50

Fimbristylis littoralis Grandich　51

Floscopa scandens Lour.　40

Fordiophyton faberi Stapf 207

Forsythia viridissima Lindl. 328

G

Gahnia tristis Nees 50

Galinsoga parviflora Cav. 385

Garcinia subelliptica Merr. 167

Gardenia jasminoides J. Ellis 308

Geranium carolinianum L. 184

Ginkgo biloba L. 3

Glochidion puberum (L.) Hutch. 183

Gomphrena celosioides Mart. 266

Gomphrena globosa L. 265

Gonostegia hirta (Bl.) Miq. 150

Grona heterocarpos (L.) H. Ohashi & K. Ohashi 93

H

Handroanthus chrysanthus (Jacq.) S.O.Grose 344

Hedyotis auricularia L. 299

Hedyotis caudatifolia Merr. et Metcalf 300

Helicteres angustifolia L. 238

Heracleum hemsleyanum Diels 407

Heteropanax fragrans (Roxb.) Seem. 403

Hibiscus mutabilis L. 230

Hibiscus syriacus L. 230

Hibiscus sabdariffa L. 229

Houttuynia cordata Thunb. 8

Humulus scandens (Lour.) Merr. 134

Hydrocotyle vulgaris L. 404

Hygrophila ringens (Linnaeus) R. Brown ex Sprengel 342

Hylodesmum podocarpum (Candolle) H. Ohashi & R. R. Mill 81

I

Ilex cornuta Lindl. & Paxton 366

Ilex rotunda Thunb. 367

Impatiens balsamina L. 280

Indigofera hirsuta L. 102

Ipomoea aquatica Forsskal 317

Ipomoea biflora (L.) Pers. 313

Ipomoea cairica (L.) Sweet 318

Ipomoea nil (Linnaeus) Roth 315

Ipomoea quamoclit L. 314

Ipomoea triloba L. 316

J

Jacaranda mimosifolia D. Don 348

Jatropha curcas L. 174

Jatropha gossypiifolia L. 175

K

Koelreuteria paniculata Laxm. 213

Kyllinga brevifolia Rottb. 54

L

Lactuca indica L. 389

Lagerstroemia indica L. 189

Lagerstroemia speciosa (L.) Pers. 188

Lantana camara L. 353

Leonurus japonicus Houttuyn 363

Lepidium apetalum Willd. 243

Lespedeza thunbergii subsp. *formosa* (Vogel) H. Ohashi 90

Leucaena leucocephala (Lam.) de Wit 112

Ligustrum lucidum Ait. 329

Ligustrum quihoui Carr. 331

Ligustrum sinense Lour. 330

Lindera glauca (Siebold & Zucc.) Blume 12

Lindernia anagallis (Burm. F.) Pennell 338

Lindernia crustacea (L.) F. Muell. 340

Lindernia nummulariifolia (D. Don) Wettstein 339

Liquidambar formosana Hance 75

Litchi chinensis Sonn. 214

Litsea rotundifolia var. *oblongifolia* (Nees) Allen 11

Livistona chinensis (Jacq.) R. Br. ex Mart. 34

Lolium perenne L. 59

Lonicera japonica Thunb. 401

Lophatherum gracile Brongn.　57

Loropetalum chinense (R. Br.) Oliver　77

Ludwigia epilobioides Maxim.　192

Ludwigia octovalvis (Jacq.) Raven　191

Ludwigia prostrata Roxb.　190

Lysimachia barystachys Bunge　293

M

Macleaya cordata (Willd.) R. Br.　69

Maesa japonica (Thunb.) Moritzi. ex Zoll.　288

Mallotus apelta (Lour.) Müll. Arg.　179

Malvastrum coromandelianum (L.) Garcke　237

Manilkara zapota (L.) van Royen　285

Markhamia stipulata (Wall.) Seem. ex K. Schum.　349

Mazus pumilus (N. L. Burman) Steenis　335

Melastoma dodecandrum Lour.　204

Melastoma malabathricum L.　205

Melia azedarach L.　220

Melilotus officinalis (L.) Pall.　82

Melinis repens (Willdenow) Zizka　67

Melochia corchorifolia L.　228

Mentha canadensis Linnaeus　354

Merremia hederacea (Burm. f.) Hallier f.　319

Mikania micrantha Kunth　380

Mimosa bimucronata (DC.) Kuntze　87

Mimosa pudica L.　88

Mirabilis jalapa L.　274

Momordica charantia L.　158

Monochoria vaginalis (Burm. F.) Presl ex Kunth　41

Moringa oleifera Lam.　240

Morus alba L.　148

Murraya exotica L. Mant.　218

Murraya koenigii (L.) Spreng.　219

Mussaenda pubescens W. T. Aiton　307

Mussaenda shikokiana Makino　306

N

Nageia nagi (Thunberg) Kuntze　5

Nandina domestica Thunb.　71

Nekemias grossedentata (Hand.-Mazz.) J. Wen & Z. L. Nie　78

Neomarica gracilis (Herb.) Sprague　20

Nerium oleander L.　311

Neustanthus phaseoloides (Roxb.) Benth.　85

Nothapodytes pittosporoides (Oliv.) Sleum.　298

O

Ocimum basilicum L.　359

Oreocnide frutescens (Thunb.) Miq.　153

Oroxylum indicum (L.) Bentham ex Kurz　350

Oxalis corymbosa DC.　162

Oxalis pescaprae L.　162

P

Pachira glabra Pasq.　224

Paliurus ramosissimus (Lour.) Poir.　132

Pandanus utilis Borg.　16

Parthenium hysterophorus L.　394

Passiflora edulis Sims　169

Pennisetum alopecuroides (L.) Spreng.　63

Perilla frutescens (L.) Britt.　364

Persicaria chinensis (L.) H. Gross　248

Persicaria filiformis (Thunb.) Nakai　249

Persicaria hydropiper (L.) Spach　251

Persicaria lapathifolia (L.) Delarbre　252

Persicaria orientalis (L.) Spach　247

Persicaria perfoliata (L.) H. Gross　250

Persicaria taquetii (H. Lév.) Koidz.　253

Petunia × atkinsiana D. Don ex Loudon　321

Phoenix dactylifera L.　29

Phoenix loureiroi Kunth　28

Phoenix roebelenii O'Brien　30

Phyllanthus virgatus G. Forst.　182

Phyllodium pulchellum (L.) Desv.　104

Physalis peruviana L.　327

Physostegia virginiana (L.) Benth.　357

Phytolacca americana L.　273

Pilea microphylla (L.) Liebm. 149

Pilea notata C. H. Wright 149

Plantago asiatica L. 333

Plantago virginica L. 332

Pleuropterus multiflorus (Thunb.) Nakai 246

Pluchea sagittalis (Lamarck) Cabrera 384

Plumbago zeylanica L. 245

Podocarpus macrophyllus (Thunb.) Sweet 4

Pollia japonica Thunb. 39

Polygala telephioides Willd. 120

Portulaca grandiflora Hook. 277

Portulaca oleracea L. 278

Pouteria campechiana (Kunth) Baehni 284

Pouzolzia zeylanica var. *microphylla* (Wedd.) W.T.Wang 151

Praxelis clematidea (Hieronymus ex Kuntze) R. M. King & H. Rob. 379

Pseudognaphalium affine (D. Don) Anderberg 387

Psidium guajava L. 195

Pterocarpus indicus Willd. 119

Pterospermum heterophyllum Hance 222

Punica granatum L. 187

Pycreus flavidus (Retzius) T. Koyama 49

Pyracantha fortuneana (Maxim.) Li 121

Pyrus calleryana Decne. 122

R

Rhapis excelsa (Thunb.) Henry ex Rehd. 38

Rhodomyrtus tomentosa (Ait.) Hassk. 203

Rhus chinensis Mill. 211

Rhynchosia volubilis Lour. 100

Richardia scabra L. 302

Ricinus communis L. 170

Rondeletia odorata Jacq. 301

Rosa cymosa Tratt. 125

Rosa laevigata Michx. 124

Rosa multiflora var. *cathayensis* Rehder & E. H. Wilson 123

Roystonea regia (Kunth.) O. F. Cook 25

Rubus alceifolius Poiret 129

Rubus amphidasys Focke ex Diels 131

Rubus lambertianus Ser. 130

Rudbeckia hirta L. 381

Ruellia simplex C.Wright 341

Rumex crispus L. 259

Rumex dentatus L. 256

Rumex patientia L. 258

Rumex trisetifer Stokes 257

S

Salvia plebeia R. Br. 358

Sambucus javanica Reinw. ex Blume 397

Sapindus saponaria Linnaeus 215

Saraca dives Pierre 106

Schima superba Gardner & Champ. 294

Scleria hookeriana Boeckeler 56

Scoparia dulcis L. 334

Selenicereus undatus (Haw.) D. R. Hunt 279

Senna alata (L.) Roxb. 94

Senna bicapsularis (L.) Roxb 96

Senna occidentalis (Linnaeus) Link 97

Senna tora (Linnaeus) Roxburgh 95

Serissa japonica (Thunb.) Thunb. 299

Sesbania cannabina (Retz.) Pers. 105

Setaria palmifolia (J. Konig) Stapf 59

Setaria pumila (Poiret) Roemer & Schultes 58

Setaria viridis (L.) Beauv. 58

Sida rhombifolia L. 225

Sida szechuensis Matsuda 225

Sigesbeckia orientalis L. 390

Smilax china L. 17

Smilax glabra Roxb. 18

Solanum aculeatissimum Jacquin 323

Solanum americanum Miller 325

Solanum capsicoides Allioni 324

Solanum torvum Swartz 326

Solanum violaceum Ortega 322

Solidago canadensis L. 395

Spathodea campanulata P. Beauv. 346

Spermacoce alata Aublet 304

Spermacoce pusilla Wallich 303

Sphagneticola trilobata (L.) Pruski 386

Spiraea japonica L. f. 128

Sporobolus fertilis (Steud.) W. D. Glayt. 65

Stachytarpheta jamaicensis (L.) Vahl 352

Stellaria nipponica Ohwi 261

Sterculia lanceolata Cav. 232

Sterculia monosperma Ventenat 233

Stromanthe sanguinea Sond. 44

Strophanthus divaricatus (Lour.) Hook. et Arn. 312

Symphyotrichum subulatum (Michx.) G. L. Nesom 385

Synedrella nodiflora (L.) Gaertn. 383

Syzygium cumini (L.) Skeels 201

Syzygium grijsii (Hance) Merr. et Perry 199

Syzygium jambos (L.) Alston 198

Syzygium nervosum DC. 200

Syzygium samarangense (Blume) Merr. et Perry 202

T

Tabebuia rosea (Bertol.) DC. 345

Tadehagi triquetrum (L.) Ohashi 91

Talinum paniculatum (Jacq.) Gaertn. 276

Tarenaya hassleriana (Chodat) Iltis 242

Tarenna mollissima (Hook. et Arn.) Robins. 305

Tecoma stans (L.) Juss. ex Kunth 347

Terminalia arjuna (Roxb. ex DC.) Wight & Arn. 185

Terminalia catappa L. 185

Terminalia muelleri Benth. 186

Terminalia neotaliala Capuron 186

Tetrapanax papyrifer (Hook.) K. Koch 405

Thalia dealbata Fraser 43

Tibouchina semidecandra (Mart. et Schrank ex DC.) Cogn. 206

Torilis scabra (Thunb.) DC. 410

Toxicodendron succedaneum (L.) O. Kuntze 209

Triadica cochinchinensis Loureiro 177

Triadica sebifera (Linnaeus) Small 178

Trichosanthes baviensis Gagnep. 155

Trichosanthes laceribractea Hayata 156

Tricyrtis macropoda Miq. 19

Triumfetta rhomboidea Jacq. 223

Tubocapsicum anomalum (Franchet et Savatier) Makino 321

Typha orientalis Presl 49

U

Urena lobata L. 223

V

Vernicia montana Lour. 180

Viburnum dilatatum Thunb. 398

Viburnum fordiae Hance 399

Viburnum odoratissimum Ker.-Gawl. 400

Viola diffusa Ging. 168

Viola inconspicua Blume 168

Vitex negundo L. 360

Vitex negundo var. *cannabifolia* (Siebold & Zucc.) Hand.-Mazz. 361

Vitex quinata (Lour.) Will. 362

W

Wikstroemia indica (L.) C. A. Mey. 239

Wodyetia bifurcata A.K.Irvine 31

Woodfordia fruticosa (L.) Kurz 187

X

Xanthium strumarium L. 369

Xanthostemon chrysanthus (F. Muell.) Benth. 197

Y

Youngia heterophylla (Hemsl.) Babc. et Stebbins 378

Youngia japonica (L.) DC. 377

Z

Zanthoxylum armatum DC. 216

Zinnia elegans Jacq. 368

参 考 文 献

刘冰，叶建飞，刘夙，等，2015. 中国被子植物科属概览：依据 APG Ⅲ 系统 [J]. 生物多样性，23 (2): 225-231.

刘仁林，朱恒，2015. 江西木本及珍稀植物图志 [M]. 北京：中国林业出版社.

汪小凡，2015. 神农架常见植物图谱 [M]. 北京：高等教育出版社.

吴征镒，路安民，汤彦承，等，2003. 中国被子植物科属综论 [M]. 北京：科学出版社.

中国植物志（电子版）. https://www.iplant.cn/frps.

周云龙，2018. 华南常见园林植物图鉴 [M]. 2 版. 北京：高等教育出版社.